Introdução à engenharia de estruturas de concreto

Dados Internacionais de Catalogação na Publicação (CIP)

F993i Fusco, Péricles Brasiliense.
    Introdução à engenharia de estruturas de concreto / Péricles Brasiliense Fusco, Minoru Onishi. — São Paulo, SP : Cengage, 2017.
    264 p. : il. ; 26 cm.

    Inclui bibliografia.
    ISBN 978-85-221-2776-4

    1. Engenharia de estruturas. 2. Estruturas de concreto. 3. Engenharia civil. 4. Tecnologia. 5. Concreto - Propriedades. I. Onishi, Minoru. II. Título.

CDU 624.012
CDD 624.1

Índice para catálogo sistemático:
1. Engenharia de estruturas 624.012

(Bibliotecária responsável: Sabrina Leal Araujo — CRB 10/1507)

Introdução à engenharia de estruturas de concreto

Péricles Brasiliense Fusco

Minoru Onishi

CENGAGE

Austrália • Brasil • México • Cingapura • Reino Unido • Estados Unidos

CENGAGE

Introdução à engenharia de estruturas de concreto
Péricles Brasiliense Fusco e Minoru Onishi

Gerente editorial: Noelma Brocanelli

Editora de desenvolvimento: Salete Del Guerra

Editora de aquisição: Guacira Simonelli

Supervisora de produção gráfica: Fabiana Alencar

Especialista em direitos autorais: Jenis Oh

Copidesque: Arlete Sousa

Revisão: Fernanda Marão e Isabel Ribeiro

Projeto gráfico e diagramação: Crayon Editorial

Capa: Alberto Mateus

Imagem de capa: Montagem a partir de foto de Tongra Jantaduang/Shutterstock

Desenhos técnicos a partir dos originais de Péricles Brasiliense Fusco: Eng. Daniel Massashi Kako

Arte da figura 1.2 sob desenho original: Marcelo A.Ventura

© 2018 Cengage Learning

Todos os direitos reservados. Nenhuma parte deste livro poderá ser reproduzida, sejam quais forem os meios empregados, sem a permissão por escrito da Editora. Aos infratores aplicam-se as sanções previstas nos artigos 102, 104, 106, 107 da Lei no 9.610, de 19 de fevereiro de 1998.

Esta editora empenhou-se em contatar os responsáveis pelos direitos autorais de todas as imagens e de outros materiais utilizados neste livro. Se porventura for constatada a omissão involuntária na identificação de algum deles, dispomo-nos a efetuar, futuramente, os possíveis acertos.

A Editora não se responsabiliza pelo funcionamento dos links contidos neste livro que possam estar suspensos.

> Para informações sobre nossos produtos, entre em contato pelo telefone **0800 11 19 39**
>
> Para permissão de uso de material desta obra, envie seu pedido para **direitosautorais@cengage.com**

© 2018 Cengage Learning. Todos os direitos reservados.

ISBN 13: 978-85-221-2776-4
ISBN 10: 85-221-2776-X

Cengage Learning
Condomínio E-Business Park
Rua Werner Siemens, 111 – Prédio 11 – Torre A – conjunto 12
Lapa de Baixo – CEP 05069-900 – São Paulo –SP
Tel.: (11) 3665-9900 – Fax: (11) 3665-9901
SAC: 0800 11 19 39

Para suas soluções de curso e aprendizado, visite
www.cengage.com.br

Impresso no Brasil
Printed in Brazil
1 2 3 4 5 6 20 19 18 17

SOBRE OS AUTORES

Péricles Brasiliense Fusco é formado em Engenharia Civil e Naval pela Escola Politécnica da Universidade de São Paulo (USP-SP), pós-graduado em Engenharia Civil e doutor em Engenharia Naval pela mesma instituição. Pós-graduado também em Estruturas de Concreto pelo International Course on Structural Concrete (Comité Européen du Béton – Lisboa). Foi professor livre-docente de Estruturas de Concreto e professor titular de Estruturas de Concreto na Escola Politécnica da USP. Exerce a função de professor colaborador da Escola Politécnica da USP de Professor Sênior da Escola Politécnica da USP. Exerce, ainda, atividades de consultoria, por meio de sua empresa individual de engenharia, a PB Fusco Serviços de Engenharia.

Foi orientador em 21 dissertações de mestrado e em 21 teses de doutoramento, todas concluídas.

Atuou na área de pesquisa como engenheiro do Departamento de Estruturas do Instituto de Pesquisas Tecnológicas de São Paulo e foi criador e diretor do Laboratório de Estruturas e Materiais Estruturais (LEM) da Escola Politécnica da USP. Como decorrência das atividades de pesquisas, foram publicados diversos boletins técnicos na Escola Politécnica, como: BT 8504; 8505; 8817; 8916; 9308; 9310; 9312; 9318; 9319; 9507; 9510; 9511; 9602; 9604; 9605 e 9616.

É autor de diversos livros, como *Estruturas de concreto – fundamentos do projeto estrutural* e *Estruturas de concreto – fundamentos estatísticos da segurança das estruturas* ambos publicados pela Edusp e McGraw-Hill do Brasil em 1976; *Estruturas de concreto – solicitações normais* (Guanabara Dois, 1981); *Técnica de armar as estruturas de concreto* (Pini, 1994); *Tecnologia do concreto es-*

trutural e *Estruturas de concreto – solicitações tangenciais* publicados pela editora Pini em 2008; *Análise das estruturas curvilíneas – Teoria geral das molas helicoidais* (Pini, 2013).

Em escritório próprio de projetos estruturais, projetou obras de edifícios altos, pontes, viadutos e obras industriais, particularmente ligadas às indústrias de produção de aço e de alumínio. Trabalhou como engenheiro dirigente de projetos especiais na Themag Engenharia e na Promon Engenharia, especialmente em estruturas de grandes usinas hidroelétricas, de siderúrgicas e do Metrô de São Paulo. Exerceu atividades técnicas em empresas nacionais em projetos estruturais na Itália, Alemanha, França, Japão, Bolívia e Colômbia.

MINORU ONISHI

Engenheiro civil pela Escola Politécnica da Universidade de São Paulo (USP-SP), atua como diretor técnico e faz parte do Conselho de Administração no Grupo PROTENDE – Sistemas e Métodos de Construção Civil LTDA.

SUMÁRIO

PREFÁCIO: FUNDAMENTOS DA ARTE DE APRENDER XI

1 INTRODUÇÃO À ENGENHARIA 1
1.1 Formação profissional do engenheiro 1
1.2 Introdução à Engenharia Civil 3
1.3 Introdução à Engenharia de Estruturas 6
1.4 Surgimento da análise estrutural 9
1.5 Surgimento do método de dimensionamento de tensões admissíveis . 12
1.6 Surgimento do método de dimensionamento de estados limites . . . 14
1.7 Introdução às estruturas de concreto 16
1.8 Introdução aos arranjos das armaduras do concreto 18
    Exercícios 22

2 INTRODUÇÃO À CONCEPÇÃO ESTRUTURAL 25
2.1 Peças estruturais 25
2.2 Arranjo estrutural básico das construções usuais 28
2.3 Sistemas estruturais básicos 33
2.4 Tipos de apoio 38
2.5 Carregamento simplificado das construções 43
2.6 Caráter tridimensional das construções 45
2.7 Vinculação das estruturas ao meio externo 49
2.8 Síntese estrutural 52
2.9 Emprego de elementos estruturais complexos 55
2.10 Esforços de segunda ordem nas estruturas esbeltas 58
    Exercícios 61

3 COMPORTAMENTOS ESTRUTURAIS BÁSICOS 63
3.1 Comportamentos básicos dos materiais estruturais 63
3.2 Comportamentos reais dos materiais estruturais 66
3.3 Comportamentos básicos das estruturas 67
3.4 Ruptura dos materiais e colapso das estruturas 69
3.5 Estruturas de comportamento linear 71
3.6 Estados limites clássicos 74
3.7 Capacidade de acomodação plástica 80
Exercícios 82

4 INTRODUÇÃO À SEGURANÇA DAS ESTRUTURAS 85
4.1 Conceitos básicos de probabilidade e estatística 85
4.2 Parâmetros das variáveis aleatórias 91
4.3 Distribuição normal de probabilidades 94
4.4 Modelos probabilísticos de variáveis discretas 96
4.5 Funções de variável aleatória: método de Monte Carlo 101
4.6 Probabilização da segurança das estruturas 103
4.7 Resistência de cálculo do concreto 107
4.8 Resistência de cálculo de longa duração 108
Exercícios 110

5 INTRODUÇÃO À ANÁLISE ESTRUTURAL 113
5.1 As variáveis que definem os comportamentos estruturais . . . 113
5.2 Análise de estruturas isostáticas 115
5.3 Representação vetorial de ações e movimentos 116
5.4 Produtos de vetores 120
5.5 Momento de transporte de força 122
5.6 Análise de estruturas hiperestáticas 124
5.7 Deformabilidade e rigidez à flexão 132
5.8 Rigidez transversal das barras fletidas 137
5.9 Matriz de deformabilidade 139
5.10 Matriz de rigidez 146
5.11 Montagem direta da matriz de rigidez 149
5.12 Determinação dos esforços solicitantes 153
Exercícios 154

6 INTRODUÇÃO AO DIMENSIONAMENTO DAS ESTRUTURAS DE CONCRETO 157
6.1 Critérios de classificação das ações 157
6.2 Combinações de cálculo e critérios de segurança 161
6.3 Exemplo de determinação de esforços solicitantes 163

6.4	Introdução à teoria geral de flexão das estruturas de concreto	165
6.5	Comportamento de vigas em flexão simples	168
6.6	Modos de ruptura	171
6.7	Estados limites últimos de solicitações tangenciais.	175
6.8	Flexão no concreto protendido	176
	Exercícios	178

7 INTRODUÇÃO À TECNOLOGIA DO CONCRETO ESTRUTURAL ... 181

7.1	O concreto estrutural	181
7.2	Componentes do concreto simples	184
7.3	Componentes dos cimentos	188
7.4	Endurecimento do cimento	190
7.5	Modos de ruptura do concreto comprimido	194
7.6	Perda do excesso de água de amassamento	197
7.7	Calor de hidratação	199
	Exercícios	201

8 AGRESSÕES AO CONCRETO ESTRUTURAL ... 203

8.1	Tipos de agressão ao concreto	203
8.2	Agressões químicas ao concreto	205
8.3	Agressividade do meio ambiente	209
8.4	Mecanismos de corrosão da armadura	210
8.5	Corrosão das armaduras dentro do concreto	213
8.6	Corrosão por carbonatação da camada de cobrimento	215
8.7	Corrosão por íons cloreto e por poluentes ambientais	217
8.8	Influência da fissuração mecânica do concreto	219
8.9	Corrosão sob tensão e fragilização por hidrogênio	222
	Exercícios	223

9 CONTROLE DA RESISTÊNCIA DO CONCRETO ... 227

9.1	Critérios iniciais de avaliação da resistência do concreto estrutural	227
9.2	Critério atual de avaliação da resistência do concreto	229
9.3	Resistência característica do concreto de uma betonada	233
9.4	O processo de controle do concreto	235
9.5	Controle total	236
9.6	Controle parcial	237
9.7	Controle de contraprova	238
	Exercícios	240

REFERÊNCIAS BIBLIOGRÁFICAS ... 243

MATERIAL DE APOIO ON-LINE PARA OS PROFESSORES
O professor encontra as respostas aos exercícios apresentados em cada capítulo no material disponibilizado no site da Cengage Learning (www.cengage.com.br), na página do livro. Para isso, basta fazer o cadastro de professor.

PREFÁCIO

FUNDAMENTOS DA ARTE DE APRENDER

Estas palavras são dedicadas aos que querem aprender.

Aprender significa adquirir conhecimentos em qualquer circunstância, ou seja, aprende-se na escola e também se aprende ao longo da vida, particularmente na atividade profissional.

No campo educacional muito se fala em como ensinar, mas raramente em como aprender. Essa é a maior dificuldade enfrentada nos procedimentos educacionais.

Ao longo do tempo, a arte de ensinar saiu de suas regras empíricas, ganhou apoio científico e se transformou na tecnologia do ensinar.

O aprender continua no artesanato individual. É isso que precisa mudar.

O que se discute aqui são princípios para a organização da arte de aprender. Aprender as coisas que outros já sabem e aquelas que ainda só a natureza sabe.

Para essa discussão, pode-se partir de três princípios educacionais que devem ser considerados os mais importantes guias para as coisas do ensinar e do aprender, embora eles sejam frequentemente ignorados, principalmente no campo da educação em ciência e tecnologia:

1º Só se aprende a partir daquilo que já se conhece.
"Só se aprende quando se entende o que está sendo aprendido, isto é, quando o conhecimento novo está sendo integrado ao que já é conhecido" (PIAGET, 1980).

2º Só se aprende quando os novos conhecimentos podem ser justificados por ideias já conhecidas, respeitando-se a ordem regular em que os eventos se sucedem na natureza.
"Ciência é o departamento do conhecimento relacionado à ordem da natureza, ou, em outras palavras, relacionado à regular sucessão dos eventos" (MAXWELL, 1991).

3º Só se aprendem as coisas que são esmiuçadas.
"No conhecimento das coisas, nada melhor que decompô-las e analisar até seus mais simples elementos. Uma excelente atitude na investigação consiste em remontar à origem das coisas" (ARISTÓTELES, 2002).

De acordo com esses princípios, toda verdade a ser adquirida deve ser reconstruída minuciosamente pelo próprio educando, a partir de sua estrutura mental. Não se consegue adquirir conhecimentos que se baseiam em coisas desconhecidas. É preciso que seja construída a ligação entre os conhecimentos existentes e os que serão adquiridos. Essa é a principal atividade do que se entende por procedimentos do aprender.

O educador deve atuar na indispensável função de orientador do aprendizado, e não de simples apresentador de conhecimentos novos, prontos e acabados, para serem implantados na mente dos outros. De acordo com Piaget, os fracassos escolares muitas vezes decorrem apenas de uma passagem excessivamente rápida das estruturas lógicas, qualitativas, para os procedimentos operacionais ou quantitativos, ou seja, não se aprende apenas fazendo exercícios.

Compreender é inventar ou reconstruir por meio da reinvenção. É preciso curvar-se ante tais necessidades se o que se pretende, para o futuro, é moldar indivíduos capazes de produzir e de criar, e não apenas de repetir.

Afinal, como se consegue, na prática, adquirir conhecimento sobre alguma coisa, até seus mais simples elementos?

Para entender como se alcança o conhecimento dessa maneira, é preciso acrescentar algumas regras operacionais aos princípios considerados.

De acordo com Maxwell (1991), cada evento da natureza faz parte de uma cadeia de eventos que obedecem a uma ordem regular das coisas. Na investigação científica, o que se procura é a identificação da cadeia de eventos de dado fenômeno. Na aprendizagem de um tema, o que se procura é entender cada detalhe da cadeia de ideias que, em ordem regular, formam o conhecimento a ser adquirido.

No aprendizado de um conhecimento existente, ou na investigação de um fenômeno novo, para se chegar ao entendimento das novas ideias é preciso que as ideias anteriores já estejam plenamente entendidas.

No aprendizado, é necessário que o fluxo do pensamento percorra, passo a passo, as sucessivas ideias que, em uma ordem regular, fazem a ligação do ponto de partida do raciocínio ao ponto de chegada que se quer alcançar. Nesse sentido, é bom lembrar do provérbio latino: "a natureza não dá saltos".

Não conseguir entender como se passa de uma ideia a outra significa apenas que há ideias intermediárias que não foram consideradas.

Na investigação da natureza, quando se busca o esclarecimento de cadeias de eventos intermediários ainda não suficientemente explicados, deve-se empregar a cautela do raciocínio científico, criado por Galileu, conforme a exposição feita por outros dois grandes pensadores e cientistas.

> "Galileu ensinou que as conclusões intuitivas baseadas na observação imediata nem sempre devem merecer confiança, pois algumas vezes elas conduzem a pistas erradas." (EINSTEIN, INFELD, 1980)

De acordo com Piaget, a essência do processo de ensino e aprendizagem pode ser assim resumido:

> O conhecimento do que já existe só se adquire pela reconstrução mental daquilo que foi construído por outros, e que se quer apropriar como conhecimento próprio, como se o estudante fosse o próprio inventor dessas ideias.
> Compreender é inventar, ou reconstruir, através da reinvenção. No campo das ciências experimentais, a aquisição de técnicas de experimentação exige a plena liberdade de iniciativa pois, sem ela, uma experiência transforma-se em simples adestramento, destituído de valor formador, por falta de compreensão suficiente dos pormenores das sucessivas etapas. (PIAGET, 1980)

Agora é possível tentar responder à indagação inicial formulada sobre como aprender.

Nesse sentido, cabe sugerir algumas regras orientadoras de como dominar o mecanismo de aprender, lembrando que a memória de curto prazo não guarda uma sucessão de inúmeras lembranças sem que elas sejam aglutinadas pelo fio condutor do interesse pela aprendizagem.

I   Na aprendizagem de novos conhecimentos, não se pode imaginar que seja possível reter um novo tema por uma sucessão de múltiplas surpresas de novas ideias sem o amadurecimento destas, as quais, para isso, requerem um tempo adequado de trabalho. O conteúdo a ser aprendido deve ser compatível com o tempo que a ele pode ser dedicado.

II Na aprendizagem de novos conhecimentos, o fluxo da aprendizagem não pode prosseguir se houver uma lacuna na sucessão das ideias. A aquisição do conhecimento exige que o entendimento de novas ideias ocorra passo a passo, até suas menores partes. Os raciocínios intermediários que ligam diferentes conceitos não podem ser ignorados por quem quer aprender.

III No processo de aquisição de um novo conhecimento, isto é, para aprender alguma coisa, nunca se deve deixar para trás alguma ideia que não foi claramente entendida. Quem só entendeu mais ou menos simplesmente não entendeu. Nesse caso, o remédio é voltar e analisar detidamente as ideias não entendidas, até que seus mais simples elementos fiquem inteiramente identificados e esclarecidos.

Desse modo, cria-se a competência para a aquisição de novos conhecimentos.

Para aprender dessa maneira, é preciso dispor de fontes de informação adequadas ao aprendizado das coisas, *até seus mais simples detalhes*. Quem assume a responsabilidade de ensinar não pode largar o aprendiz solto no espaço, sem saber onde encontrar o esclarecimento daquilo que não entendeu. Professor de verdade é aquele que sabe fazer o outro aprender.

Para ensinar coisas da fronteira do conhecimento, o professor deve conhecer amplamente essa fronteira.

Nesse ponto, há um sério problema conceitual na educação superior entre nós. Como se pode atribuir o título de professor a quem simplesmente tenha obtido o título de doutor em uma particularidade da especialidade profissional? Ou com uma simples aula magna nos moldes do que sempre existiu em concursos das universidades?

No passado, tive a oportunidade de propor que a prova didática fosse transformada na exigência de que o candidato já tivesse publicado, na forma de livro ou coisa equivalente, um texto completo, de sua única lavra, que mostrasse seu domínio como especialista do campo profissional em que almeja obter o título de professor e, acima de tudo, que mostrasse saber conduzir o aluno no aprendizado das coisas.

As universidades de grande prestígio no mundo exportam seus livros para todos os cantos da Terra e, agora, procuram universalizá-los com edições traduzidas e pela internet, procurando esmiuçar, de fato, as coisas a serem aprendidas.

A disponibilidade de textos elaborados com esse propósito é o meio mais eficaz de facilitar o aprendizado das coisas.

Para garantir isso em um sistema de ensino, cada responsável pelo que se vai ensinar deve apresentar o plano detalhado do seu projeto educacional, ou já ter elaborado seus próprios textos de apoio, ou, ainda, deve apresentar um roteiro coerentemente detalhado de como o aluno pode encontrar todo o apoio necessário em bibliotecas ou na internet.

Nesse sentido, é sempre indispensável saber se um dado texto ou uma dada palestra foi elaborado com preocupação de permitir o aprendizado, ou se foi feito por um especialista para o conhecimento de outros especialistas.

Finalmente, para saber se o entendimento foi, de fato, alcançado, é preciso que haja a avaliação. Avaliação própria e avaliação pelos outros.

Para saber se as ideias que se pretendia aprender foram inteiramente entendidas, isto é, se elas foram efetivamente integradas a suas estruturas mentais, o estudante deve se sentir capaz de explicá-las, em todos seus detalhes, a um outro estudante ou, o que é melhor, de explicá-las a si mesmo, como se ele tivesse sido o inventor dessas ideias. Essa é a melhor forma de alguém julgar o próprio aprendizado.

De forma análoga, para saber se um conhecimento foi efetivamente adquirido por outros, deve haver uma avaliação eficaz.

A história da cultura ocidental mostra que, na busca da veracidade das coisas, os grandes avaliadores sempre empregaram um método indicial, isto é, baseavam seus julgamentos a partir de indícios do que buscavam avaliar. Isso também deve ser seguido na educação (MACHADO, 2000).

Tendo em vista os resultados da avaliação indicial, os que avaliam já disseram: *"Le bon Dieu est dans le détail"*, e os avaliados já se lamentaram: *"Le Diable est dans le détail"*.

Somente com avaliações eficazes é possível saber se os objetivos da educação foram atingidos.

Para o desenvolvimento do país, é fundamental que os estudantes aprendam a aprender.

Prof. Dr. Péricles Brasiliense Fusco

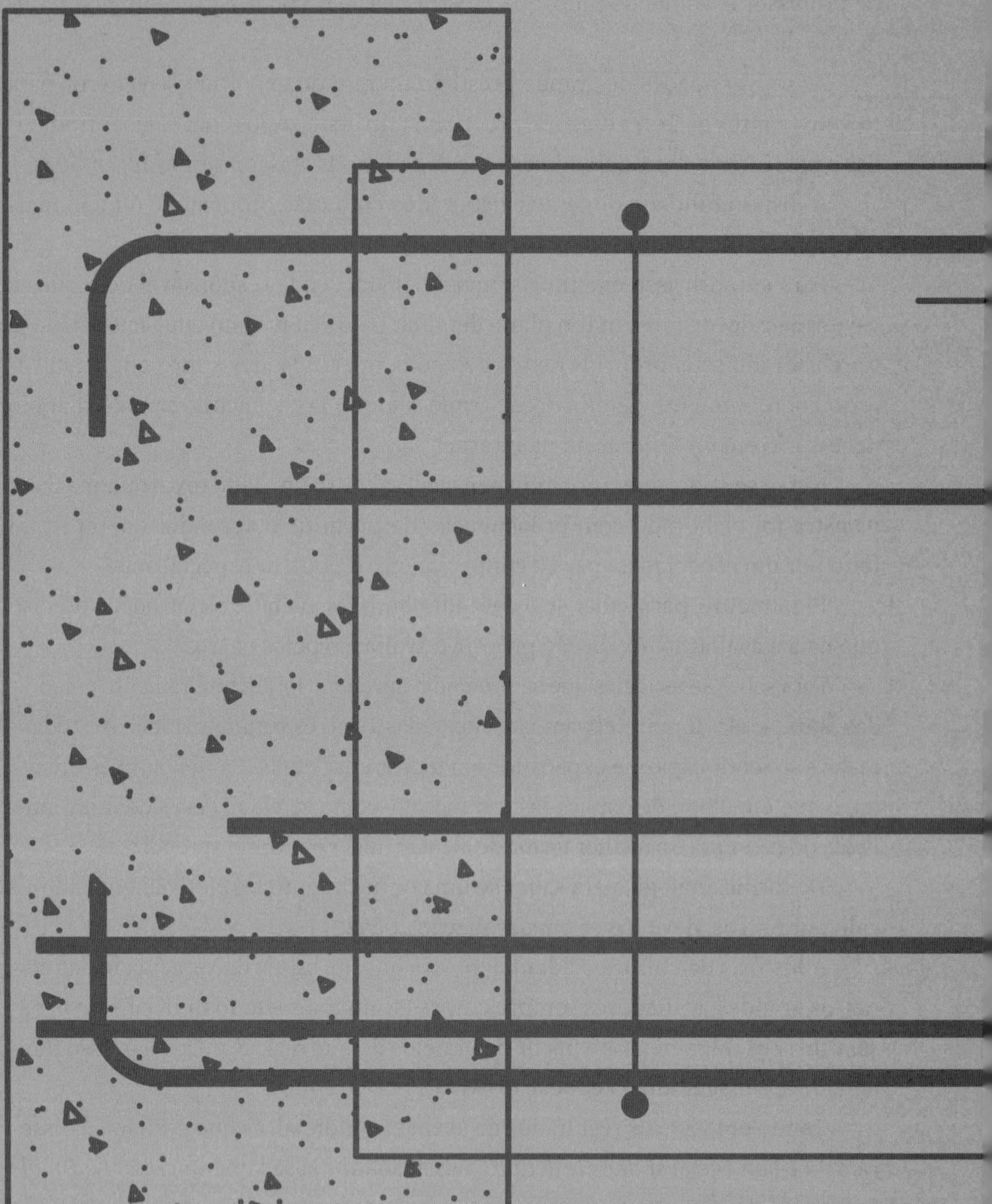

CAPÍTULO 1

INTRODUÇÃO À ENGENHARIA

1.1 Formação profissional do engenheiro

No mundo do trabalho, competência profissional significa a capacidade de mobilizar, articular e colocar em ação habilidades, valores e conhecimentos necessários ao desempenho eficaz de atividades requeridas pela natureza da atividade.

Para a aquisição de conhecimentos e habilidades que permitam o desenvolvimento de competências, a formação dos engenheiros é feita por meio do aprendizado de temas de ciências básicas, de ciências profissionais e de técnicas profissionais.

De modo geral, as ciências têm por finalidade o entendimento da natureza. Elas são baseadas em princípios, admitidos como válidos até que haja prova em contrário.

As ciências básicas são as ciências da natureza e a Matemática.

As ciências profissionais visam o entendimento dos sistemas de interesse para as atividades em consideração.

As técnicas profissionais têm por finalidade encontrar soluções corretas e práticas para as necessidades da vida, ou seja, elas procuram estabelecer os procedimentos de elaboração correta das coisas. As técnicas são formadas por regras de trabalho que, de início, eram estruturadas empiricamente, a partir da própria prática profissional e que, ao longo do tempo, foram sendo refinadas pelos conhecimentos científicos.

Com o progresso de todas as áreas de atividades profissionais, as técnicas não podiam mais progredir apenas com regras empíricas. As regras de trabalho passaram a ser apoiadas e justificadas pelos conhecimentos científicos. As técnicas ganharam, então, o nome de tecnologias.

As sucessivas fases da revolução industrial, paralelas às diversas fases da revolução científica, permitiram a formação da atividade industrial como é praticada hoje. Com essa evolução, desenvolveu-se também a chamada indústria terciária, que engloba as atividades de serviços.

As ciências básicas dão aos profissionais o entendimento da natureza, sendo construídas a partir de princípios. As ciências básicas para as engenharias usualmente são a Matemática, a Física e a Química.

Sobre esses conhecimentos estão baseadas as ciências profissionais, que já lidam com os sistemas materiais de interesse para a profissão, mas o fazem com modelos teóricos simplificados, pois em geral não é viável estabelecer teorias que considerem toda a complexidade dos sistemas materiais reais. Como exemplos de ciências profissionais para a Engenharia de Estruturas, podem ser citadas a teoria da elasticidade e a resistência dos materiais.

Para concluir a formação de profissionais de nível superior, como os engenheiros, constam as disciplinas de técnicas profissionais.

As técnicas profissionais também consideram os sistemas materiais de interesse da profissão, mas agora com toda a complexidade dos sistemas materiais reais e de seus processos de produção e aplicação. Como disciplinas de natureza técnica, elas se baseiam em regras de trabalho.

Tendo em vista a multiplicidade de regras de trabalho existente nos processos de produção de bens ou serviços, durante os cursos de graduação em nível de bacharelado não é possível transmitir todas as regras de trabalho que o futuro profissional deve conhecer e dominar para o pleno exercício de sua profissão. Por essa razão, nesses cursos superiores de graduação com currículos acadêmicos são vistas apenas as regras profissionais mais importantes para a área em que o futuro profissional vai atuar, dando-lhe fundamentalmente o entendimento das razões que justificam tais regras e, para isso, o estudante deve ter sido adequadamente preparado pelos conhecimentos de ciências profissionais.

A totalidade das regras de trabalho em determinado campo de atuação somente estará dominada quando o bacharel já puder ser considerado um profissional sênior, por meio da experiência profissional ou de cursos de pós-graduação. Do jovem que se inicia na profissão, espera-se que após um ano de atividade profissional adequadamente orientada, ele possa ser classificado como um simples profissional júnior.

Todo esse trabalho na formação profissional de bacharéis é necessário porque eles têm autonomia para empregar as regras de trabalho que julgarem mais adequadas a cada ocasião e poderão modificar, eliminar ou criar regras de trabalho quando julgarem necessário, sob sua exclusiva responsabilidade, respeitando apenas a legislação geral e as regras de trabalho estabelecidas pelas respectivas sociedades profissionais.

1.2 Introdução à Engenharia Civil

A complexidade do mundo contemporâneo exige uma extrema diversificação do trabalho. As atividades profissionais são exercidas dentro de diferentes especialidades que podem ser classificadas objetivamente em função da natureza dos sistemas materiais considerados.

A Engenharia Civil cuida dos sistemas materiais necessários à manutenção da civilização urbana considerando todos os sistemas materiais que permitem às cidades cumprir suas funções de morar, trabalhar, recrear e circular, dentro de cada cidade e no território onde elas se situam.

Basicamente, a Engenharia Civil pode ser desdobrada em atividades ligadas às edificações, à água, ao transporte e às estruturas.

A Engenharia de Edificações, em simbiose com a Arquitetura, cuida da forma e das funções dos sistemas materiais ligados ao abrigo do homem dentro do ambiente que vive.

A Engenharia Hidráulica cuida dos sistemas materiais ligados à água, tendo em vista a forma e as funções desses sistemas.

De modo análogo, a Engenharia de Transportes, que por vezes é excluída da Engenharia Civil, cuida dos sistemas materiais ligados ao transporte, considerando a forma e as funções desses sistemas.

A Engenharia de Estruturas cuida da forma de todos os sistemas materiais da Construção Civil, tendo em vista a integridade desses sistemas durante seus prazos de vida útil.

Em qualquer de suas atividades, os procedimentos da Engenharia podem ser classificados em quatro fases: planejamento, projeto, construção e operação.

É preciso ressaltar, desde já, que na realização de todos os procedimentos da Engenharia, o responsável pelas opções a serem tomadas deve considerar que suas consequências afetarão todo o restante das atividades do empreendimento em questão.

Além disso, é preciso lembrar que uma opção pode ser uma escolha ou uma decisão. A escolha é feita quando existem diferentes caminhos conhecidos para o prosseguimento de uma ação. A decisão existe quando se deve optar por um caminho de ação na presença de incertezas sobre as consequências da opção que vai ser feita.

Cabe aqui também lembrar que a racionalidade da decisão existe quando ela é coerente com os reais objetivos a serem alcançados. Desse modo, em princípio, o engenheiro deve ser um tomador de decisões racionais em suas atividades.

No planejamento são respondidas as indagações: o que, onde e quando fazer? O planejamento é a fase multidisciplinar em que são realizados os estudos de viabilidade técnica e econômica.

A fase seguinte é a de projeto. Nesta fase deve-se responder à indagação: como fazer?

A fase de projeto, por sua vez, pode ser subdividida em quatro diferentes etapas, nas quais são realizadas, respectivamente, as atividades de concepção, análise, detalhamento e apresentação.

A concepção é a etapa criativa. Nela são fixadas as características essenciais do novo sistema a ser materializado. Na análise, são determinados os parâmetros que definem a configuração geométrica e material para que possa ser obtido o desempenho funcional desejado para os elementos adotados na concepção.

Na Engenharia de Estruturas, a etapa de análise da fase de projeto pode ser desdobrada na etapa de análise estrutural, que emprega os procedimentos da mecânica das estruturas, cuidando da determinação dos esforços que atuam nas peças estruturais, e na etapa de dimensionamento, que cuida da determinação das dimensões das peças estruturais.

Na fase de projeto das atividades da Engenharia Civil, é na etapa de detalhamento que são estabelecidos todos os pormenores da construção que não precisam ou não podem ser considerados nas etapas anteriores, de concepção e de análise.

Por outro lado, na fase de projeto da Engenharia de Estruturas, é na etapa de detalhamento que são definidas todas as minúcias das ligações que devem existir entre as diferentes peças estruturais já dimensionadas na etapa anterior.

Na etapa de apresentação, são elaborados todos os documentos gráficos necessários à realização da obra. Nesta etapa, são feitos os desenhos executivos do projeto e todas as listas e especificações dos materiais a serem empregados são preparadas.

Para salientar a importância da fase de apresentação, basta lembrar que não existe construção melhor que a definida pelos documentos enviados para a execução, não importando que requintes tenham sido empregados nas etapas anteriores.

A fase seguinte é a de produção, que na Engenharia Civil é chamada de fase de construção. Nesta fase, a obra é materializada.

Em princípio, a fase de construção pode ser desdobrada nas seguintes etapas: concepção de meios, condução dos trabalhos e controle de qualidade. Na etapa de concepção de meios, são considerados os meios físicos e os financeiros. A condução dos trabalhos leva à materialização da obra. O controle de qualidade cuida dos materiais isoladamente e da construção como um conjunto de subsistemas.

Uma vez terminada a construção, ela é entregue a seus usuários para que a operem. A operação é a última das fases a se considerar.

Na fase de operação, cuida-se que o sistema material seja empregado dentro das condições admitidas em seu projeto. A fase pode ser desdobrada nas etapas de utilização e de manutenção. Assim, por exemplo, o emprego de balanças nas rodovias para controle do peso dos veículos de carga é tipicamente uma atividade da etapa de utilização. Na etapa de manutenção, procura-se manter o sistema tão próximo quanto possível das condições existentes no estado de novo.

Embora os procedimentos da Engenharia possam ser classificados nas quatro fases descritas (apresentação, produção, construção e operação), eles não se realizam de modo estanque e sequencial, havendo uma forte interação entre todos eles.

Assim, o planejamento somente pode ser dado por encerrado quando se chega a uma solução de comprovada viabilidade técnica e econômica. Isso só é possível com a realização do chamado projeto básico.

Para entender o processo de projeto, é preciso esclarecer que as atividades de projeto podem ser entendidas com três diferentes níveis de minúcias, a saber: projeto básico, projeto de contrato e projeto executivo.

O projeto básico, muitas vezes definido indevidamente como anteprojeto, tem por objetivo essencial apresentar uma proposta de solução para a pretendida construção, incorporando todas as características especificadas por seu proprietário, e demonstrando, de modo relativamente sumário, a viabilidade técnica e econômica do empreendimento.

Todavia, o nível de minúcias de um projeto básico não permite que se possa fazer um orçamento acurado da construção, o que somente pode ser feito com os procedimentos do projeto de contrato.

O projeto de contrato tem por objetivo desenvolver o projeto de todos os subsistemas da construção de modo suficientemente minucioso para que, a partir dele, possa ser calculado com suficiente precisão o custo da obra a ser realizada. Note-se que a avaliação do custo da obra não faz parte do projeto de contrato em si, mas o seu detalhamento deve dar elementos para que ele possa ser elaborado com precisão aceitável, até mesmo para que possa ser feito um contrato de execução a preço fixo, se for o caso.

É no projeto de contrato que se faz a análise estrutural completa, a qual termina com o dimensionamento de todas as peças estruturais imaginadas na concepção da estrutura, embora não se cuide dos pormenores que possam depender de particularidades dos métodos construtivos a serem empregados.

O detalhamento final do projeto e a sua apresentação, com a consideração de todos os pormenores pertinentes à obra, são objeto do chamado projeto executivo.

Em estruturas de menor porte, não existe uma clara distinção entre o projeto de contrato e o projeto executivo, embora isso nem sempre dê bons resultados, principalmente quando pormenores de detalhamento são deixados por conta da iniciativa de auxiliares do condutor dos trabalhos da fase de construção.

Na interação das diferentes fases da Engenharia, é oportuno salientar que, assim como a fase de planejamento somente é encerrada quando se obtém a aceitação do projeto básico proposto ao proprietário da obra, o projeto executivo somente é aprovado quando se obtém a confirmação da exequibilidade da mobilização dos recursos físicos necessários à realização do que foi projetado.

É importante salientar que não existe projeto racional que não cuide dos métodos construtivos a serem empregados.

1.3 Introdução à Engenharia de Estruturas

Em todos os tempos, viram-se os construtores diante do problema de propiciar resistência adequada às suas estruturas. Enquanto as habitações e embarcações eram de pequeno porte, como as construídas por diferentes civilizações antigas, os construtores limitavam-se a copiar as obras anteriormente construídas, introduzindo eventualmente apenas pequenas modificações, guiadas tão somente pela intuição.

Os resultados dessas tentativas empíricas nem sempre davam certo. Por esse motivo, em uma data bastante remota, na Mesopotâmia, por volta de 1700 a.C., o Código de Hamurabi trazia uma lista interminável de delitos puníveis com a morte ou a mutilação, segundo o rigoroso princípio de olho por olho e dente por dente, e nela estavam incluídos os resultados dos insucessos das atividades dos construtores.

As obras de caráter excepcional, que marcaram a história da humanidade, foram esporádicas, e somente foram possíveis pelo gênio criador daqueles que, como Leonardo da Vinci, puderam seguir caminhos nunca antes percorridos.

A humanidade realizava suas construções seguindo o método comparativo de projeto. Com o advento da Revolução Industrial, esse panorama começou a modificar, mas até meados do século XIX as construções ainda eram copiadas sistematicamente de modelos previamente existentes.

A essência do método comparativo de trabalho consiste em se adotar, como critério de projeto, o princípio de que qualquer novo sistema material deve ter formas e parâmetros de desempenho equiparáveis às formas e aos parâmetros de desempenho de construções previamente existentes e que, por consenso, tenham sido consideradas como satisfatórias. A qualidade era considerada por critérios comparativos.

Ao longo do século XIX, surgiram novos materiais de construção, o aço e o concreto armado, para os quais não havia modelos prévios a serem copiados.

Foi necessário que ocorresse um grande desenvolvimento intelectual para que a humanidade começasse a construir seus sistemas materiais a partir de projetos baseados cada vez mais em critérios racionais, abandonando, passo a passo, os antigos critérios comparativos.

Na verdade, em qualquer campo de atividade, a racionalização dos métodos de projeto evolui à medida que se obtém um conhecimento objetivo mais profundo dos diferentes comportamentos dos sistemas materiais em consideração. Isso permite abandonar os critérios de projeto baseados em antigos juízos subjetivos a respeito do comportamento futuro dos sistemas materiais, substituindo-os por novos critérios, baseados em juízos probabilísticos e formulados a partir de conhecimentos objetivos a respeito dos sistemas considerados. Esse é um processo em contínua evolução.

Para ilustrar bem a diferença entre o método comparativo e o método racional de projeto, considere-se um exemplo bastante simples, como o de determinar as dimensões que devem ser dadas aos degraus de uma escada.

Com o método comparativo de projeto, esse problema seria resolvido procurando-se uma construção em que houvesse uma escada julgada adequada para servir de modelo a ser copiado, adotando-se as medidas assim encontradas.

Se o caso fosse o de uma escadaria de caráter suntuoso, a solução seria adotar as mesmas dimensões empregadas em outras obras suntuosas, sem indagar se as pessoas nela tropeçam, se eram obrigadas a dar dois passos no mesmo degrau ou se, por qualquer outra razão, provocavam desconforto aos usuários.

Essa é a característica do método comparativo. Não se discutem as razões básicas da tomada de decisões, simplesmente se faz o que já foi feito, observando frequentemente apenas critérios estéticos.

A essência do método racional de trabalho é discutir as razões da tomada de decisões.

Com o método racional, o mesmo problema de projeto de uma escadaria seria resolvido indagando-se quais são as características de uma escada de utilização confortável.

Para isso, o método racional constata experimentalmente que, ao andar na horizontal, o ser humano adulto dá, em média, passos de 60 a 64 centímetros de comprimento, e que, na vertical, as escadas com degraus afastados, em média, de 30 a 32 centímetros são as mais confortáveis.

Dessas observações objetivas decorre o critério racional de dimensionamento dos degraus, mostrado na Figura 1.1.

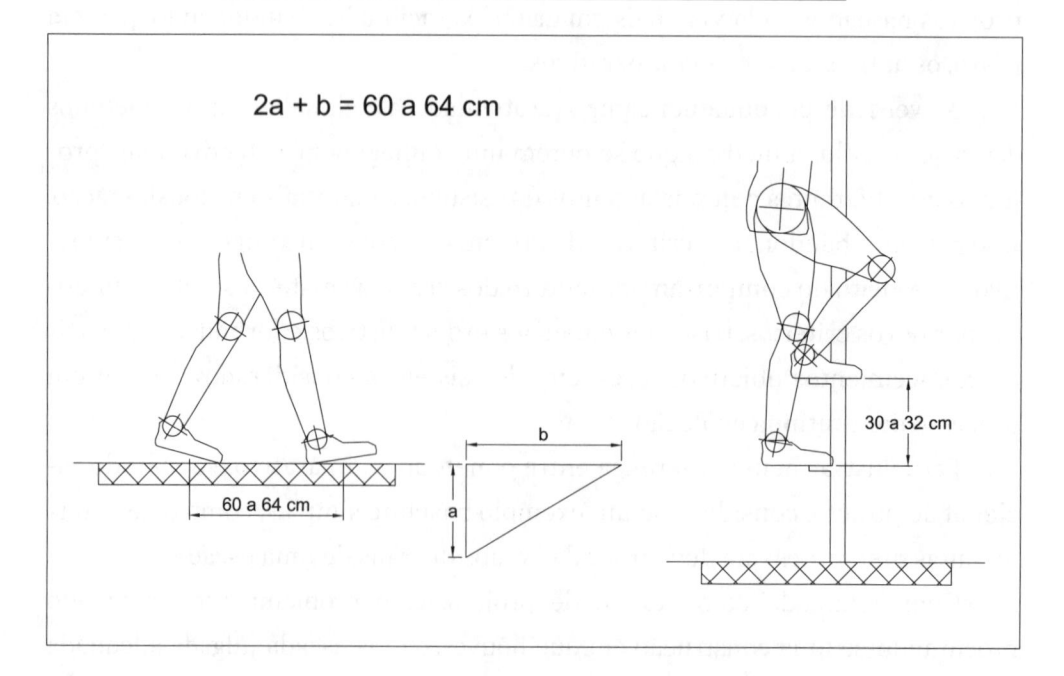

Figura 1.1 • Critério racional de dimensionamento dos degraus

$$2a + b = 60 \text{ a } 64 \text{ cm}$$

1.4 Surgimento da análise estrutural

A necessidade de elaborar teorias que permitissem formular critérios de projeto capazes de garantir a segurança das estruturas a serem construídas foi sentida com o surgimento de novos materiais com a Revolução Industrial. Iniciou-se, então, o processo de formulação e consolidação das teorias de análise estrutural.

O primeiro material a provocar uma profunda modificação nos antigos processos construtivos foi o ferro pudlado, também chamado ferro maleável, que começou a ser empregado na construção naval, na Europa, a partir de 1840.

Até então os navios eram relativamente pequenos e construídos de madeira. Os construtores limitavam-se a reproduzir o que já havia sido feito e aprovado por consenso dos usuários, sem maiores indagações sobre uma eventual otimização da obra a ser realizada.

Com o surgimento do ferro pudlado, viram-se os construtores navais de posse de um novo material, que permitia o emprego de peças estruturais de dimensões muito menores que as correspondentes de madeira, sem que houvesse experiência anterior para guiá-los.

Em face do estado de conhecimentos de então, a introdução do ferro na construção naval foi feita de maneira empírica, sem que houvesse um planejamento racional de seu emprego. Iniciou-se a sua aplicação na construção de pequenas embarcações, principalmente de pesqueiros.

Nesse período, foi obtida a necessária experiência construtiva com o novo material e, como consequência, surgiu a necessidade de teorizar a respeito das regras construtivas a serem empregadas com os novos materiais.

A invenção da hélice e o emprego da máquina a vapor consolidaram a utilização do ferro na construção de navios. Assim, em 1844 foi lançado ao mar o Great Britain, primeiro navio com casco de ferro provido de fundo duplo e impulsionado apenas por hélices a cruzar o Atlântico (TIMOSHENKO, 1953).

As dificuldades encontradas no emprego do novo material não existiram apenas na construção naval. Toda a técnica de construir estruturas estava se alterando sob o impacto da Revolução Industrial.

O florescimento das ferrovias na Inglaterra, decorrente de se ter conseguido a construção de uma locomotiva razoavelmente eficiente, acarretou uma enorme expansão da indústria siderúrgica. Em 30 anos, de 1827 a 1857, a produção inglesa de ferro subiu de cerca de 700.000 para 3.700.000 toneladas anuais.

Sob o estímulo desse desenvolvimento industrial, que exigia a construção de estruturas sem precedentes, consolidou-se a mecânica das estruturas.

Com isso, foi possível iniciar o uso da *análise estrutural* como procedimento capaz de permitir a elaboração de projetos de estruturas para as quais não havia um modelo preexistente a ser copiado.

Uma das primeiras realizações que comprovaram essa possibilidade, mostrando a exequibilidade do emprego de grandes estruturas de ferro, foi a construção das pontes Britannia e Conway, na Inglaterra (TIMOSHENKO, 1953).

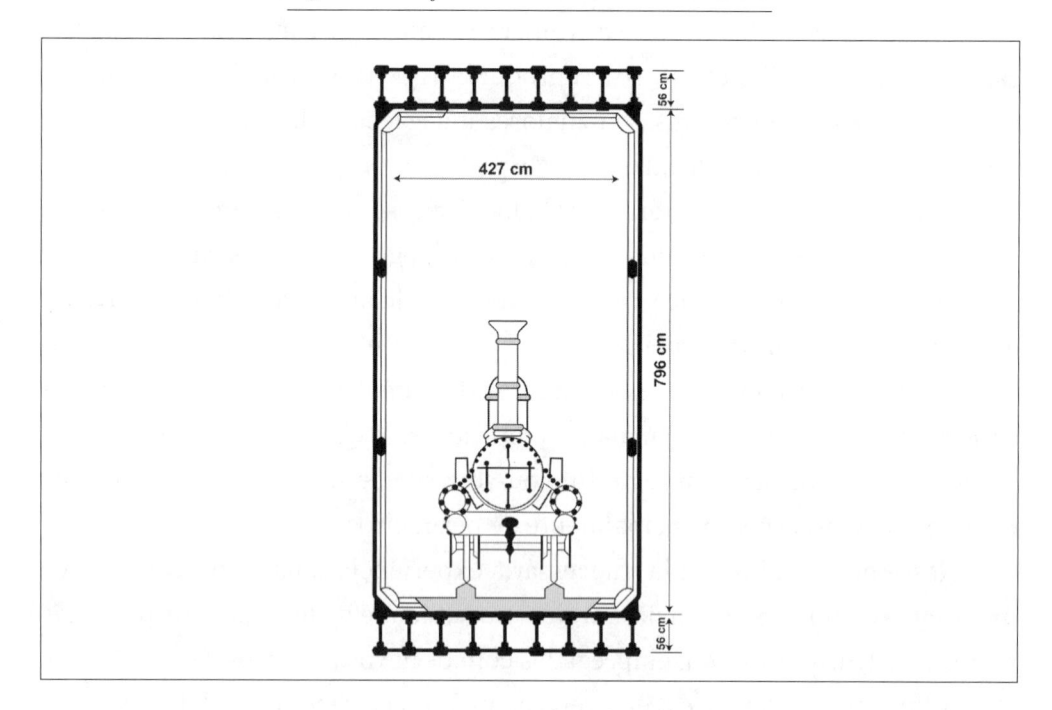

Figura 1.2 • Seção transversal da Ponte Britannia

Os projetos dessas pontes, desenvolvidos a partir de 1845 pelo engenheiro civil britânico William Fairbairn, que já havia adquirido grande reputação como construtor de navios de ferro, corresponderam a um grande avanço no desenvolvimento da concepção estrutural da época.

Nessa ocasião, Fairbairn já havia idealizado e construído a primeira máquina de ensaios para medir a resistência dos materiais.

Todavia, a engenharia de estruturas ainda não sabia calcular as tensões de cisalhamento na flexão, o que impedia um tratamento racional do problema de dimensionamento das uniões rebitadas das estruturas metálicas, ou das uniões tarugadas das estruturas de madeira da época.

Esse conhecimento surgiu somente em 1854, quando Jouravski apresentou seu clássico trabalho à Academia Russa de Ciências, que permitiu o cálculo das tensões de cisalhamento nas peças submetidas à flexão simples.

Para a concepção das estruturas das pontes Britannia e Conway, Fairbairn utilizou-se do método racional, empregando técnicas experimentais e ensaiando modelos reduzidos na escala aproximada de 1:5 (HOVGAARD, 1940).

Essas experiências permitiram significativos avanços de conhecimento. Foi assim, por exemplo, que pela primeira vez se tomou conhecimento do fenômeno até então desconhecido da instabilidade da mesa comprimida das vigas de aço compostas por chapas delgadas não enrijecidas.

As estruturas dessas duas pontes, que foram objeto de intenso debate dos engenheiros da época, inclusive por academias de ciências de países europeus, tiveram grande influência no desenvolvimento da engenharia de estruturas em todos os seus campos de atividade.

Assim, sob inspiração dessas obras, em um trabalho de colaboração do engenheiro civil francês I. K. Brunel com o arquiteto naval inglês Scott Russel (HOVGAARD, 1940), foi projetado o Great Eastern, lançado ao mar em 1859, sendo o primeiro navio dotado de arranjo longitudinal do cavername, em uma tentativa de libertação da concepção estrutural transversal imposta pela construção de navios de madeira.

O grande desenvolvimento da engenharia de estruturas metálicas ocorreu a partir de 1880, com o aparecimento do aço, em decorrência do aperfeiçoamento do processo Bessemer. Serviu de paradigma da viabilidade do emprego de grandes estruturas de aço na construção da Torre Eiffel, em Paris, a pretexto das comemorações da virada do século.

Paralelamente ao desenvolvimento da indústria siderúrgica, surgia o concreto armado. Em 1849, na França, o engenheiro Joseph L. Lambot construiu um barco de concreto armado como primeira aplicação desse novo material. Em 1861, o engenheiro francês Edmond Coignet estabeleceu as primeiras normas para a concepção e fabricação de vigas e tubos de concreto armado e, em 1867, o engenheiro também francês Joseph Monier obteve as primeiras patentes para a construção de reservatórios e vigas, tendo construído as primeiras pontes de concreto no embelezamento de jardins de Paris.

Todo esse desenvolvimento industrial permitiu a consolidação da profissão de engenheiro, ocorrendo então a institucionalização da análise estrutural como instrumento de projeto.

1.5 Surgimento do método de dimensionamento de tensões admissíveis

O desenvolvimento ocorrido com os conhecimentos das ciências das construções permitiu o início da racionalização do projeto de estruturas da Construção Civil, que passou a ser feito com a aplicação do método de cálculo de tensões admissíveis.

Surgiram, assim, as primeiras normas de projeto estrutural, na Europa e na América do Norte e, ao longo da primeira metade do século XX, consolidou-se o emprego do método das tensões admissíveis no dimensionamento de estruturas.

Trata-se de um método comparativo de projeto, de natureza determinista, que adota como elementos de comparação as máximas tensões atuantes em cada elemento componente da estrutura. O método foi criado com a ideia de um comportamento elástico linear dos materiais e dos sistemas estruturais.

Embora o método das tensões admissíveis ainda seja de natureza comparativa e tenha sido estabelecido de modo subjetivo, ele já significou um grande avanço no caminho da racionalização dos critérios de projeto estrutural.

A condição de segurança a ser atendida é a de que, em serviço normal, as máximas tensões atuantes nas peças estruturais não ultrapassem os correspondentes valores tomados como limites admissíveis.

Para o projeto de novas estruturas, a comparação deixou de ser feita em relação a diferentes características físicas visíveis da construção e passou a ser feita por meio de tensões calculadas e tensões admissíveis padronizadas.

O estabelecimento do método das tensões admissíveis representou um grande avanço em relação aos procedimentos anteriores, nos quais as comparações eram feitas diretamente em termos do arranjo geométrico das construções e do tamanho das peças estruturais. No novo método, passou-se a adotar, como termo de comparação, um parâmetro abstrato suficientemente geral para fugir das particularidades dos diferentes tipos de construção.

As comparações passaram então a ser sempre as mesmas, para todas as construções feitas com o mesmo material estrutural. Passou-se a comparar as máximas tensões atuantes com as tensões admissíveis.

É importante assinalar que os primeiros valores das tensões admissíveis foram normalizados apenas em função da prática corrente da época. Não se pensava em estabelecer valores admissíveis em função de ensaios de resistência e de margens de segurança previamente fixadas.

Dois problemas tiveram de ser resolvidos para que pudessem ser estabelecidas normas de projeto à luz do método das tensões admissíveis: "com que cargas deveriam ser calculadas as tensões atuantes?" e "como deveriam ser fixadas as correspondentes tensões admissíveis?".

Embora, à primeira vista, possa parecer que as tensões admissíveis tenham sido fixadas como determinadas frações da resistência dos materiais, adotando-se valores compatíveis com as possíveis tensões efetivamente atuantes, esse procedimento racional era inviável na época da elaboração dos primeiros códigos normalizadores.

De fato, além dos métodos experimentais serem embrionários e de ainda não ter sido caracterizada, para cada tipo de material, qual a tensão limite que representaria a resistência procurada, o estabelecimento de tal fração limite também deparava com a dificuldade de não serem conhecidas as verdadeiras cargas atuantes nas construções.

O procedimento adotado foi outro, estritamente baseado no método comparativo.

De acordo com o relato do professor Julius Ratzersdorfer (1889-1965), que atuou no Instituto de Pesquisas Tecnológicas de São Paulo (IPT) durante a década de 1950, essa regulamentação teve início com a fixação dos valores das cargas de utilização que deveriam ser admitidas no cálculo das novas construções.

Os comitês normalizadores da época inicialmente estimaram subjetivamente quais as máximas cargas que lhes pareciam de atuação plausível nos diferentes tipos de construção, sem que tivessem feito qualquer determinação experimental sistemática desses valores. No caso das construções residenciais, tal tipo de investigação somente foi feita muito mais tarde, na segunda metade do século XX.

Com as cargas assim arbitradas, passaram os comitês normalizadores a calcular as máximas tensões que atuariam nas peças estruturais de diferentes construções que, por consenso, foram julgadas como bons modelos a serem copiados. A partir dessas tensões calculadas, por critérios subjetivos, foram estabelecidas as correspondentes tensões admissíveis.

Para que o tipo de procedimento adotado fique claro, basta lembrar que as tensões admissíveis para as vigas de madeira foram fixadas tão somente em função da espécie empregada.

De maneira análoga, nos primórdios do concreto armado, o engenheiro alemão Edward Mörsch (1931) sugeria as tensões admissíveis em função do tipo de agregado graúdo e do volume de água de amassamento empregados na mistura. Não se cogitava qualquer ensaio mecânico para essa finalidade.

Ao longo dos anos, as tensões admissíveis foram sendo alteradas, com pequenos aumentos cautelosos, justificados apenas pelo fato de que os novos valores já tinham sido consagrados pela prática corrente.

Foi assim que, entre nós, nas décadas de 1940 e 1950, a tensão admissível à tração nas barras de aço das vigas de concreto armado passou dos 120 MPa – empregados tradicionalmente desde os primórdios do concreto armado – para 150 MPa, e a tensão admissível à compressão do concreto dos pilares subiu de 4 MPa para 6 MPa.

Note-se que o método das tensões admissíveis ainda é empregado dessa maneira simplista em muitos campos da engenharia.

Esse é o caso da mecânica dos solos quando define tensões admissíveis de areias e argilas simplesmente em função de uma classificação qualitativa de suas consistências. Esses valores são tomados como admissíveis porque seu emprego é tradicional nessa área de atividades.

Com o correr do tempo, procurou-se introduzir um critério de racionalidade na determinação das tensões admissíveis, definindo-as sob a forma $\sigma_{adm} = f/\gamma$, onde f é a resistência obtida em um ensaio mecânico padronizado e γ o coeficiente global de segurança a ser empregado.

Essa mudança foi mais um passo em direção à racionalização da definição da segurança das estruturas, a qual somente ganhou maior consistência com o método probabilista dos estados limites.

1.6 Surgimento do método de dimensionamento de estados limites

O método dos estados limites foi criado na busca da racionalização do conceito de segurança das estruturas. Esse método procura estabelecer a segurança das estruturas tendo em vista os estados em que realmente possa haver risco para a integridade da estrutura ou para a utilização normal da construção.

Os estados em que a integridade da estrutura pode ficar comprometida são considerados como *estados limites últimos*.

Os estados em que pode ficar comprometido o uso normal da construção são considerados como *estados limites de utilização*.

Os estados limites últimos determinam a interrupção de funcionamento da construção. Eles podem ocorrer em virtude de danos materiais objetivamente constatáveis na estrutura ou por razões subjetivas dos usuários da construção.

Os estados limites de utilização são os limites dos estados de utilização normal da construção.

Como os estados em que as estruturas podem ter sua integridade comprometida frequentemente ocorrem apenas após ter sido ultrapassado o comportamento elástico linear dos materiais, o método dos estados limites foi consolidado somente depois de estabelecidos, em caráter geral, os métodos de dimensionamento ditos em regime de ruptura.

De modo geral, os estados limites de uma estrutura são estados em que a estrutura começa a apresentar desempenhos inadequados às finalidades da construção.

Os estados limites últimos são estados que por sua simples ocorrência determinam a paralisação, no todo ou em parte, do uso da construção. Os estados limites últimos são estados de interrupção de funcionamento.

Os estados limites de utilização são estados que por sua ocorrência, repetição ou duração, causam efeitos estruturais que não respeitam as condições especificadas no projeto para o uso normal da construção, ou que são indícios de comprometimento da durabilidade da própria estrutura.

A continuação da utilização da estrutura após a ocorrência de um estado limite último somente poderá ser feita depois da realização de obras de reparo ou de reforço, que eventualmente possam eliminar as circunstâncias que determinaram o aparecimento do próprio estado limite. Quando isso não for possível, haverá a necessidade de obras de substituição de elementos da construção.

Em princípio, os estados limites últimos estão associados à ideia de *ruína da estrutura*.

De modo geral, a ruína efetiva das estruturas pode ocorrer em virtude de eventos caracterizados por:

- perda de equilíbrio, admitida a estrutura como corpo rígido;
- ruptura ou deformação plástica excessiva dos materiais;
- transformação da estrutura, no todo ou em parte, em sistema hipostático;
- instabilidade por deformação;
- estados de vibração forçada que causem desconforto intolerável aos usuários ou que impeçam o funcionamento normal de equipamentos.

Esses eventos correspondem a possíveis estados limites últimos a serem considerados na verificação da segurança das estruturas.

Os estados limites de utilização, em princípio, são estados convencionais de desempenho limite.

O efeito estrutural mais importante para a caracterização de estados limites de utilização é o da existência de flechas perceptíveis na estrutura. De modo geral, o problema é essencialmente estético. Nas construções que se empregam materiais não estruturais de natureza frágil, as flechas excessivas podem levar à fissuração desses materiais.

Nas estruturas de concreto, os estados de fissuração com aberturas de fissuras além dos limites usualmente aceitos pelas normas estruturais também se constituem em estados limites de utilização. Embora esses estados limites possam ser temidos como de possível deterioração prematura das estruturas, na verdade eles também são essencialmente de natureza estética.

Quando as aberturas das fissuras atingem valores significativos, de fato isso significa a ocorrência de escoamento excessivo das armaduras existentes das peças estruturais e servem de alerta para a possível proximidade de estados limites últimos.

Nas estruturas sujeitas a vibrações, quando ocorre algum desconforto aos usuários da construção, também ficam caracterizados estados limites de utilização.

1.7 Introdução às estruturas de concreto

Desde a antiguidade, a pedra e o tijolo foram os materiais mais importantes para as construções humanas.

A arquitetura grega foi consequência do emprego de vigas e placas de pedra. A baixa resistência à tração da pedra obrigou à utilização de pequenos vãos, daí decorrendo as colunatas típicas dessa arquitetura.

A civilização romana desenvolveu o tijolo cerâmico e, com isso, escapou das formas retas, criando os arcos de alvenaria. Todavia, a construção romana de obras portuárias exigiu solução diferente. Ela foi encontrada na fabricação de um verdadeiro concreto, cujo cimento era constituído por pozolanas, materiais ricos em sílica ativa, naturais ou obtidas pela moagem de tijolos calcinados.

As pozolanas são materiais finamente divididos constituídos por componentes ricos em sílica ativa, isto é, ricos em SiO_2 capaz de reagir a frio com outros componentes na massa de concreto, ainda fluida ou já endurecida.

A cal, também chamada de cal aérea, por endurecer com o gás carbônico do ar, com a adição de pozolanas é chamada de cal hidráulica, por sofrer endurecimento por reação com a água.

Com a queda do Império Romano, o mundo ocidental voltou a ser uma civilização rural. As cidades renasceram somente no fim da Idade Média.

Com a Revolução Industrial, que trouxe à luz o cimento Portland e o aço laminado, surge o concreto armado em meados do século XIX.

O concreto tem uma grande durabilidade natural, em virtude de suas propriedades físico-químicas, que o assemelha às rochas naturais, embora ele seja um material essencialmente poroso, que precisa ser adequadamente entendido para que de fato possa ser garantida a sua durabilidade. As agressões por sulfatos ao concreto e por cloretos aos aços, principalmente, além da ação da poluição ambiental, devem ser cuidadosamente consideradas desde a fase de projeto. As estruturas de concreto têm maior resistência a choques e vibrações que suas similares de outros materiais e sua resistência ao fogo é bastante conhecida.

O concreto estrutural é um material de construção composto por concreto simples e armaduras de aço.

A mistura do cimento com a água forma a pasta de cimento. Adicionando o agregado miúdo, como a areia, obtém-se a argamassa de cimento. Juntando o agregado graúdo, como a pedra britada ou seixos rolados, tem-se o concreto simples.

O concreto simples caracteriza-se por sua razoável resistência à compressão, usualmente entre 20 e 40 MPa, e por uma reduzida resistência à tração, usualmente menor que 1/10 de sua resistência à compressão. Hoje em dia, podem ser normalmente empregados concretos com resistências de até 50 MPa e, excepcionalmente, até 70 MPa.

Nas estruturas de concreto armado, a baixa resistência à tração do concreto simples é contornada pela existência de armaduras de aço adequadamente dispostas ao longo das peças estruturais. Desse modo, obtém-se o chamado concreto estrutural, embora também existam alguns tipos de estruturas de concreto simples.

O tipo de armadura empregada caracteriza o concreto estrutural. Usualmente, chama-se concreto armado comum, ou simplesmente concreto armado, o concreto estrutural em que as armaduras não são alongadas durante a construção da estrutura. Quando esse alongamento é realizado e depois mantido de modo permanente, o concreto estrutural ganha o nome de concreto protendido.

No concreto armado corrente, em que se empregam aços com resistências de escoamento de até 500 ou 600 MPa, os esforços atuantes nas armaduras são decorrentes das ações aplicadas à superfície externa da estrutura, após a sua construção. As armaduras são solicitadas em consequência das deformações do concreto da própria estrutura. As armaduras acompanham passivamente as deformações da estrutura e, por isso, são chamadas de armaduras passivas. Quando o concreto endurece, formando a peça estrutural, o concreto e suas armaduras passam a trabalhar solidariamente, isto é, não existe escorregamento relativo entre os dois materiais. Essa é a hipótese fundamental da teoria do concreto armado. Ela admite a solidariedade perfeita dos dois materiais até a ruptura do concreto armado, isto é, até a ruptura do concreto por compressão.

No concreto protendido, em que se empregam aços com resistências de escoamento até da ordem de 1.500 MPa, as armaduras de protensão são tracionadas durante a construção da estrutura, por meio de dispositivos adequados, guardando tensões residuais permanentes.

As armaduras de protensão também têm seus esforços alterados pelas ações que agem sobre a estrutura depois de ela ter sido construída. Todavia, essas alterações são relativamente pequenas quando comparadas aos esforços iniciais introduzidos pelos aparelhos de protensão. As armaduras de protensão têm, portanto, um papel ativo na distribuição dos esforços internos das peças estruturais protendidas. Por essa razão, elas também são chamadas de armaduras ativas.

O correto tratamento das estruturas de concreto exige que elas sejam consideradas formadas por dois materiais diferentes, o concreto e o aço, trabalhando solidariamente. Para o trabalho solidário desses dois materiais, devem ser respeitadas as condições de compatibilidade de seu emprego conjunto. O concreto armado não deve ser imaginado como um material unitário, no qual as armaduras de aço se constituem em simples fibras resistentes à tração.

A ideia de que o concreto armado é um material composto sempre deve estar presente, a fim de se garantir o perfeito funcionamento solidário do concreto, material frágil, de baixa resistência e de menor rigidez, com o aço, material dúctil, de grande resistência e de maior rigidez.

1.8 Introdução aos arranjos das armaduras do concreto

Os arranjos das armaduras empregadas no concreto armado são multiformes. Em princípio, as armaduras podem ser classificadas em três tipos básicos: armaduras de resistência geral, armaduras complementares e armaduras de resistência local. Os diferentes tipos de armaduras estão ilustrados nas Figuras 1.8a e 1.8b.

Essas armaduras podem ser classificadas da seguinte maneira:

1) Armaduras de resistência geral
1.1) Armaduras longitudinais
1.2) Armaduras transversais

2) Armaduras complementares
2.1) Armaduras de montagem
2.2) Armaduras construtivas
2.3) Armaduras de pele

3) Armaduras de resistência local (Figura 1.8b)
3.1) Armaduras de costura
3.2) Armaduras contra o fendilhamento
3.3) Armaduras contra a flambagem de barras comprimidas
3.4) Armaduras de equilíbrio de desvios de esforços longitudinais
3.5) Armaduras de suspensão

As armaduras de resistência geral são sempre obrigatórias, pois garantem a integridade da peça estrutural como um todo. São essas armaduras que permitem à peça estrutural ter o funcionamento global previsto em sua concepção. As armaduras longitudinais estendem-se ao longo do comprimento das peças e, nas vigas, usualmente resistem a esforços devidos a forças normais e a momentos fletores. As armaduras transversais, formadas essencialmente por estribos, usualmente resistem a esforços decorrentes de forças cortantes e de torção. Nas peças submetidas à torção, ambos os tipos de armaduras são necessários em conjunto.

As armaduras complementares são simples complementos das armaduras de resistência geral. Elas podem deixar de existir quando forem desnecessárias.

As armaduras de montagem têm por finalidade facilitar a montagem do conjunto de barras de aço que formam a armadura da peça estrutural. Elas também melhoram as condições de ancoragem dos ganchos das armaduras de resistência geral. Assim, por exemplo, nas faces das vigas e das lajes em que nunca existirão tensões de tração, não haveria necessidade de armaduras longitudinais de resistência geral. Como se mostra na Figura 1.3, essas armaduras de fato não são empregadas em lajes, mas elas são usuais nas vigas, na forma de porta-estribos.

Figura 1.3

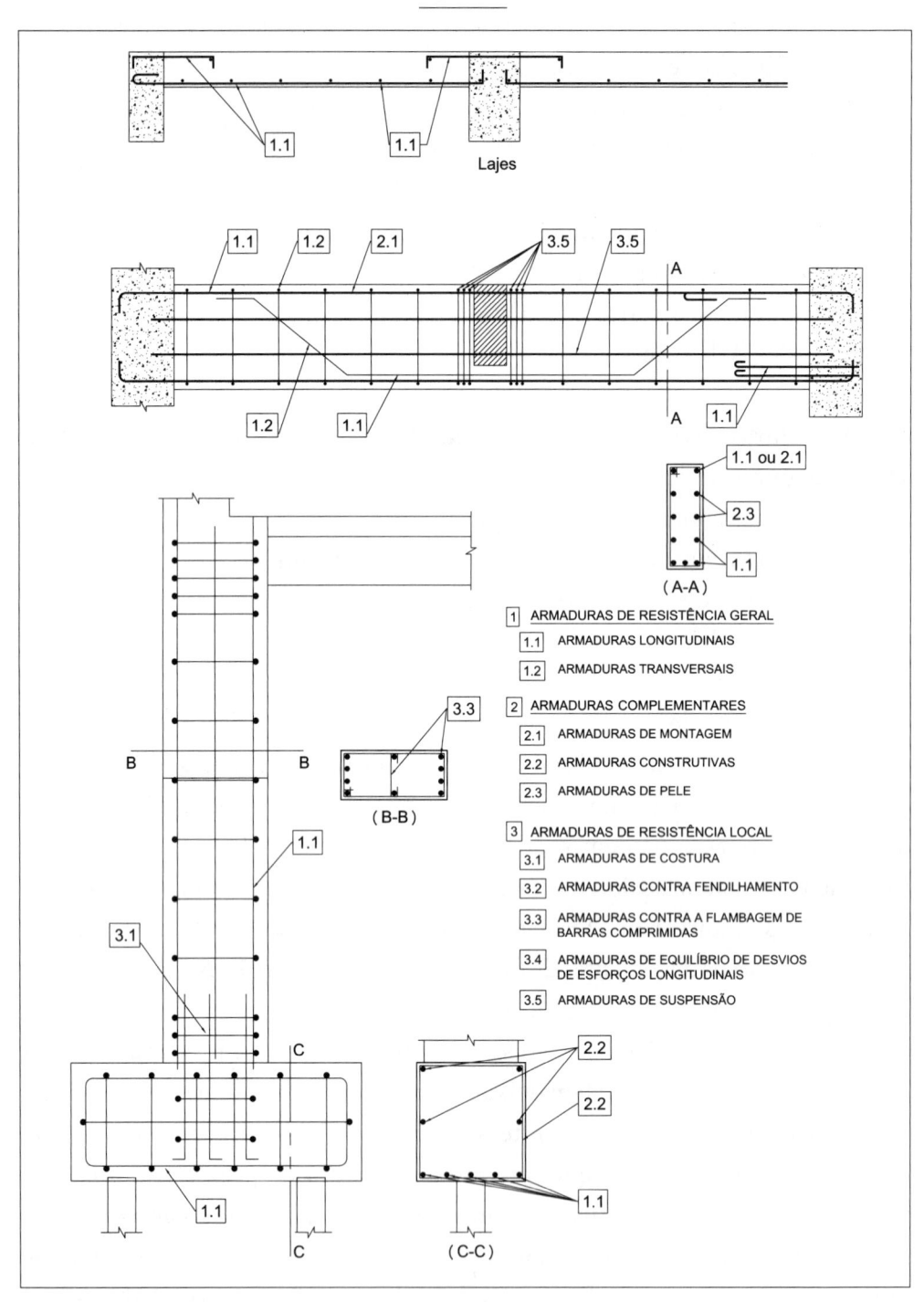

1 ARMADURAS DE RESISTÊNCIA GERAL
  1.1 ARMADURAS LONGITUDINAIS
  1.2 ARMADURAS TRANSVERSAIS

2 ARMADURAS COMPLEMENTARES
  2.1 ARMADURAS DE MONTAGEM
  2.2 ARMADURAS CONSTRUTIVAS
  2.3 ARMADURAS DE PELE

3 ARMADURAS DE RESISTÊNCIA LOCAL
  3.1 ARMADURAS DE COSTURA
  3.2 ARMADURAS CONTRA FENDILHAMENTO
  3.3 ARMADURAS CONTRA A FLAMBAGEM DE BARRAS COMPRIMIDAS
  3.4 ARMADURAS DE EQUILÍBRIO DE DESVIOS DE ESFORÇOS LONGITUDINAIS
  3.5 ARMADURAS DE SUSPENSÃO

As armaduras construtivas são efetivamente armaduras resistentes. Elas absorvem os esforços de tração não previstos no modelo simplificado de comportamento adotado no dimensionamento da peça estrutural. Esses esforços de tração não comprometem a segurança da peça em relação à sua capacidade de resistir aos esforços previstos para ela, mas se tais tensões de tração não forem absorvidas por armaduras construtivas, elas podem provocar fissuração indesejável para o aspecto estético ou para a durabilidade da peça.

Como se mostra no exemplo da Figura 1.3, nos blocos de fundação cujo comportamento simplificado de bloco é análogo ao de viga sobre dois apoios, convém empregar a gaiola formada pelas armaduras construtivas indicadas.

As armaduras de pele têm por finalidade redistribuir a fissuração que tende a ser provocada pelo emprego de armaduras longitudinais de resistência geral colocadas de forma concentrada em posições privilegiadas da peça estrutural.

As armaduras de resistência local visam absorver esforços de tração existentes em regiões localizadas das peças estruturais, em virtude de diversas razões, como as mostradas na Figura 1.4.

Figura 1.4

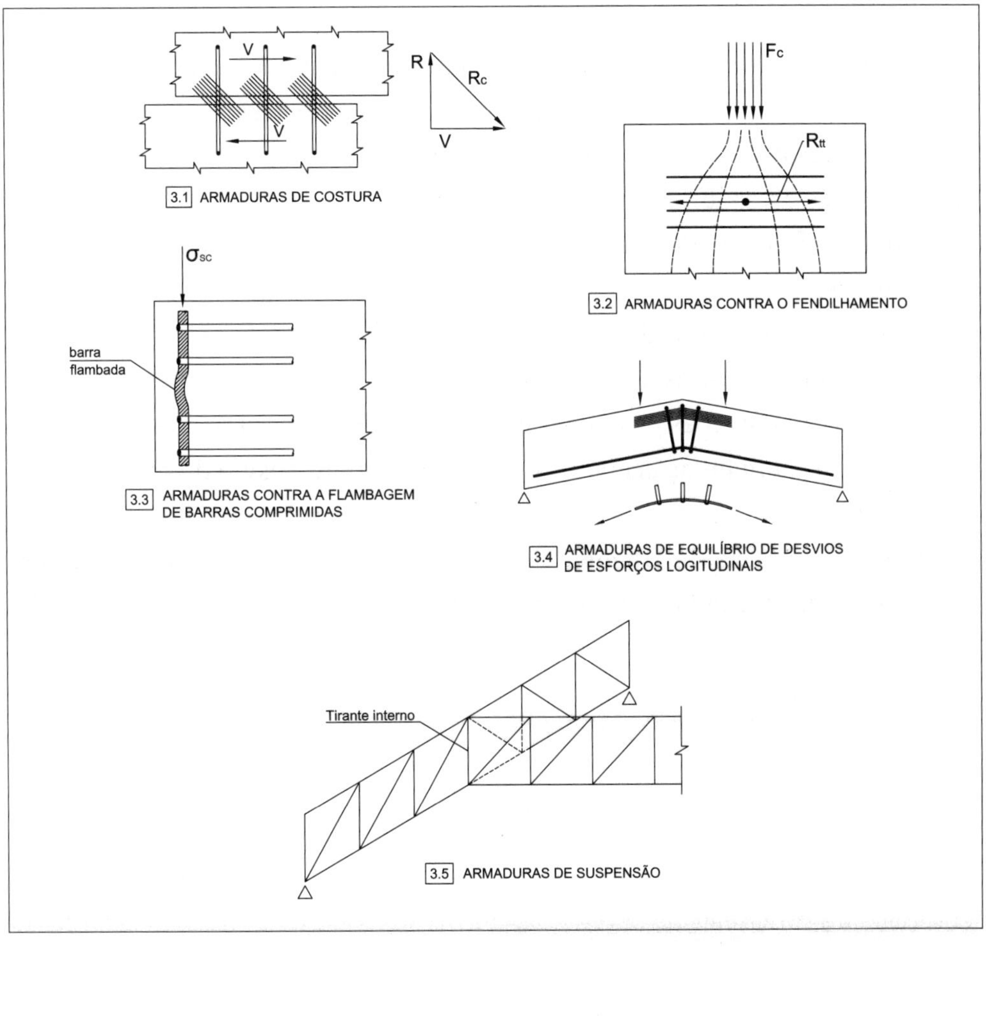

Essas armaduras de resistência local asseguram que a peça estrutural possa efetivamente ter o funcionamento previsto para elas.

As armaduras de resistência local frequentemente são da máxima importância para a segurança das peças de concreto estrutural. O desrespeito às regras de detalhamento das armaduras de resistência local foi a causa de muitas das catástrofes ocorridas com estruturas de concreto armado.

Exercícios

Ao estudante: procure explicar as ideias para si mesmo. Procure em outras fontes, inclusive na internet, subsídios para discutir as ideias. Essa é a intenção dos exercícios que constam em cada capítulo.

Ao professor[1]: no site da Cengage Learning, na página do livro, estão disponibilizadas as respostas aos exercícios apresentados no livro.

1) O que são armaduras ativas?
2) Qual a resistência de escoamento usual dos aços das armaduras passivas?
3) Quais são os três tipos básicos de armaduras passivas?
4) O que são armaduras de resistência geral?
5) O que são armaduras complementares?
6) Qual a diferença entre as armaduras de montagem e as armaduras construtivas?
7) O que são armaduras de pele?
8) O que são armaduras de resistência local?
9) Quais são as funções principais das armaduras de resistência local?
10) Como funcionam as armaduras de equilíbrio de desvio de esforços longitudinais?
11) Que outras ideias fundamentais foram apresentadas neste capítulo, mas não foram abordadas pelos exercícios?

---

1. Mediante cadastro de professor no site.

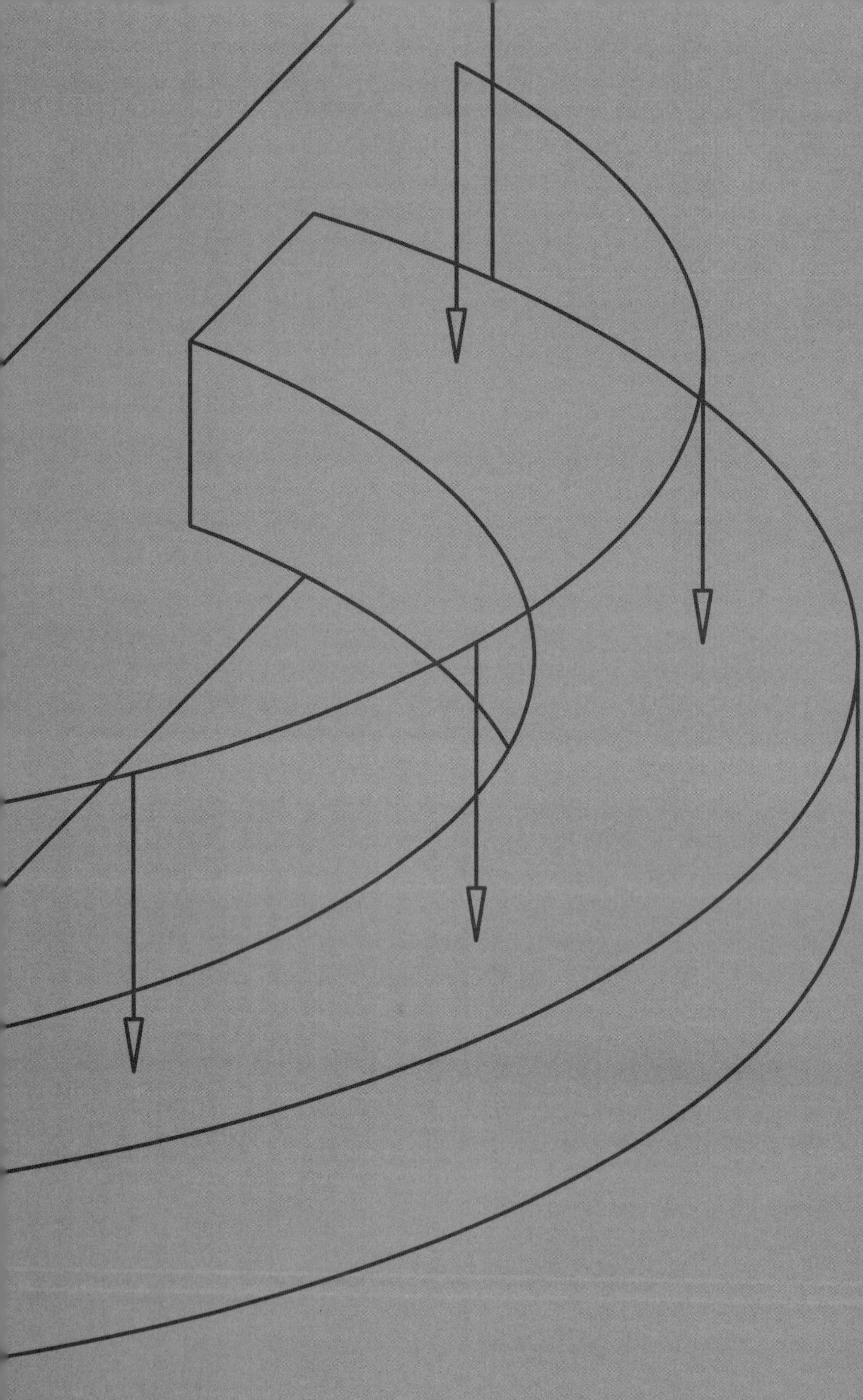

CAPÍTULO 2

INTRODUÇÃO À CONCEPÇÃO ESTRUTURAL

2.1 Peças estruturais

A consideração da estrutura como um todo é, em geral, trabalho de excessiva complexidade na determinação dos esforços internos atuantes, pelo fato de as construções serem formadas por múltiplas partes resistentes. Por essa razão, na análise estrutural são admitidos diferentes graus de simplificação. A estrutura é decomposta em elementos que, em termos práticos, possam tornar exequível a análise estrutural.

A idealização do arranjo estrutural é feita admitindo-se juntas que separem diferentes partes da construção, eliminando, assim, os vínculos internos que ligariam diferentes partes da estrutura.

Quando a primeira decomposição da estrutura ainda não permite uma análise satisfatoriamente simples, os sistemas estruturais obtidos podem ser decompostos sucessivamente em sistemas estruturais mais simples.

Esse procedimento poderia ser levado até o ponto em que todos os elementos da estrutura fossem tratados como peças estruturais isoladas, isto é, como elementos cujo equilíbrio pode ser estudado independentemente dos demais elementos sem que seja possível qualquer decomposição ulterior.

As peças estruturais são os elementos mais simples que formam uma estrutura.

Tendo em vista a análise dos diferentes sistemas estruturais empregados nas construções, torna-se oportuno classificar as peças estruturais que os compõem por meio de um critério geométrico.

Considerando que a conformação geométrica das peças estruturais pode ser delineada por meio de três comprimentos característicos (VLASSOV, 1962) (Figura 2.1), definem-se quatro tipos básicos de peças estruturais: blocos, folhas, barras e barras de parede delgada.

Indicando por L1, L2 e L3 a ordem de grandeza dos três comprimentos característicos da peça e admitindo que dois comprimentos característicos possam ser considerados da mesma ordem de grandeza quando estiverem até na relação 1:5, têm-se os tipos de peças estruturais mostrados a seguir.

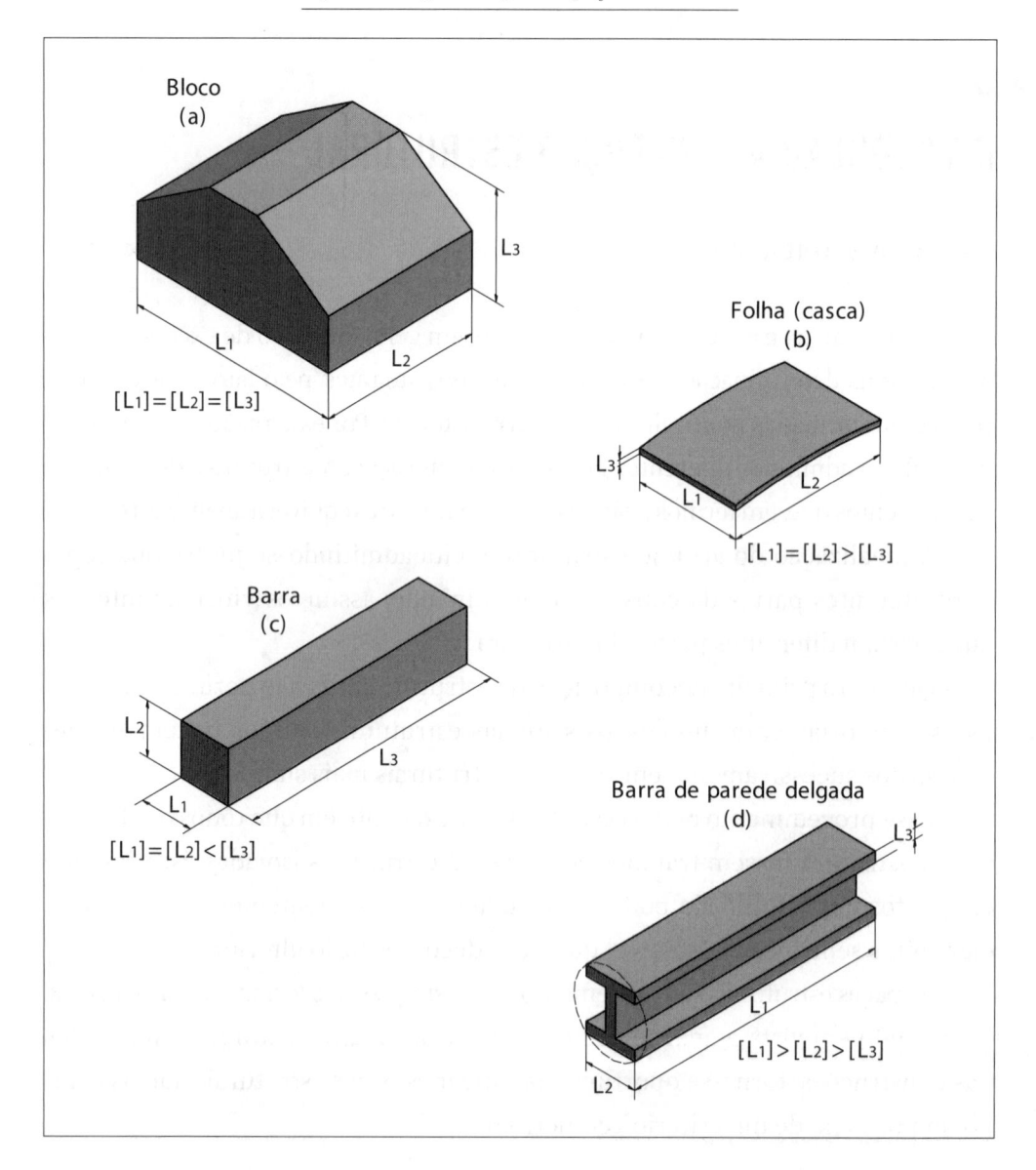

Figura 2.1 • Quatro tipos de peças estruturais

Bloco (a)
$[L_1]=[L_2]=[L_3]$

Folha (casca) (b)
$[L_1]=[L_2]>[L_3]$

Barra (c)
$[L_1]=[L_2]<[L_3]$

Barra de parede delgada (d)
$[L_1]>[L_2]>[L_3]$

Peças Tipo I: BLOCOS (L1 = L2 = L3)

Quando os três comprimentos característicos são da mesma ordem de grandeza, têm-se os blocos, cujos esforços solicitantes são estudados pela Teoria da Elasticidade. Nas estruturas de concreto, os blocos podem ser dimensionados por uma teoria simplificada (teoria de bielas e tirantes).

Peças Tipo II: FOLHAS (L1 = L2 > L3) – Cascas, placas e chapas

As folhas são peças estruturais em que dois comprimentos característicos são da mesma ordem de grandeza, maior que a ordem de grandeza do terceiro comprimento característico, sendo designadas por cascas, quando essa superfície é curva, e por placas e chapas, quando a superfície é plana.

As placas têm carregamento predominante agindo perpendicularmente à sua superfície média, e as chapas têm carregamento predominante contido no próprio plano médio.

Nas estruturas de concreto, as lajes têm comportamento de placa quando submetidas às cargas que atuam sobre os pisos, e de chapa quando funcionam como diafragmas horizontais rígidos que participam do sistema de contraventamento da estrutura.

O estudo das folhas é feito pela Teoria das Cascas, pela Teoria das Placas e pela Teoria das Chapas, todas elas obtidas da Teoria da Elasticidade por meio da adoção de diferentes hipóteses simplificadoras.

No caso particular das lajes de concreto armado funcionando apenas como placas, desenvolveu-se a Teoria das Charneiras Plásticas, que estuda as lajes no estado limite último de ruptura.

Peças Tipo III: BARRAS (L1 = L2 < L3)

As barras têm dois comprimentos característicos da mesma ordem de grandeza, menor que a ordem de grandeza do terceiro comprimento característico. O estudo das barras é feito pela resistência dos materiais.

Nas construções de concreto, as peculiaridades de comportamento dos materiais empregados impedem a aplicação direta da resistência dos materiais, surgindo então a Teoria do Concreto Estrutural, que abrange a Teoria do Concreto Armado e a Teoria do Concreto Protendido.

Peças Tipo IV: BARRAS DE PAREDE DELGADA (L1 > L2 > L3)

As barras de parede delgada têm os três comprimentos característicos com ordens de grandeza diferentes entre si. Essas peças são típicas das estruturas metálicas, não existindo no caso geral de estruturas de concreto.

Quando não existem esforços de torção, essas peças podem ser tratadas como se fossem barras maciças, pertencentes à categoria anterior. Quando existem esforços de torção, elas são estudadas por teorias próprias.

2.2 Arranjo estrutural básico das construções usuais

Qualquer construção, para que possa cumprir suas finalidades, deve possuir um conjunto de partes resistentes. Esse conjunto é o que se entende por estrutura da construção.

Em virtude da complexidade das construções, na formação de suas estruturas entram diferentes tipos de elementos estruturais, que são combinados em diversos arranjos, conforme o tipo de construção considerada.

Para a concepção do arranjo estrutural, é necessário conhecer o funcionamento de cada uma das partes que vai formar a estrutura a ser construída.

Tendo em vista limitações de diferentes naturezas, principalmente decorrentes do tamanho das construções para a concepção estrutural na Engenharia Civil, frequentemente convém decompor a construção em diversos blocos adjacentes, considerando de início a estrutura de cada um deles de modo isolado, cuidando posteriormente das eventuais interações que possam existir entre eles.

A decomposição da construção em partes segue regras ditadas pela experiência. Com elas, procura-se contornar ou, pelo menos, simplificar certas dificuldades de projeto e de funcionamento das estruturas.

As dificuldades de projeto costumam ocorrer quando se procura fazer a análise estrutural conjunta de um número muito grande de peças estruturais ou de elementos estruturais excessivamente complexos.

As dificuldades de funcionamento das estruturas costumam ocorrer nas construções com grandes dimensões em planta, em virtude de estados de coação criados por efeitos térmicos, por retração dos materiais ou por recalques diferenciais de fundações.

Como primeira decomposição, a construção pode ser dividida em blocos, por meio de *juntas de separação*, como as que estão mostradas na Figura 2.2, em um arranjo construtivo de edifícios residenciais.

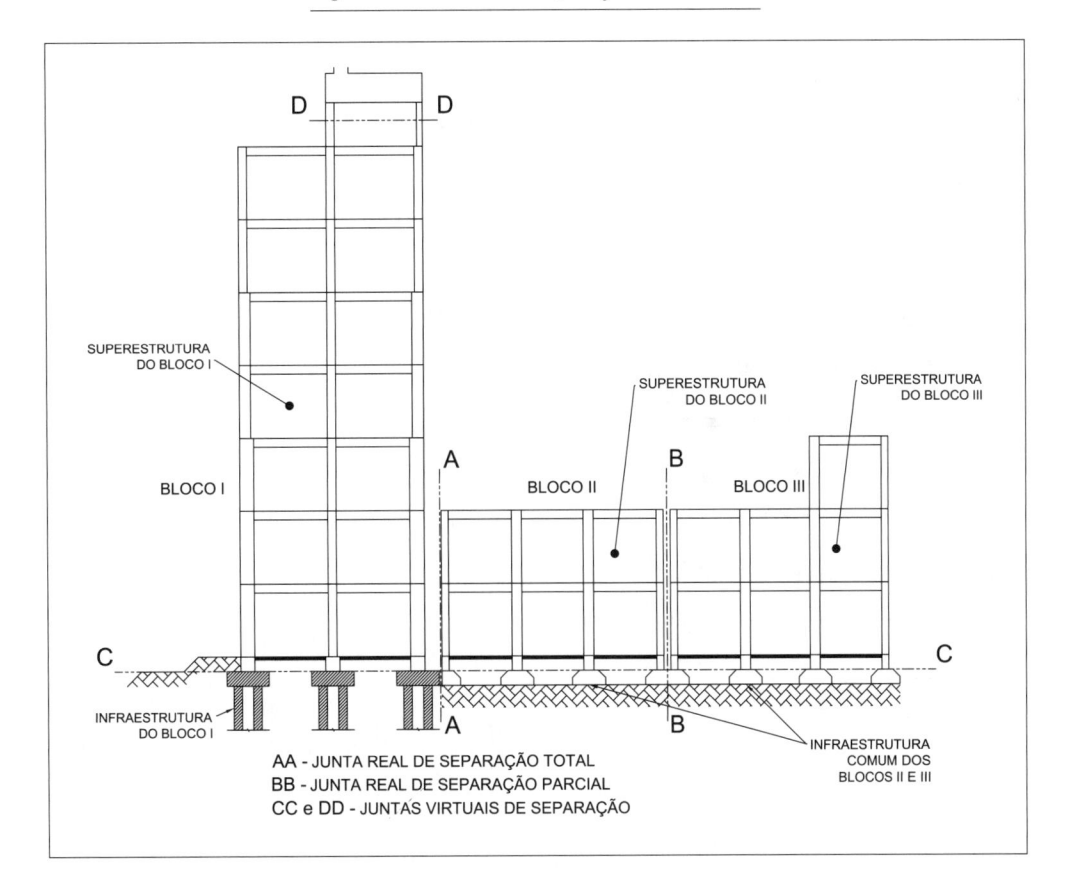

Figura 2.2 • Juntas de separação em edifícios

As juntas de separação são juntas reais quando partes adjacentes ficam fisicamente separadas entre si, total ou parcialmente. Elas são virtuais quando apenas delimitam diferentes partes de uma estrutura global, que serão analisadas independentemente umas das outras.

As juntas reais em princípio são verticais, mas as juntas virtuais costumam ser horizontais, como aquelas que separam a superestrutura da infraestrutura na Figura 2.2.

Em princípio, com o emprego dos métodos computacionais de cálculo, as estruturas podem ser analisadas tridimensionalmente, mantendo-se na análise a maior parte da complexidade da estrutura real. Todavia, isso nem sempre é necessário, particularmente em construções de pequeno porte ou de pequena altura. Com os recursos computacionais disponíveis hoje em dia, no caso de edifícios altos, a análise tridimensional é obrigatória.

Como os esforços solicitantes dos sistemas hiperestáticos dependem da rigidez de suas diferentes peças, as quais ainda não são conhecidas na fase de concepção estrutural, as estruturas começam a ser concebidas admitindo-se peças com dimensões estimadas pela experiência do projetista.

Nos edifícios correntes, a estrutura em geral pode ser concebida como sendo formada por três famílias de elementos estruturais planos (Figura 2.3).

Figura 2.3 • Famílias de elementos estruturais planos em edifícios

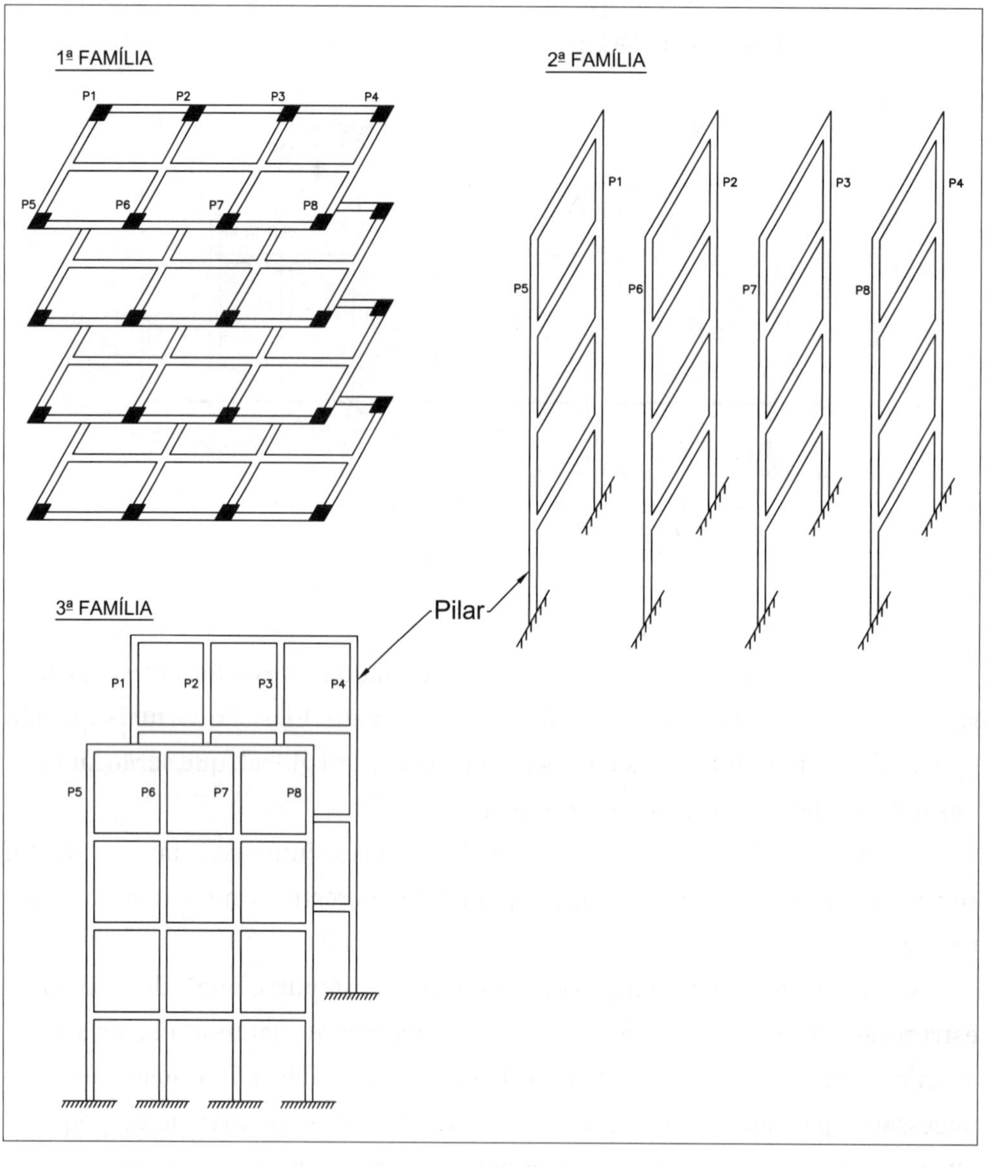

A família de elementos estruturais planos horizontais é formada pelos pisos da construção. Esses elementos são compostos pelas lajes e por vigas de sustentação. As ações mais importantes para esses elementos são os pesos próprios da estrutura e dos demais elementos construtivos e as cargas acidentais de utilização da construção, todas elas agindo verticalmente. No caso das lajes, essas ações agem perpendicularmente ao seu plano médio.

As outras duas famílias de elementos estruturais planos são constituídas por pórticos verticais, formados por vigas e pilares.

Para essas outras duas famílias, as ações principais são representadas por cargas verticais e horizontais contidas no próprio plano médio dos elementos. As ações atuantes mais importantes são os pesos próprios da estrutura e dos demais elementos construtivos, nelas incluindo-se as reações de apoio das peças da família de elementos planos horizontais, além da ação do vento.

Observa-se que a decomposição artificial da estrutura tridimensional em elementos estruturais planos obriga que certas peças sejam consideradas como pertencentes simultaneamente a dois diferentes elementos planos. Esse é o caso das vigas que pertencem simultaneamente à estrutura dos pisos, sujeita a cargas verticais, e à estrutura dos pórticos verticais, sujeitos também à ação do vento. De modo análogo, certos pilares da estrutura podem pertencer simultaneamente a dois diferentes pórticos verticais.

De modo mais simples ou complexo, a concepção estrutural fica completa quando se idealiza todo o arranjo da estrutura da construção.

Quando a análise estrutural precisa ser feita tridimensionalmente, os elementos definidos na concepção inicial bidimensional são reconsiderados, definindo-se então o arranjo tridimensional com que serão determinados os esforços da estrutura.

A idealização da estrutura é o objetivo da fase de concepção do projeto estrutural.

Para o dimensionamento das peças estruturais, nem sempre a consideração de elementos estruturais planos é a mais conveniente.

Quando a análise de elementos complexos requer um trabalho julgado excessivo para o tipo de construção em consideração, eles podem ser decompostos em elementos estruturais mais simples, planos ou até lineares.

Dentro dessa ideia de simplificação, nas estruturas de edifícios, as lajes podem ser destacadas da estrutura dos pisos e analisadas separadamente das vigas (Figura 2.4), embora ligadas entre si, formando um conjunto de lajes contínuas.

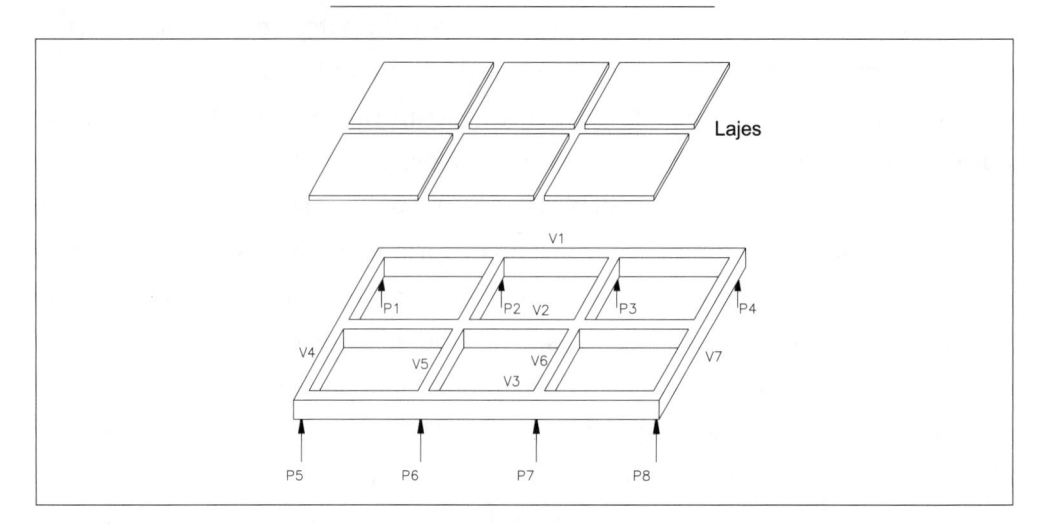

Figura 2.4 • Lajes destacadas das vigas

Analogamente, o vigamento do piso também pode ser tratado de modo simplista, considerando-se condições simplificadas de vinculação (Figura 2.5).

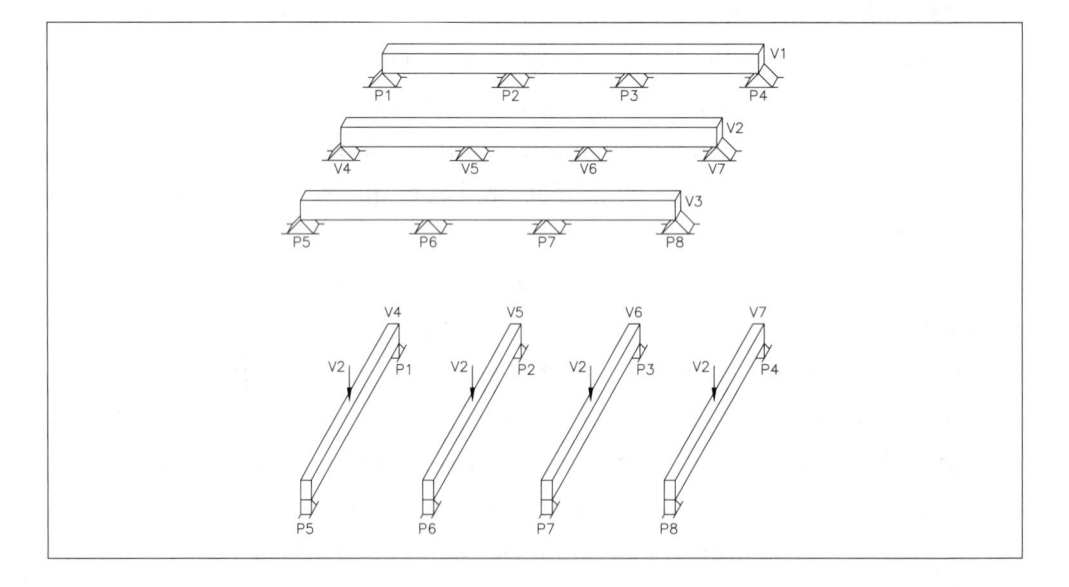

Figura 2.5 • Arranjos estruturais simplificados

Esse mesmo tipo de simplificação pode ser admitido para as superestruturas de pontes de pequeno porte. Assim, as figuras 2.4 e 2.5 também podem ser interpretadas como representando o arranjo de um tabuleiro de ponte.

Nas pontes de grande porte, os arranjos estruturais modernamente empregados tendem a ser concebidos com elementos de maior complexidade.

No exemplo mostrado na Figura 2.6, o elemento estrutural que forma o tabuleiro da ponte, com seção transversal celular, cumpre simultaneamente as funções de placa, chapa e viga.

Neste caso, trata-se, na verdade, de uma casca, cujos esforços podem ser determinados pelo emprego do método dos elementos finitos, de forma global e sem decomposições ulteriores.

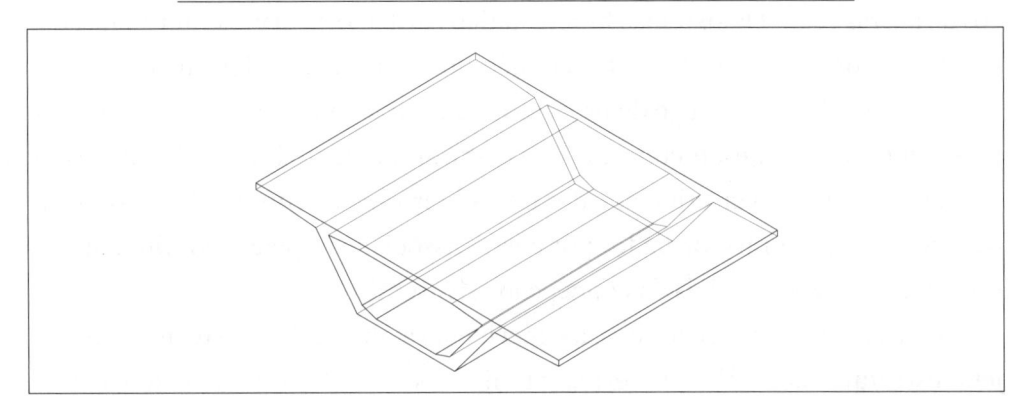

Figura 2.6 • Arranjo estrutural de pontes e viadutos de grande porte

2.3 Sistemas estruturais básicos

Para realizar a análise estrutural, o arranjo construtivo de uma estrutura é imaginado como sendo constituído por um conjunto de elementos estruturais mais ou menos complexos, aos quais são aplicadas as ações que atuam na construção e cujos efeitos servem para o dimensionamento das diferentes partes dessa estrutura.

No entanto, duas ideias tornam importante a visualização do arranjo estrutural como sendo composto por peças separadas.

A primeira é a simplicidade de concepção que isso permite, e a segunda é o fato de que o dimensionamento das diferentes partes da estrutura é normalmente feito considerando-se isoladamente cada peça estrutural, embora submetida a esforços solicitantes calculados por meio de sistemas estruturais mais complexos.

Tendo em vista que a grande maioria dos arranjos construtivos das estruturas da Engenharia Civil são frequentemente organizados com elementos de barra, é intuitivo que a Engenharia de Estruturas tenha se desenvolvido a partir de concepções estruturais formadas basicamente por sistemas compostos por esse tipo de peça.

Os sistemas estruturais usualmente empregados na concepção estrutural evoluíram à medida que os métodos de cálculo foram se tornando de realização cada vez mais fácil.

Nos primórdios da Engenharia de Estruturas, predominavam os sistemas estruturais isostáticos, cujos esforços solicitantes podem ser determinados com auxílio exclusivo das condições de equilíbrio de suas diferentes partes.

Posteriormente, os processos iterativos de cálculo, como o método de Cross, permitiram o emprego generalizado de sistemas estruturais hiperestáticos de barras retas. Os sistemas hiperestáticos de barras curvas eram analisados por processos de cálculo baseados no método da energia de deformação.

Hoje em dia, o emprego de processos computacionais de cálculo dá ao projetista total liberdade de concepção estrutural, não existindo dificuldades de cálculo que inibam a criatividade dos engenheiros de estruturas. Mesmo assim, os sistemas estruturais formados por barras associadas a placas continuam sendo os elementos essenciais da concepção estrutural.

Para as estruturas correntes, a experiência acumulada pela técnica de projetar estruturas permitiu que certos arranjos fossem selecionados como os mais eficientes para a concepção estrutural.

Esses arranjos, de emprego tradicional, que apresentam comportamentos estereotipados e que servem para os primeiros passos de uma análise estrutural, estão representados nas figuras seguintes.

Todavia, para uma análise estrutural global, deve-se levar em conta o caráter tridimensional das estruturas, considerando a complexidade real dos sistemas, que é muito maior que a sugerida pelos modelos simplificados considerados isoladamente.

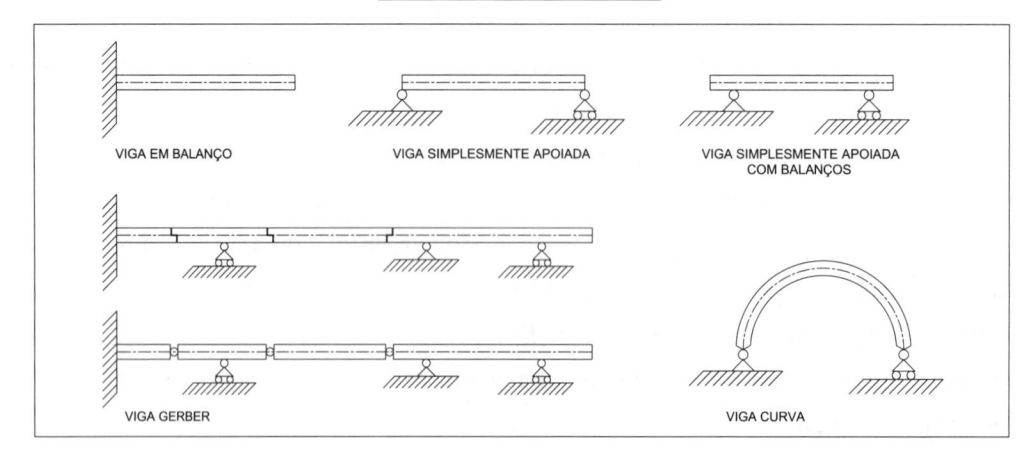

Figura 2.7 • Vigas isostáticas

2 • Introdução à concepção estrutural

Figura 2.8 • Vigas hiperestáticas

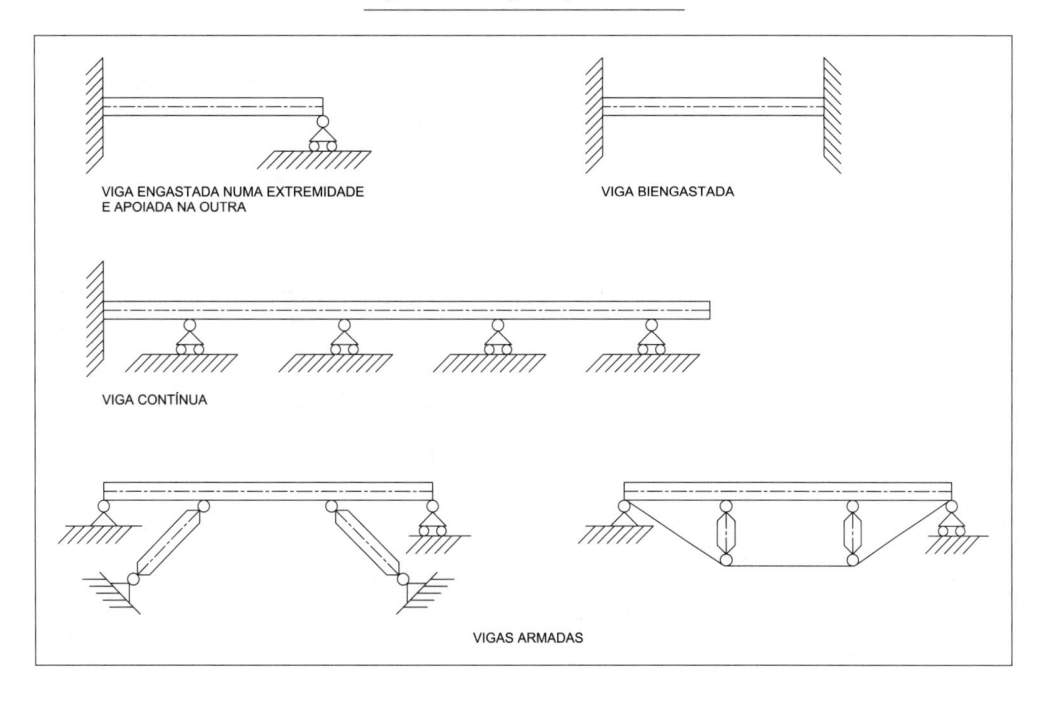

VIGA ENGASTADA NUMA EXTREMIDADE E APOIADA NA OUTRA

VIGA BIENGASTADA

VIGA CONTÍNUA

VIGAS ARMADAS

Figura 2.9 • Arcos e pórticos isostáticos

ARCO TRIARTICULADO

PÓRTICO TRIARTICULADO

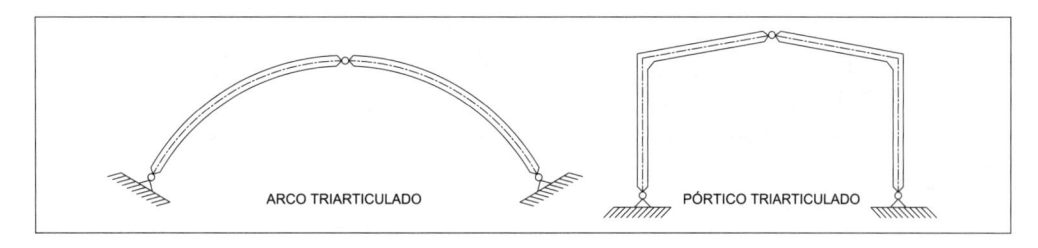

Figura 2.10 • Arcos hiperestáticos

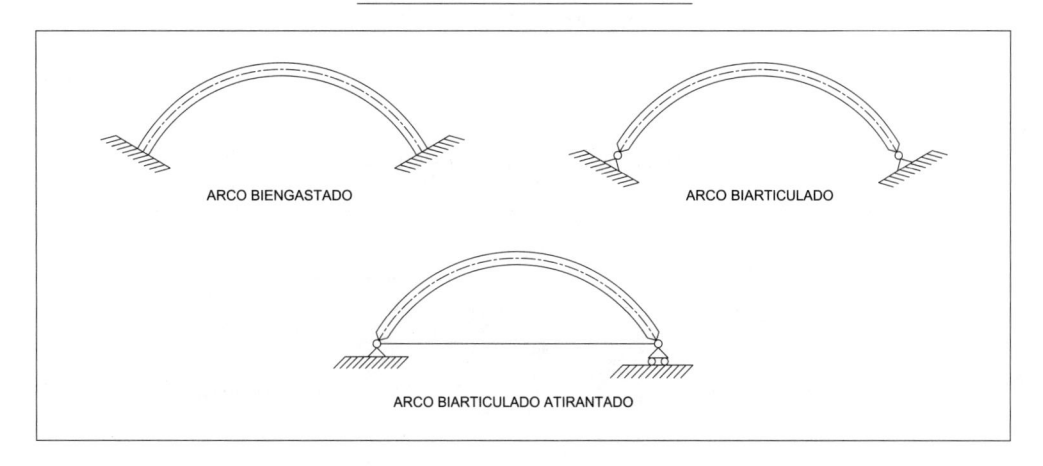

ARCO BIENGASTADO

ARCO BIARTICULADO

ARCO BIARTICULADO ATIRANTADO

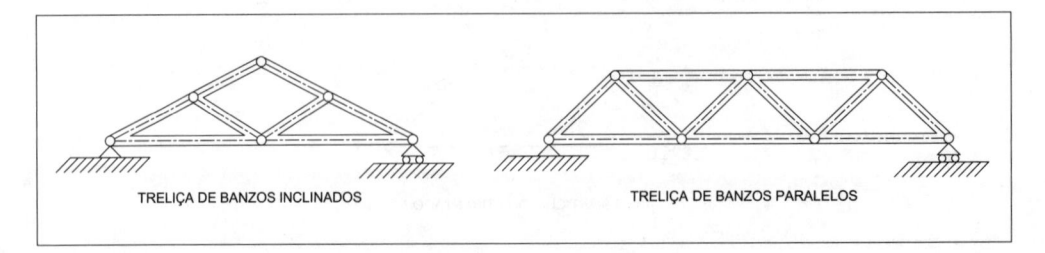

Figura 2.11 • Pórticos hiperestáticos

PÓRTICO BIENGASTADO

PÓRTICO BIARTICULADO

PÓRTICO BIENGASTADO ATIRANTADO

QUADRO SIMPLES

QUADRO MÚLTIPLO

PÓRTICOS MÚLTIPLOS

VIGA VIERENDEEL

Figura 2.12 • Treliças isostáticas

TRELIÇA DE BANZOS INCLINADOS

TRELIÇA DE BANZOS PARALELOS

2 • Introdução à concepção estrutural

Figura 2.13 • Treliças hiperestáticas

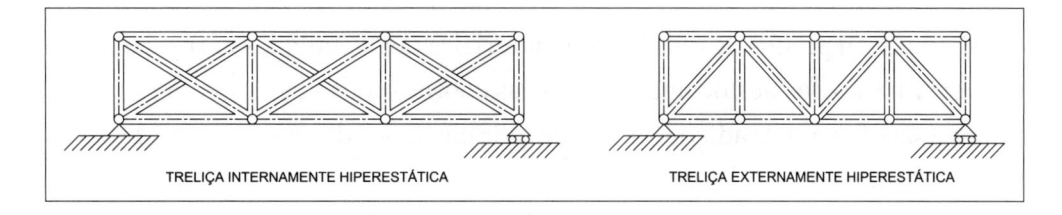

TRELIÇA INTERNAMENTE HIPERESTÁTICA

TRELIÇA EXTERNAMENTE HIPERESTÁTICA

Figura 2.14 • Vigas balcão

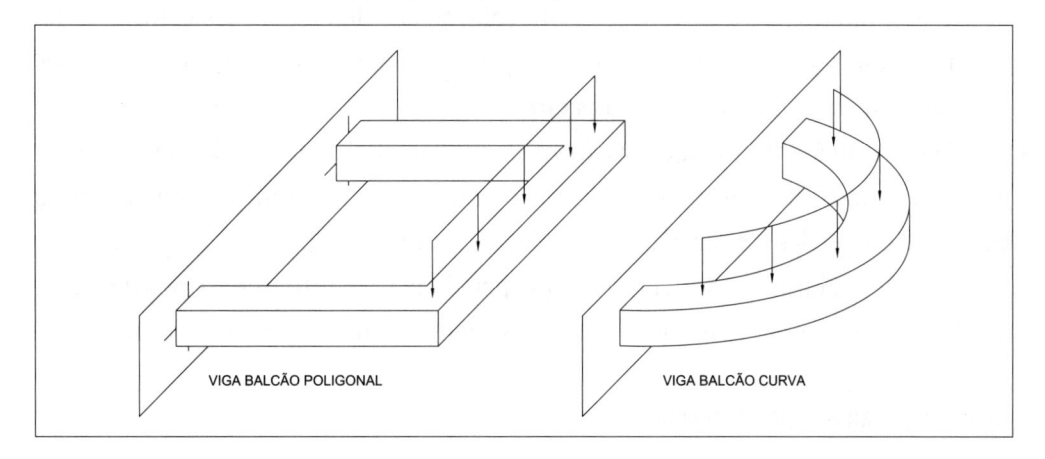

VIGA BALCÃO POLIGONAL

VIGA BALCÃO CURVA

Figura 2.15 • Grelhas

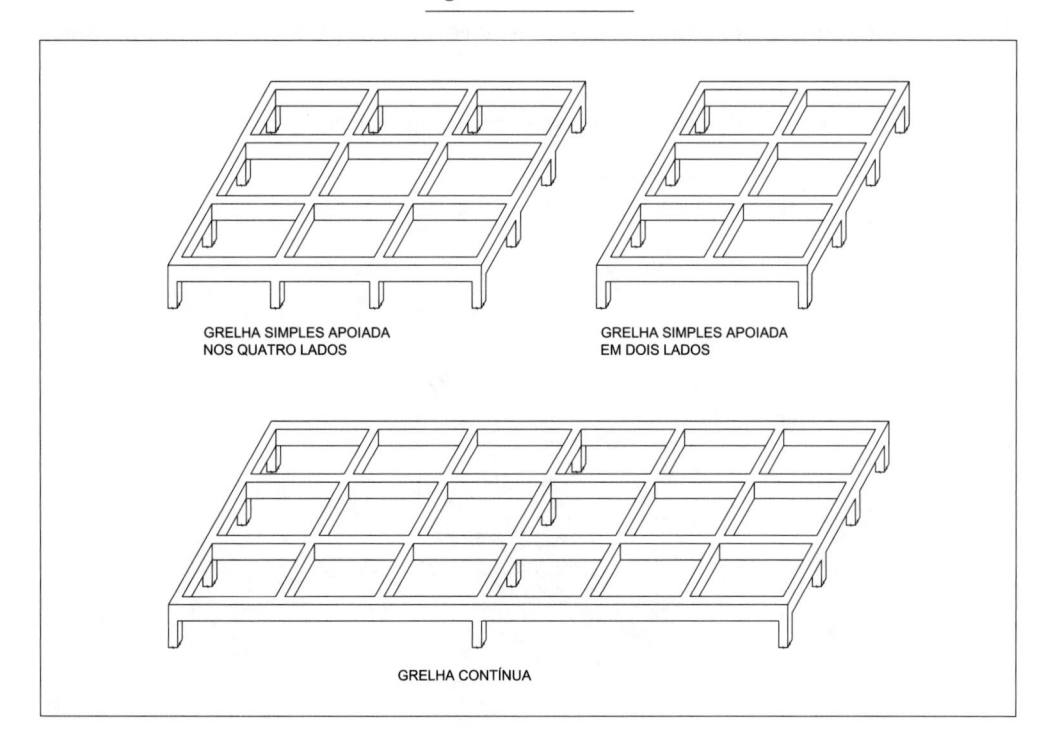

GRELHA SIMPLES APOIADA
NOS QUATRO LADOS

GRELHA SIMPLES APOIADA
EM DOIS LADOS

GRELHA CONTÍNUA

2.4 Tipos de apoio

Diz-se que os n pontos de um sistema material estão vinculados entre si quando a determinação dos deslocamentos de suas coordenadas x_i, y_i, z_i, (com $i = 1, 2, ..., n$) deve satisfazer a condições impostas por equações do tipo $\varphi_j (x_1, y_2, z_1, ..., x_n, y_n, z_n) = 0$, com $j = 1, 2, ..., m$.

Quando um sistema estrutural deforma por efeito de ações que lhe são aplicadas, entre os pontos interligados surgem esforços recíprocos que impedem o movimento livre de um deles em relação aos demais. Esses esforços surgem para que sejam respeitadas as restrições vinculares impostas pelas ligações que existem entre os pontos unidos entre si.

Na definição do arranjo estrutural, é essencial a escolha adequada dos tipos de vínculos que serão empregados nas ligações dos elementos estruturais entre si e entre eles e a base de sustentação da construção.

De particular importância são as propriedades dos diferentes tipos de apoio que podem ser empregados ao vincular a superestrutura à infraestrutura.

Tipo I: Engastamento tridimensional

Os apoios externos engastados são caracterizados pelo impedimento dos seis componentes de possíveis deslocamentos rígidos da seção de engastamento (Figura 2.16), neles atuando três componentes de força e três componentes de momentos.

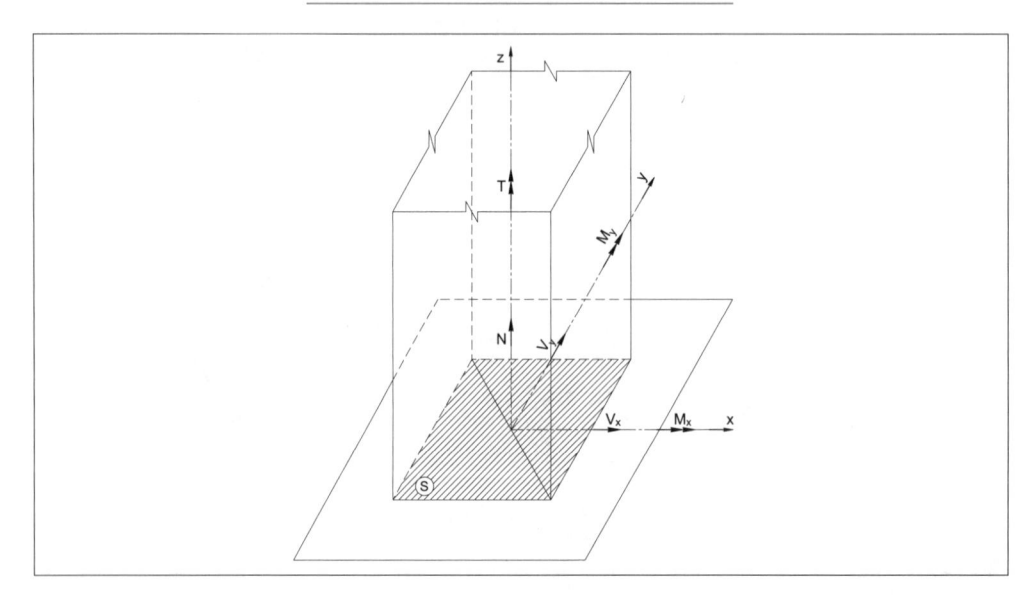

Figura 2.16 • Engastamento tridimensional

Desse modo, a infraestrutura que fornece o engastamento fica ligada à superestrutura por meio de seis vínculos. A esses seis vínculos correspondem as seis reações vinculares de apoio da superestrutura sobre a infraestrutura e, reciprocamente, os seis esforços que a superestrutura aplica à infraestrutura.

Em uma estrutura tridimensional monolítica composta por barras, sem articulações internas, bastaria um engastamento externo para que a vinculação fosse isostática. Se além desse apoio engastado também houver qualquer outro apoio externo, a estrutura será externamente hiperestática.

Desse modo, no caso do piso elementar mostrado adiante na Figura 2.26, se não houver articulações internas e se os quatro apoios externos forem engastados, então a estrutura será 18 vezes hiperestática.

Tipo II: Engastamento de estruturas planas

No caso de se considerar uma estrutura como plana, com carregamento contido no próprio plano (Figura 2.17), o apoio engastado mobiliza apenas três reações vinculares.

Quando a estrutura plana está submetida a carregamento perpendicular ao seu próprio plano, o apoio engastado também mobiliza três reações vinculares. Note-se, porém, que essas três reações vinculares não são as mesmas mobilizadas pelo carregamento contido no plano da estrutura.

Superpondo-se os dois tipos de engastamentos bidimensionais, reconstitui-se o engastamento tridimensional com seis reações vinculares.

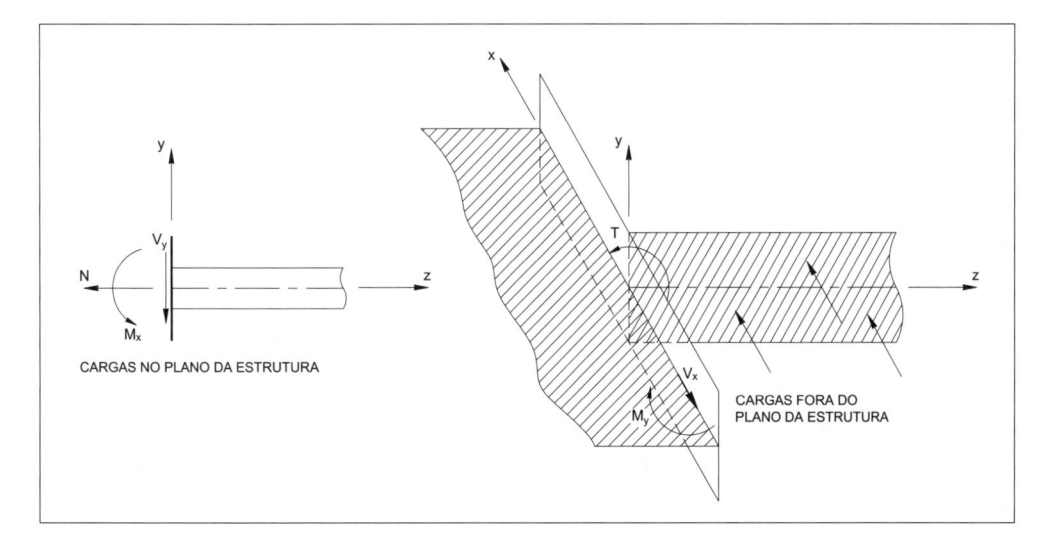

Figura 2.17 • Engastamento de estrutura plana

Tipo III: Engastamento das estruturas de concreto

Os engastamentos das superestruturas de concreto em suas bases de concreto são sempre realizados com ligações monolíticas. Esses engastamentos são, portanto, sempre tridimensionais.

O desdobramento do engastamento tridimensional das peças de concreto em dois outros, ambos correspondentes a estruturas planas, é apenas virtual. Essa decomposição do engastamento decorre de uma decomposição virtual do próprio arranjo estrutural tridimensional em dois arranjos bidimensionais. Essa decomposição é lícita apenas quando os efeitos estruturais em um desses dois arranjos não afetam significativamente os efeitos no outro arranjo.

Tipo IV: Engastamento com vinculação simplificada

Nos engastamentos de vigas submetidas à flexão simples, como não existe força normal, a correspondente reação vincular axial pode ser admitida como inexistente.

Dessa forma, a viga biengastada da Figura 2.18, que como estrutura plana é de fato três vezes hiperestática, pode ser tratada como se fosse apenas duas vezes hiperestática.

Sendo assim, a viga é de fato hipostática para esforços axiais. As equações de equilíbrio são apenas duas, e as reações vinculares são quatro.

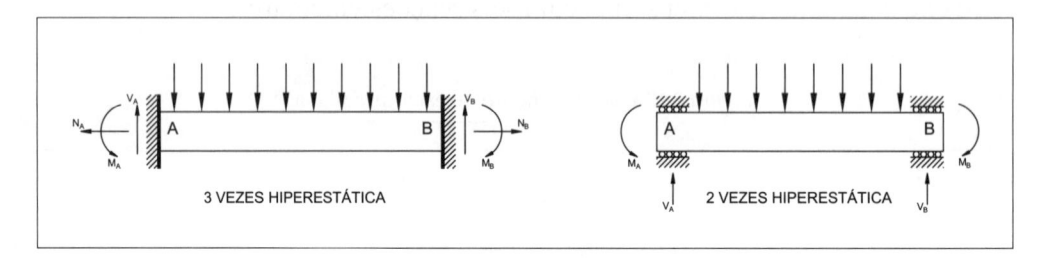

Figura 2.18 • Simplificação das reações vinculares

Tipo V: Articulações

As articulações são dispositivos de ligação que permitem a rotação relativa das partes interligadas, impedindo a transmissão de binários de uma parte para outra.

Uma articulação fixa é um apoio articulado que impede qualquer componente de translação.

Uma articulação móvel é um apoio articulado que permite as componentes de translação em dadas direções.

Tipo VI: Articulações fixas tridimensionais

Uma articulação fixa tridimensional é um apoio articulado que não transmite binários em nenhum de seus três planos coordenados e impede as componentes de translação nesses três planos.

A articulação fixa tridimensional pode ser materializada por meio de uma rótula metálica formada por uma calota esférica (Figura 2.19).

O emprego de aparelhos de apoio desse tipo é usual na construção das superestruturas de pontes.

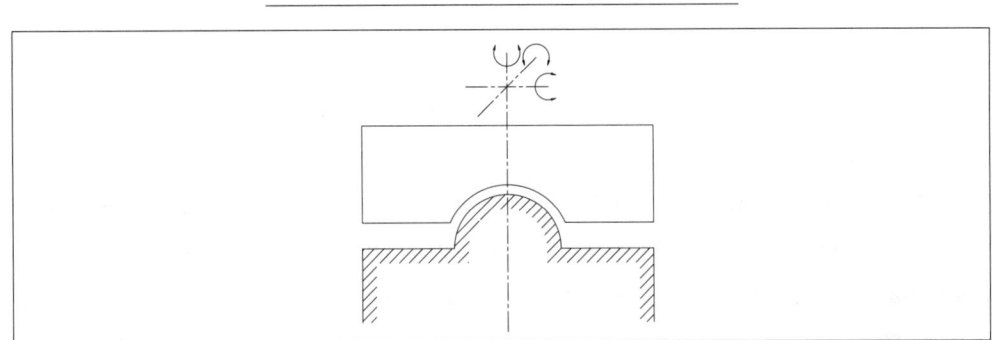

Figura 2.19 • Articulações fixas tridimensionais

Tipo VII: Articulações fixas em elementos estruturais planos

Nos elementos estruturais planos, as articulações fixas podem ser realizadas de diversas maneiras.

Empregando peças metálicas, como mostrado na Figura 2.20, as articulações podem ser concebidas com diferentes arranjos estruturais.

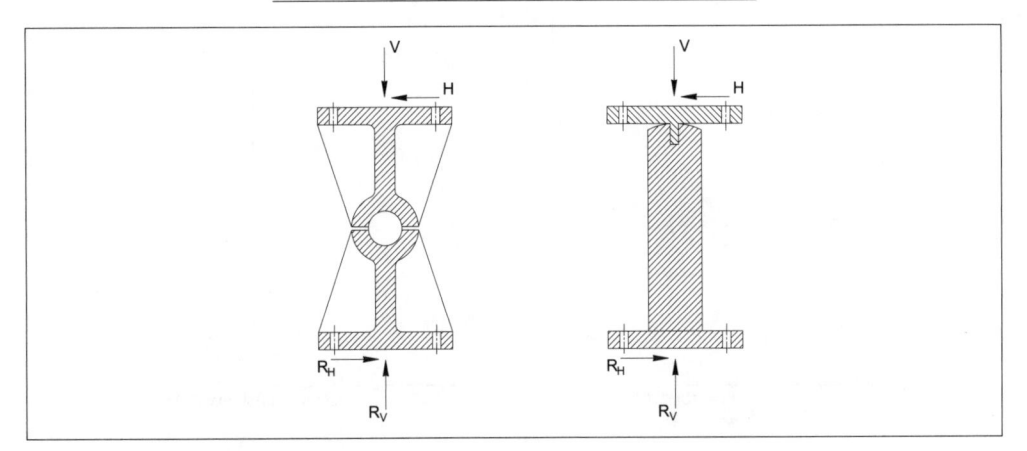

Figura 2.20 • Articulações fixas metálicas planas

Quando as articulações são feitas sem o emprego de aparelhos especiais de aço, elas são construídas de modo simplificado, pela interposição de placas delgadas de chumbo ou de elastômero, como indicado na Figura 2.21.

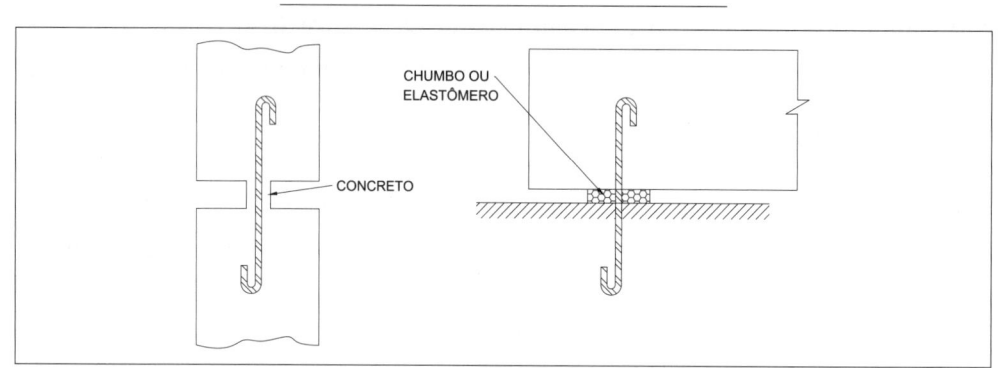

Figura 2.21 • Articulações fixas simplificadas

É importante salientar que a rotação dessas articulações é obtida pela deformação dos elementos delgados interpostos entre as peças estruturais. As deformações repetidas que essas placas delgadas sofrem durante a vida útil da estrutura exigem que no projeto estrutural da construção sejam previstos dispositivos que possibilitem sua fácil substituição, uma vez que elas, com o tempo, perdem a ductilidade, desaparecendo sua capacidade de permitir a rotação das partes estruturais interligadas.

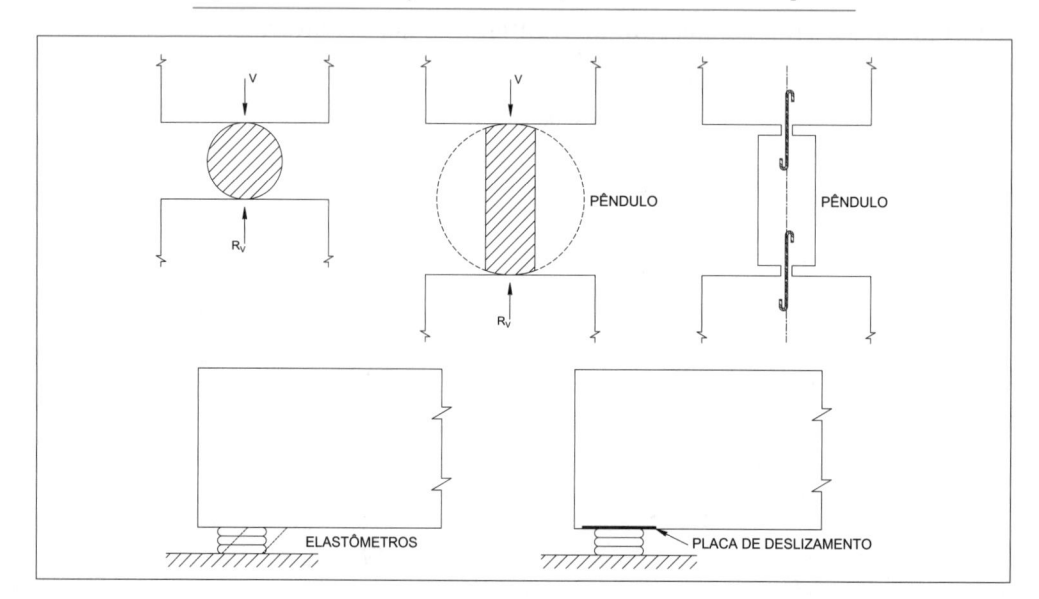

Figura 2.22 • Articulações móveis em elementos estruturais planos

Tipo VIII: Articulações móveis em elementos estruturais planos

As articulações móveis em elementos estruturais planos podem ser feitas por meio de cilindros de rolamento, de pêndulos ou de pilhas de placas de elastômero, com a eventual utilização de uma placa de deslizamento (Figura 2.22).

2.5 Carregamento simplificado das construções

Em princípio, a realização da análise estrutural acompanha o delineamento construtivo empregado na concepção da estrutura. Em primeiro lugar, são considerados os elementos estruturais que se encarregam de suportar diretamente as cargas distribuídas em superfícies. Nas construções correntes, esses elementos são as lajes.

Admite-se que as lajes sejam suportadas pelas vigas, de modo geral. No entanto, para que isso realmente ocorra, é preciso que as vigas tenham rigidez suficiente para que a vinculação direta das lajes aos pilares possa ser ignorada.

Para a determinação simplificada dos esforços solicitantes, as lajes podem ser destacadas das vigas e calculadas por meio da teoria das placas delgadas. As reações de apoio das lajes são então consideradas como cargas aplicadas às vigas.

Permite-se usualmente que o cálculo das cargas aplicadas pelas lajes nas vigas seja feito adotando-se distribuições simplificadas. Essas simplificações são de diferentes naturezas.

Considerando lajes retangulares simplesmente apoiadas, sob a ação de carregamento uniforme, mostra-se na Figura 2.23 o andamento da superfície deformada correspondente à presença de apoios que introduzem apenas vínculos unilaterais no contato laje-viga. Observa-se que, neste caso, há uma tendência ao levantamento dos cantos da laje, permitido pelo fato dos vínculos serem unilaterais.

Quando no contato existem vínculos bilaterais, como é a situação real em que há uma ligação monolítica entre a laje e a viga, o levantamento dos cantos da laje é impedido, daí surgindo reações negativas de apoio. Na Figura 2.23 estão mostrados, para as lajes ligadas às vigas por vínculos bilaterais, os andamentos das reações de apoio correspondentes à distribuição exata e à distribuição aproximada obtida com a teoria das placas delgadas.

Para determinar os esforços solicitantes do vigamento de sustentação das lajes, em um cálculo não automático, mesmo a distribuição aproximada mostrada na Figura 2.23 levaria a um excessivo trabalho numérico.

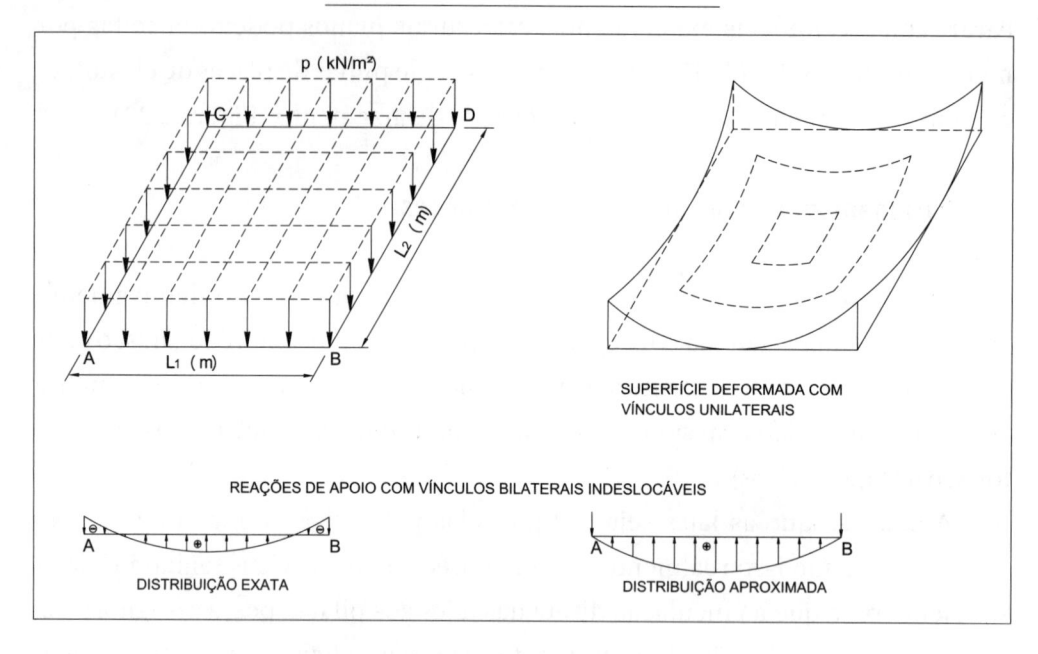

Introdução à engenharia de estruturas de concreto

Figura 2.23 • Reações de apoio das lajes

Tendo em vista a simplificação desse tipo de cálculo, no caso de cargas distribuídas admite-se que as reações de apoio das lajes sobre as vigas sejam uniformemente distribuídas em cada um dos lados da periferia da laje.

No caso de lajes retangulares uniformemente carregadas, com o mesmo tipo de apoio nos quatro lados, articulado ou engastado, as reações são determinadas em função das áreas de influência mostradas na Figura 2.24.

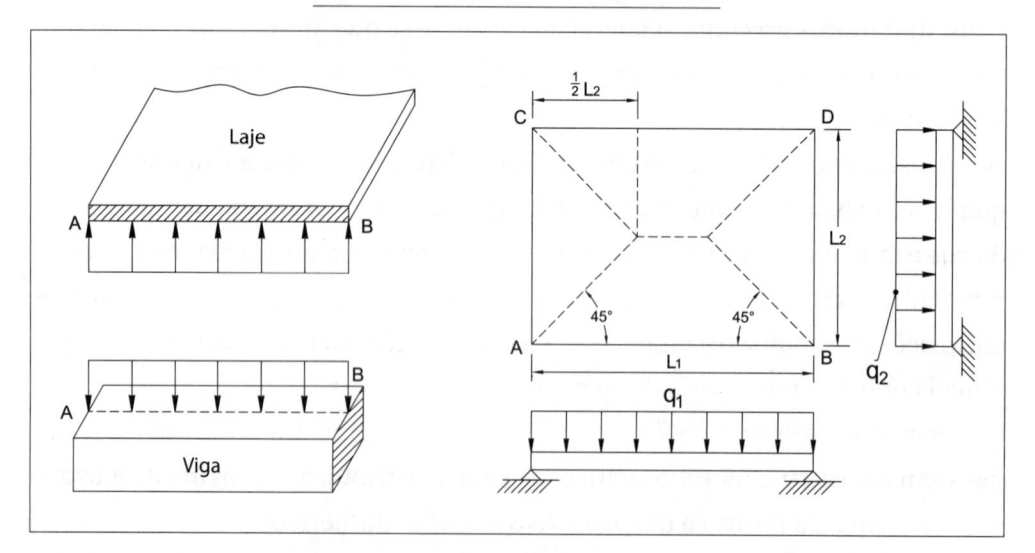

Figura 2.24 • Quinhões de carga das lajes

Nos lados menores, de comprimento L_2, as reações q_2 correspondem às cargas aplicadas nas regiões triangulares, resultando:

$$q_2 = p\left(\frac{1}{2}L_2 \times \frac{L_2}{2}\right)/L_2 = p\frac{L_2}{4}$$

Nos lados maiores, de comprimento L_1, as reações q_1 correspondem às regiões trapezoidais de carregamento, resultando:

$$q_1 = p\left[L_1 + (L_1 - L_2)\right] \times \frac{1}{2}\frac{L_2}{2}/L_1 = p\frac{L_2}{4}\left(2 - \frac{L_2}{L_1}\right) = q_2 \times \left(2 - \frac{L_2}{L_1}\right)$$

No caso de lajes retangulares com diferentes condições de contorno ao longo da periferia, pode-se estabelecer regras simplistas para a determinação das reações de apoio (Figura 2.25).

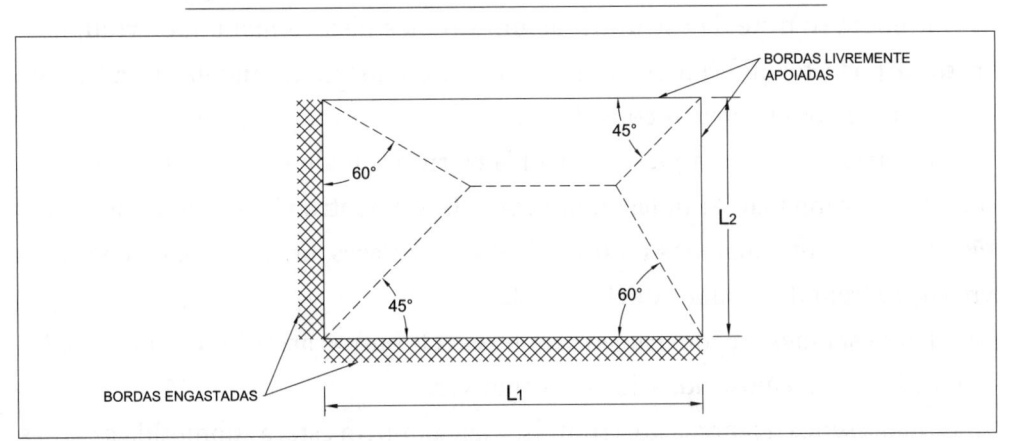

Figura 2.25 • Diferentes áreas de influência das reações de apoio

Nos casos usuais de edifícios correntes, essas outras regras menos simples podem ser evitadas, pois, embora certos apoios sejam considerados como articulados para o dimensionamento das lajes, eles de fato são pelo menos parcialmente engastados em virtude da rigidez à torção das vigas.

2.6 Caráter tridimensional das construções

As estruturas reais são sempre tridimensionais.

O caráter tridimensional das construções pode ser ilustrado pela análise de uma estrutura bastante simples, correspondente a um piso elementar (Figura 2.26).

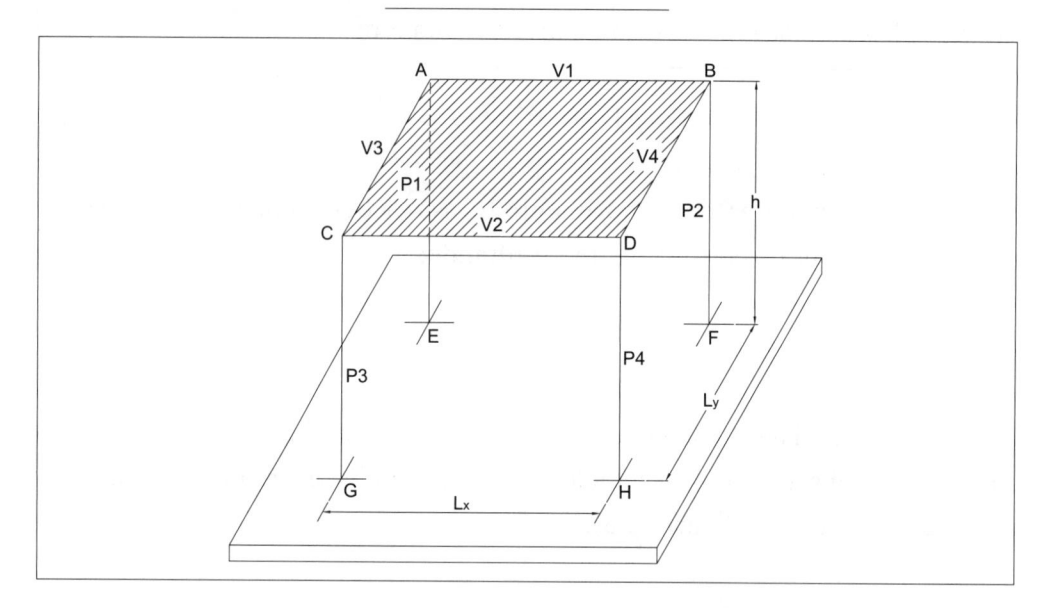

Introdução à engenharia de estruturas de concreto

Figura 2.26 • Piso elementar

Embora se trate da estrutura de um simples piso elementar, o arranjo estrutural pode ter diferentes características, conforme a vinculação admitida para os diversos elementos considerados.

No arranjo mais simples possível, a estrutura pode ser considerada como formada por uma laje simplesmente apoiada em quatro vigas, que também estão simplesmente apoiadas no topo de quatro pilares, engastados na base e livres na extremidade superior (Figura 2.27).

Para esta mesma construção, são possíveis outros arranjos estruturais. Na Figura 2.28 estão mostradas duas alternativas.

Na presença de forças horizontais, a laje também estará submetida a cargas contidas em seu próprio plano médio, tendo um comportamento misto de placa e de chapa (Figura 2.29).

Como as dimensões da laje em seu próprio plano são em geral muito grandes, os esforços que nelas aparecem em virtude das cargas horizontais podem ser determinadas de maneira simplificada. Usualmente, admite-se que em seu próprio plano a laje tenha comportamento de viga, desprezando-se qualquer colaboração das vigas de borda, cuja rigidez é desprezível em face da rigidez da laje considerada como chapa.

O equilíbrio das forças horizontais que atuam na laje está mostrado na Figura 2.30. Globalmente, existem duas reações H_1 e H_2 na direção Y, e duas, H_3 e H_4, na direção X.

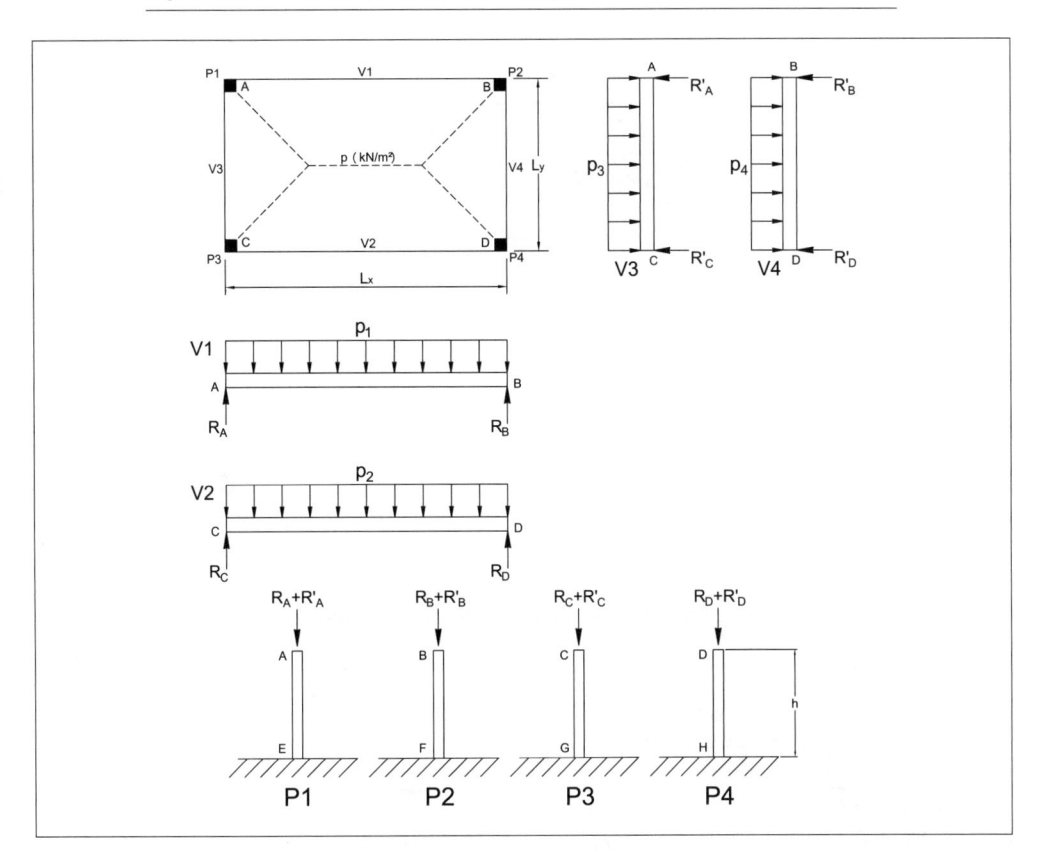

Figura 2.27 • Piso elementar com o arranjo estrutural mais simples possível

Figura 2.28 • Piso elementar. Arranjos estruturais alternativos

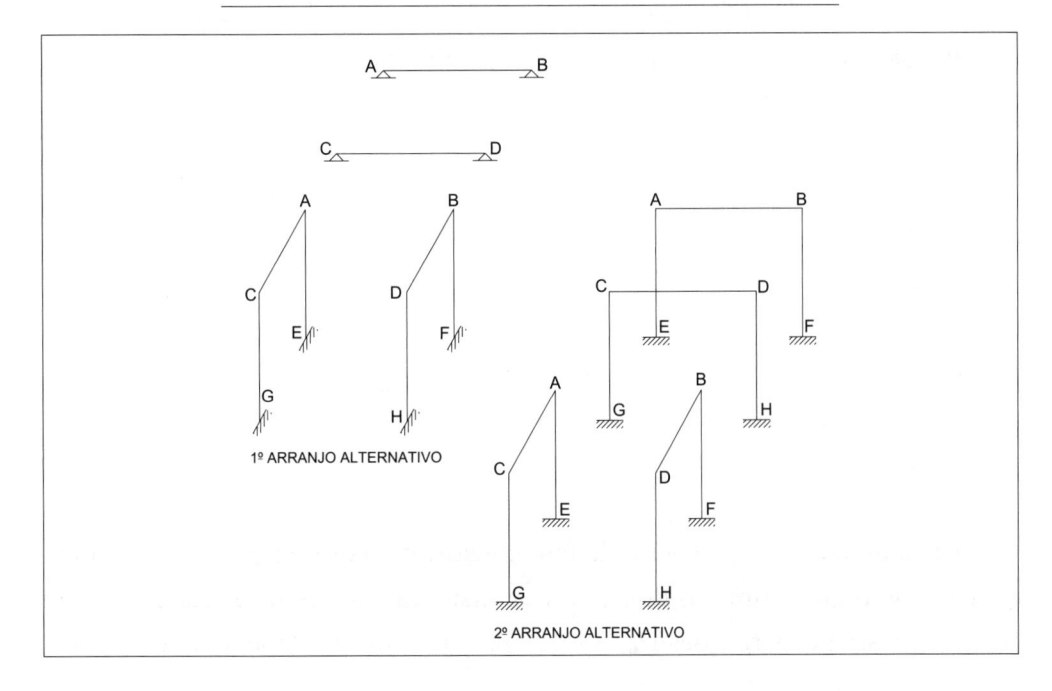

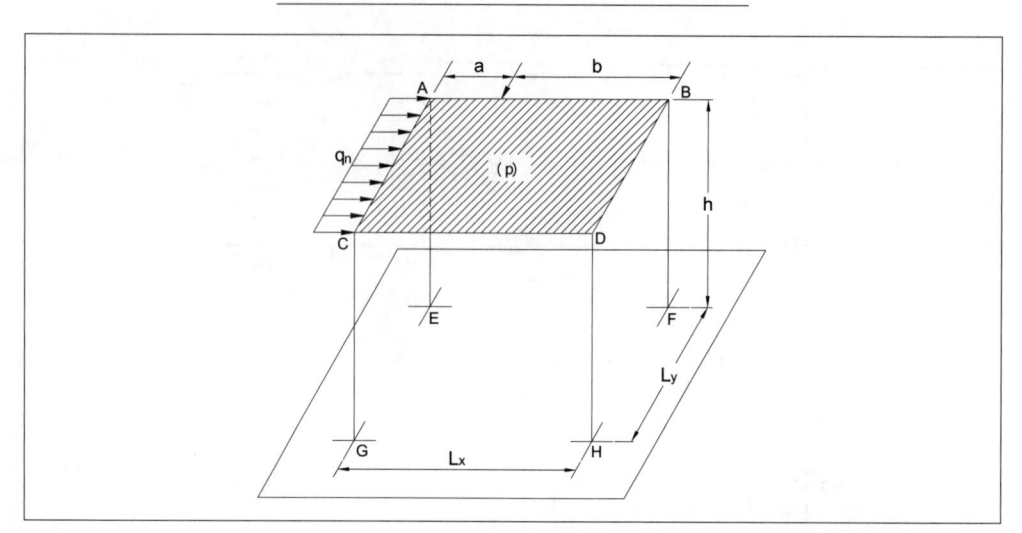

Introdução à engenharia de estruturas de concreto

Figura 2.29 • Piso elementar. Ações horizontais

Figura 2.30 • Equilíbrio de forças horizontais

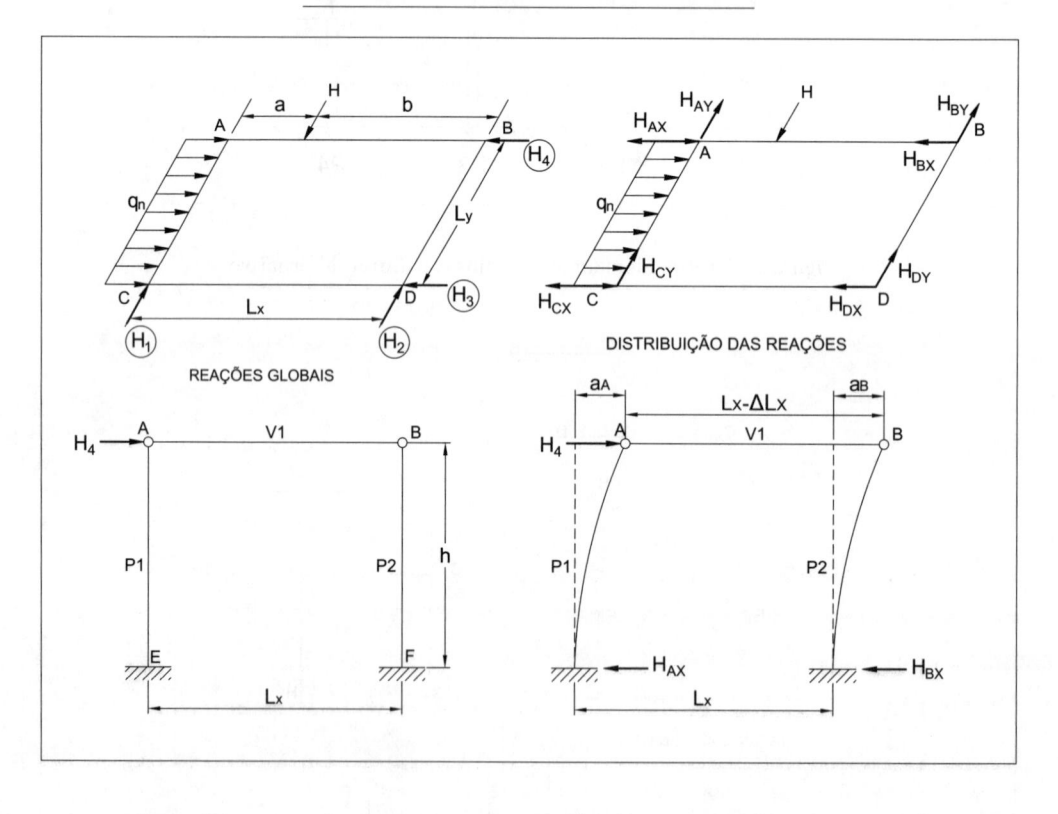

Cada uma dessas reações é de fato constituída por duas outras, cada uma atuando no topo de um dos dois pilares considerados. Assim, a reação H_4 é de fato composta pelas reações H_4, A e H_4, B, cujos valores dependem da rigidez relativa à flexão dos pilares P_1 e P_2, bem como da variação ΔLx da viga V1 sob a ação da força normal nela atuante.

Da análise do piso elementar ressalta a ideia de que, mesmo em uma estrutura tão simples quanto essa, são possíveis inúmeros arranjos estruturais alternativos.

A escolha de um desses arranjos em geral está condicionada à possibilidade de efetiva materialização das condições de contorno admitidas na solução adotada.

2.7 Vinculação das estruturas ao meio externo

Para que a concepção de uma estrutura possa ficar completa, é necessário definir como ela será vinculada à infraestrutura que lhe dá apoio.

Na Engenharia Civil, a infraestrutura é o que se entende por fundação da construção.

As fundações são formadas por peças estruturais que se ligam ao meio externo e impedem certos movimentos dos pontos ligados à superestrutura. O impedimento desses movimentos cria vínculos de ligação da estrutura à sua base de suporte.

As forças vinculares que aparecem nesses pontos são chamadas de reações de apoio. Elas são consideradas com o caráter de forças externas à estrutura, quando se considera a estrutura virtualmente separada da infraestrutura.

Para a idealização completa do arranjo estrutural, é necessário definir os tipos de apoio de todos os elementos que se ligam às respectivas infraestruturas.

De maneira análoga, é necessário definir os tipos de ligação empregados entre os diferentes elementos estruturais adotados na concepção estrutural.

A vinculação das estruturas às suas fundações deve ser feita com o emprego de apoios que respeitem as hipóteses admitidas na análise estrutural. Esse é um dos requisitos básicos de um bom projeto estrutural. Com isso, uma vez construídas as estruturas, elas poderão ter comportamentos razoavelmente próximos aos que foram admitidos em seu projeto.

Basicamente, o que se deve fazer é tomar as precauções necessárias para que nos aparelhos de apoio não atuem esforços vinculares não previstos para seu funcionamento.

Como exemplo, considere a vinculação do elemento estrutural plano da Figura 2.31.

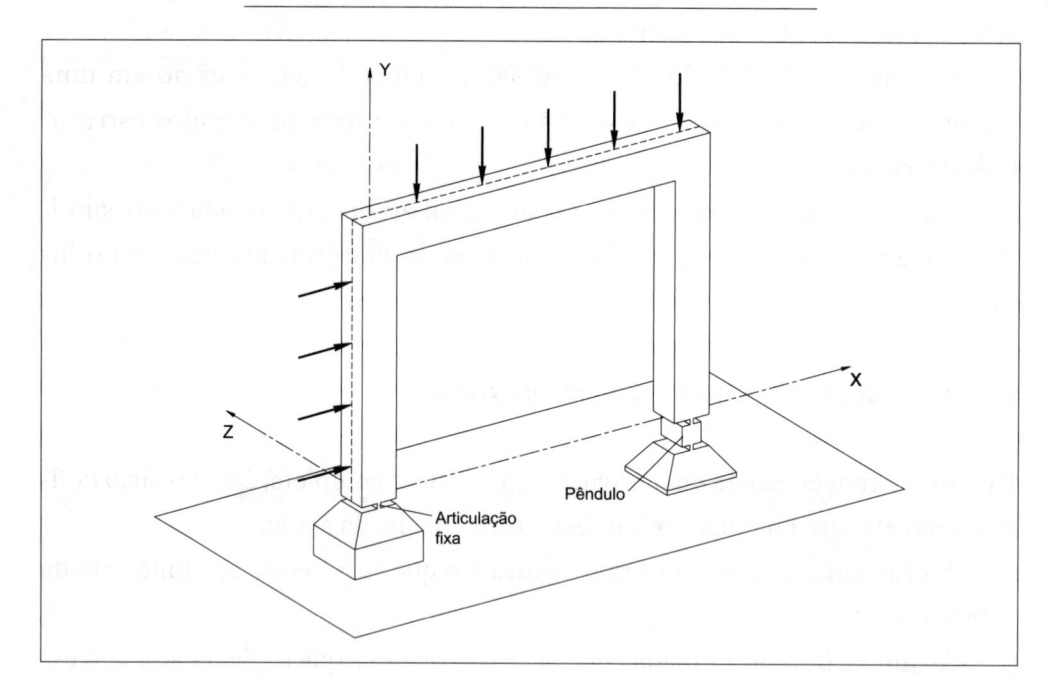

Figura 2.31 • Vinculação de um elemento estrutural plano

No projeto, admitiu-se que seria construído um elemento estrutural plano, com duas articulações de apoio, a ser submetido a esforços contidos em seu próprio plano, definido pelos eixos X e Y.

Observa-se que os aparelhos de apoio projetados funcionam como articulações tão somente para rotações contidas no plano XY. Nesse plano, o elemento estrutural foi admitido com o comportamento de viga poligonal simplesmente apoiada, como se mostra na Figura 2.32.

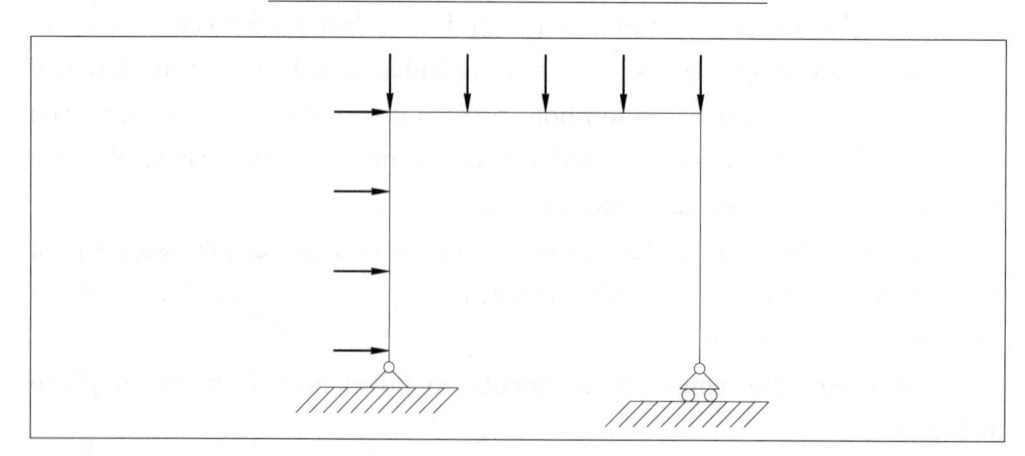

Figura 2.32 • Modelo de comportamento admitido

Na concepção de uma estrutura que disponha de um elemento como o mostrado nas figuras anteriores, o arranjo estrutural deve ser organizado de modo a impedir que sobre as articulações atuem esforços em planos perpendiculares ao da estrutura.

No plano perpendicular ao plano da estrutura, os aparelhos de apoio empregados têm comportamento de engastamentos. Por esse motivo, é importante impedir que forças fora do plano XY venham solicitar o elemento estrutural considerado, pois, se isso acontecer, o funcionamento das articulações no plano XY pode ficar prejudicado, ou até mesmo impedido.

Para garantir o funcionamento das articulações no plano XY, é preciso que as forças que estão fora do dele sejam resistidas por outros elementos estruturais que não a viga poligonal em exame.

Os tipos de ligações entre os diversos elementos que compõem a estrutura são análogos aos tipos de apoio já estudados.

São os mesmos tipos de ligação de uma estrutura à sua infraestrutura, com a única ressalva de que os movimentos impedidos ou permitidos por essas ligações são movimentos relativos entre os dois elementos interligados.

Figura 2.33 • Decomposições reais e virtuais dos elementos estruturais

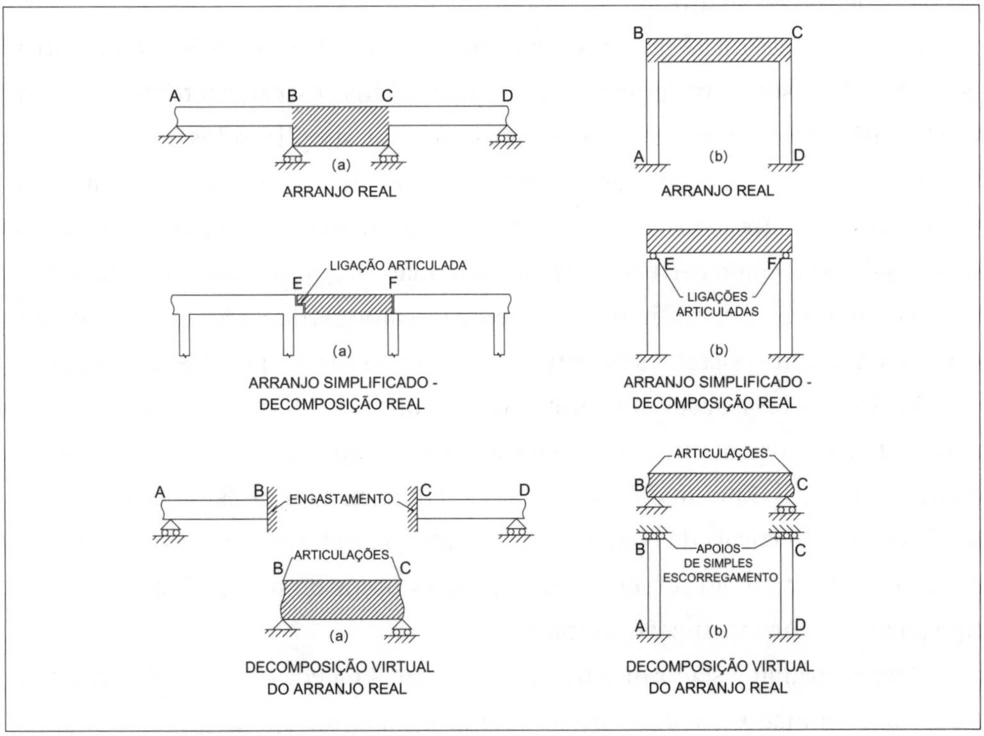

Dessa maneira, uma ligação monolítica entre duas partes transmite seis esforços solicitantes, impedindo o movimento relativo entre elas no ponto de sua ligação. Todavia, isso não impede o movimento absoluto da seção transversal comum aos dois elementos.

De modo equivalente, uma articulação interposta entre dois elementos impede a transmissão de binários no plano em que é permitida a rotação relativa entre as partes interligadas. Em princípio, as ligações entre os diversos elementos de uma estrutura pertencem a um de dois tipos: ligação monolítica ou ligação articulada.

As articulações permitem a decomposição de um arranjo em outros mais simples, como mostram os exemplos da Figura 2.33. Todavia, mesmo na ausência de articulações, em função de rigidezes muito diferentes entre as partes interligadas, é possível idealizar arranjos simplificados, a despeito do monolitismo dessas partes interligadas.

2.8 Síntese estrutural

A análise estrutural dos diferentes elementos que compõem a construção conduz à determinação dos efeitos considerados importantes para a segurança das diversas peças da estrutura.

A síntese estrutural procura recompor o caráter tridimensional das estruturas. Ela deve ser considerada sempre que a análise estrutural tenha sido realizada com elementos ou com sistemas estruturais simplificados.

Quando a análise é feita com o desdobramento de elementos estruturais complexos em elementos mais simples, pode acontecer que determinadas peças devam ser consideradas como pertencentes a dois ou mais sistemas estruturais diferentes.

Nessas peças, atuam simultaneamente os esforços decorrentes das solicitações dos diferentes sistemas estruturais simplificados de que elas fazem parte.

Na Figura 2.34 observa-se um arranjo construtivo em que a mesma viga apresenta comportamentos assimiláveis a três diferentes modelos de funcionamento estrutural. Em um dos modelos, são considerados os esforços decorrentes das cargas verticais da construção, no outro, os esforços devidos à carga horizontal do vento e, no terceiro modelo, os esforços de torção decorrentes do tipo particular de vinculação adotada.

Para se avaliar a segurança dessa viga, torna-se necessário combinar os esforços determinados em cada um dos comportamentos admitidos.

Frequentemente, a síntese estrutural é considerada no dimensionamento e no detalhamento das peças estruturais, admitindo-se simplesmente a superposição dos esforços calculados em cada um dos sistemas simplificados que foram empregados.

Nas estruturas de concreto, essa consideração é importante tanto em relação à garantia da segurança sobre a ruptura do concreto por compressão quanto em relação ao detalhamento para um funcionamento adequado das armaduras.

Nas estruturas metálicas, essa consideração é particularmente importante para dimensionar as ligações parafusadas e soldadas, para que um dos comportamentos não destrua a capacidade resistente admitida no outro.

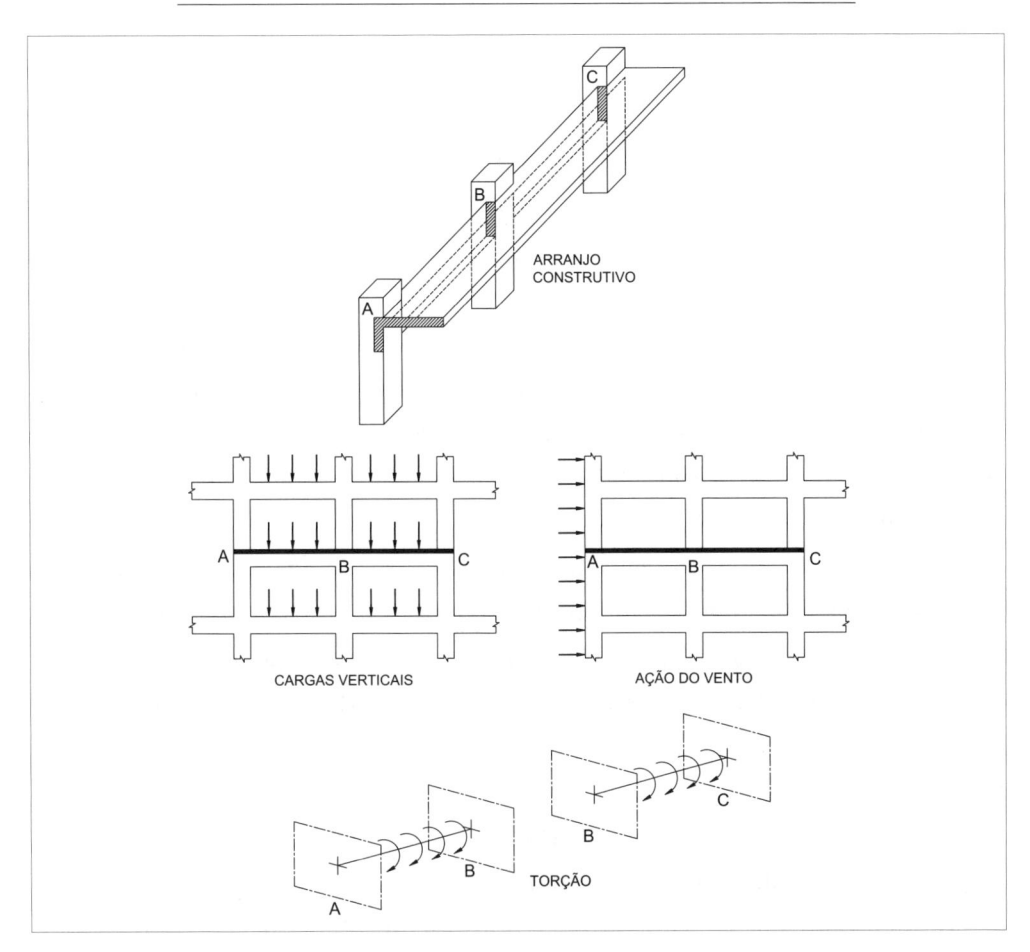

Figura 2.34 • Diferentes comportamentos da mesma peça estrutural

A síntese estrutural é realizada pela compatibilização dos comportamentos decorrentes dos diversos modelos de funcionamento estrutural adotados e pela superposição dos efeitos assim determinados.

Para a realização da síntese de projeto, em qualquer de suas fases, é de grande valia a ideia da espiral de projeto, mostrada na Figura 2.35, para o caso elementar de dimensionamento da viga da figura anterior.

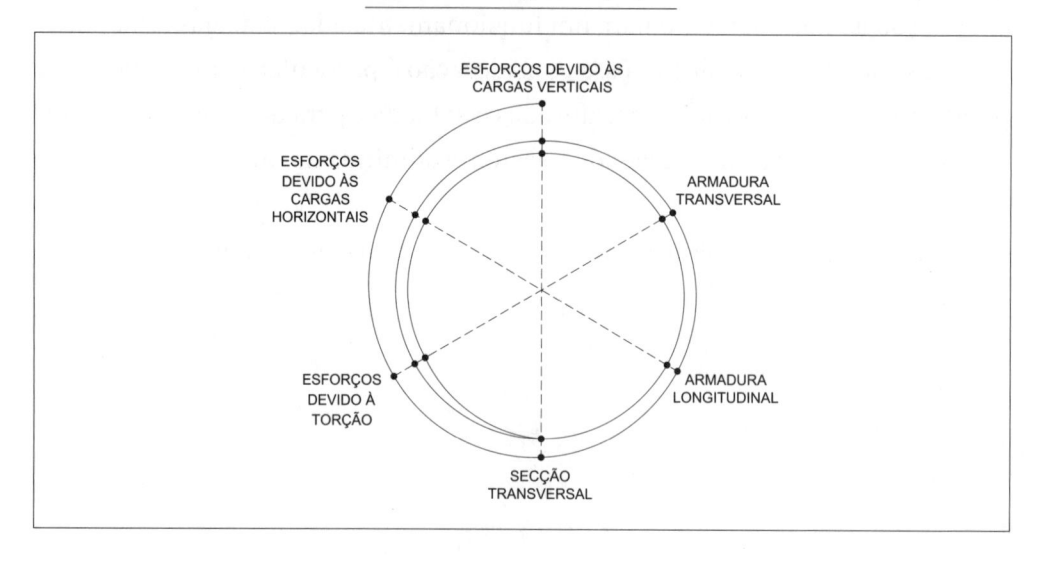

Figura 2.35 • Espiral de projeto

Ao longo dos diferentes raios da espiral de projeto são marcadas as intensidades das variáveis de interesse para cada comportamento considerado.

Observa-se que, nos sistemas hiperestáticos, como a alteração das dimensões de uma peça estrutural modifica sua rigidez, também se alteram os esforços nela atuantes.

Assim, as dimensões da viga determinadas em função da flexão decorrente das cargas verticais condicionam a intensidade, por exemplo, dos esforços de torção.

Para a síntese de projeto, de início é admitida uma geometria arbitrária para a viga e, com ela, são determinados os esforços decorrentes dos três comportamentos considerados. Os pontos representativos correspondentes definem o primeiro ciclo da espiral de projeto.

Com os esforços assim calculados, são determinadas as novas dimensões da peça, com as quais são determinados os novos esforços atuantes, e assim sucessivamente, até que a espiral se feche sobre si mesma, indicando que foi obtida a compatibilização de todas as variáveis de interesse.

É importante salientar que mesmo quando se realiza a análise por métodos computacionais, a consideração da síntese final é importante, porque mesmo com esse tipo de análise alguns comportamentos estruturais podem não participar do modelo numérico empregado. Esse é o caso usual em que a estrutura é analisada como um sistema formado por barras sem a compatibilização de suas deformações com as deformações das lajes.

2.9 Emprego de elementos estruturais complexos

Em estruturas de grande porte, a análise estrutural por métodos computacionais, com o emprego de elementos de grande complexidade, é em geral indispensável.

A utilização de computadores permite que a análise estrutural seja feita empregando-se elementos estruturais muito mais complexos que os usados em uma análise feita manualmente.

De modo geral, no projeto dos elementos estruturais dos pisos dos edifícios altos, como no exemplo da Figura 2.36, há a necessidade de consideração global da estrutura de um andar inteiro.

Embora em certos casos seja possível até se fazer a análise global de toda a estrutura sem considerar os elementos estruturais parciais destacados do conjunto, isto não é usual, tendo em vista evitar um excessivo trabalho de processamento de dados.

Por essa razão, frequentemente a estrutura dos pisos dos edifícios é analisada isoladamente, separando-a do conjunto estrutural tridimensional.

Na Figura 2.37 está ilustrado o andamento dos momentos fletores atuantes nas vigas do piso mostrado na Figura 2.36, calculados admitindo-se um sistema global de grelha (cálculo realizado à época da investigação com o programa de elementos finitos SAP 2000).

Observa-se que, neste caso, não foi admitido um elemento estrutural excessivamente complexo, composto simultaneamente pelas vigas e pelas lajes. Por simplicidade, neste caso, as cargas que as lajes aplicam às vigas foram calculadas manualmente, aplicando-se critérios simplificados de distribuição.

Esse critério simplificado foi aplicado neste exemplo porque o interesse maior na análise era investigar as condições de segurança em relação à estabilidade global da estrutura, que apresentava deficiências de rigidez em relação aos efeitos de segunda ordem sob a ação das cargas verticais e das forças horizontais do vento. O tipo de investigação realizada está ilustrado pelos resultados mostrados na Figura 2.38.

A análise tridimensional de uma estrutura como um todo é particularmente necessária no projeto de edifícios altos cuja estabilidade global pode não ficar adequadamente justificada pela simples consideração de pórticos bidimensionais, como no caso do exemplo mostrado. Essa possibilidade de realizar a análise tridimensional das estruturas permite que, na concepção estrutural, sejam considerados elementos estruturais suficientemente complexos para que os comportamentos estruturais previstos no projeto se aproximem bastante dos comportamentos reais a serem observados posteriormente na construção.

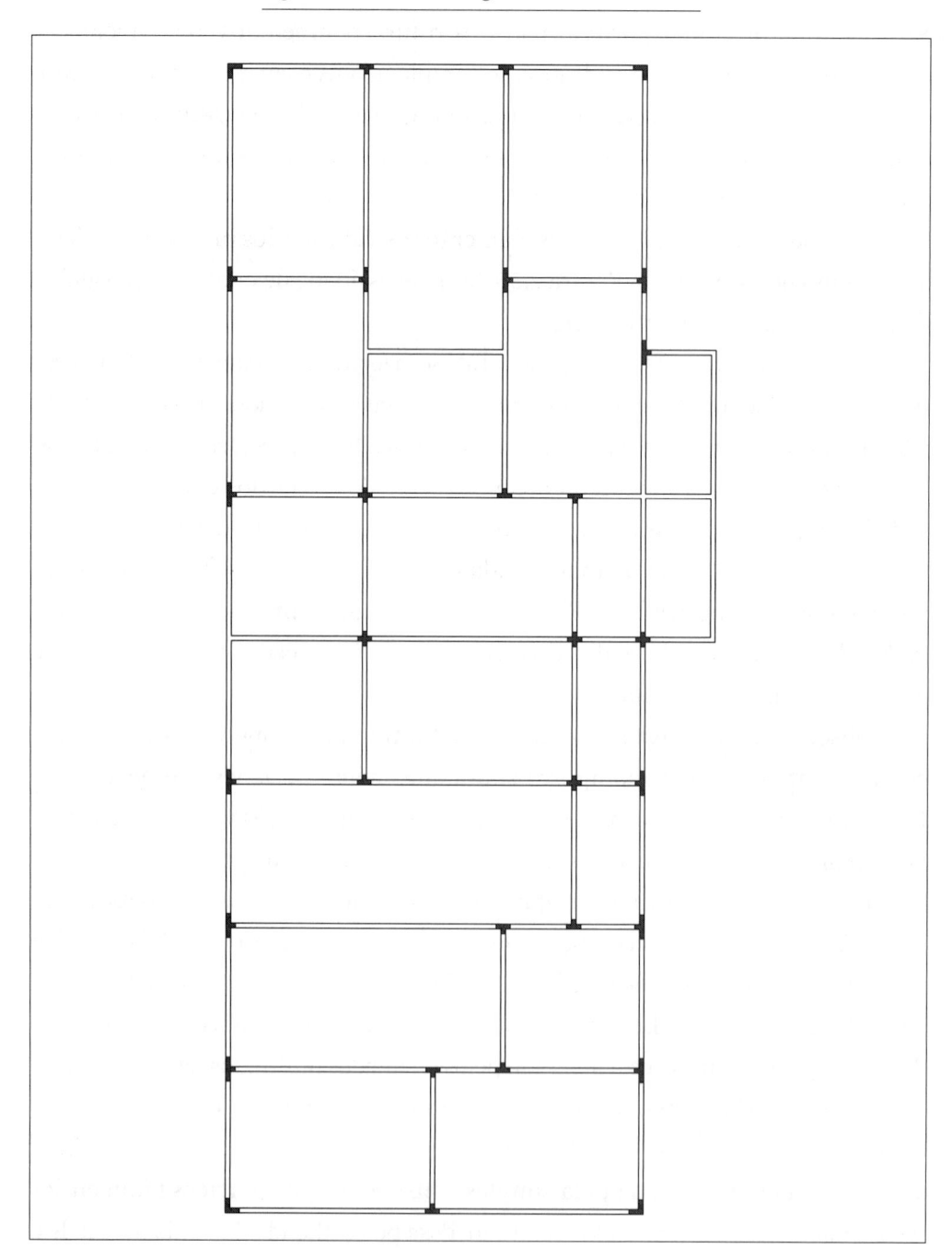

Figura 2.36 • Piso como grelha de edifícios altos

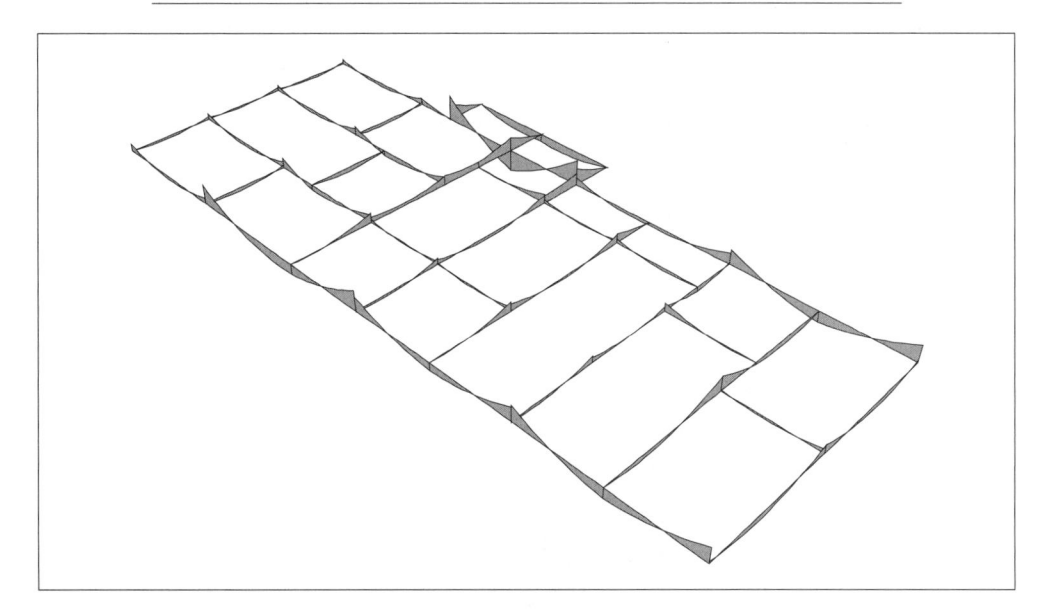

Figura 2.37 • Momentos fletores (desenhados do lado da fibra comprimida)

É importante assinalar que o cálculo computacional modifica os métodos de análise estrutural, mas não os de concepção estrutural.

A concepção estrutural sadia sempre exige a visão tridimensional da estrutura que vai ser projetada, quer a análise seja feita manualmente quer por métodos computacionais. No entanto, a concepção estrutural quase sempre começa pela idealização de elementos estruturais planos, iniciando-se pelos que formam as estruturas dos pisos horizontais, seguindo-se pelos que formam alguns pórticos planos verticais de contraventamento da estrutura. Posteriormente, quando necessário, estes pórticos planos verticais são englobados em um único pórtico espacial que abrange toda a construção.

É preciso assinalar que o emprego do computador na análise estrutural não corrige uma concepção defeituosa.

Pelo contrário, a análise estrutural feita por métodos computacionais, por fornecer um número muito grande de informações, pode até dificultar a identificação de erros de concepção que, de outra maneira, poderiam ser mais facilmente revelados durante a análise.

Para que a análise computacional seja eficiente, é indispensável que o responsável pelo projeto estrutural tenha pleno conhecimento da ordem de grandeza que pode arbitrar para cada uma das dimensões das peças estruturais.

Caso a análise tenha sido realizada admitindo-se para as peças com rigidezes significativamente diferentes daquelas correspondentes às dimensões finais, a segurança da estrutura pode estar gravemente comprometida, pois os esforços reais podem ser significativamente diferentes dos que foram calculados. Nesse caso, a análise estrutural deve ser refeita, tomando-se como guia as ideias contidas no conceito de espiral de projeto.

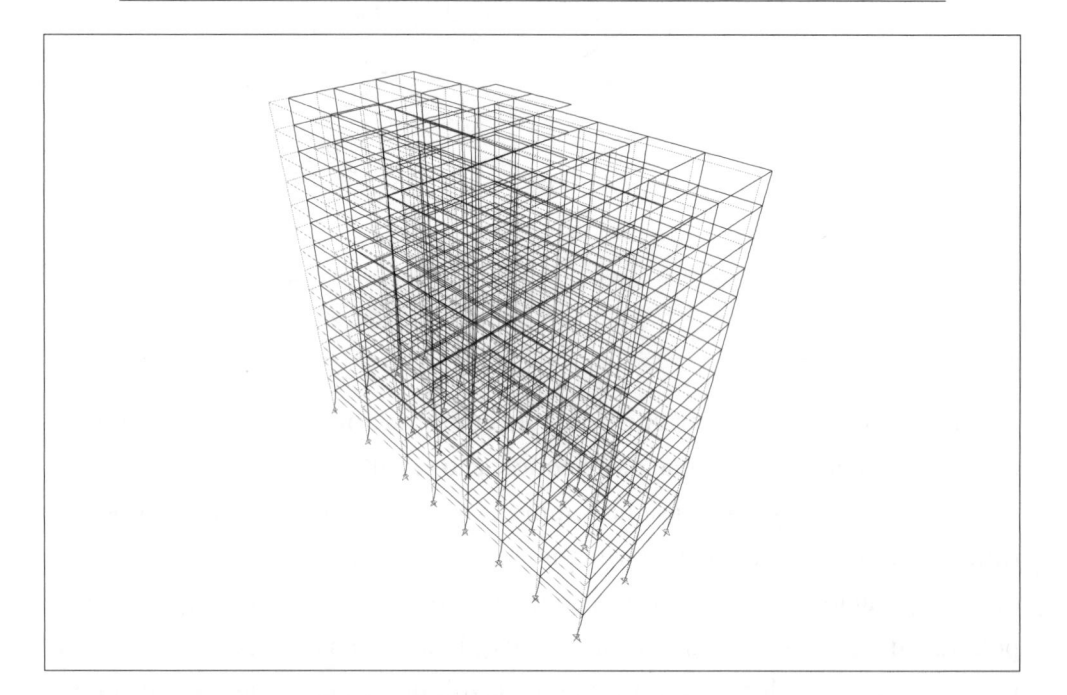

Figura 2.38 • Análise tridimensional. Efeitos de segunda ordem sob a ação do vento

2.10 Esforços de segunda ordem nas estruturas esbeltas

Nas estruturas da Engenharia Civil, em geral os esforços solicitantes são calculados com a hipótese de que a configuração final da estrutura seja igual à inicial. Ao determinar os esforços solicitantes, consideram-se apenas os chamados esforços de primeira ordem, isto é, aqueles que são calculados desprezando a deformação da estrutura.

Em princípio, os sistemas estruturais mostrados no item 2.3 são empregados com a ideia de que neles agem apenas os esforços de primeira ordem. Isto é o que se faz, por exemplo, no cálculo dos esforços das vigas submetidas à flexão simples.

Nas estruturas esbeltas, não basta a consideração dos esforços de primeira ordem. É também preciso considerar os esforços que as ações provocam em virtude da deformação da estrutura. Esses novos esforços são chamados de esforços de segunda ordem.

Com as estruturas esbeltas, a configuração final não pode ser admitida como coincidente com a configuração inicial. Nelas, os esforços de segunda ordem não podem ser ignorados. São exatamente essas condições que definem o que se entende por estrutura esbelta.

A Figura 2.39 apresenta o efeito de segunda ordem em um pilar esbelto.

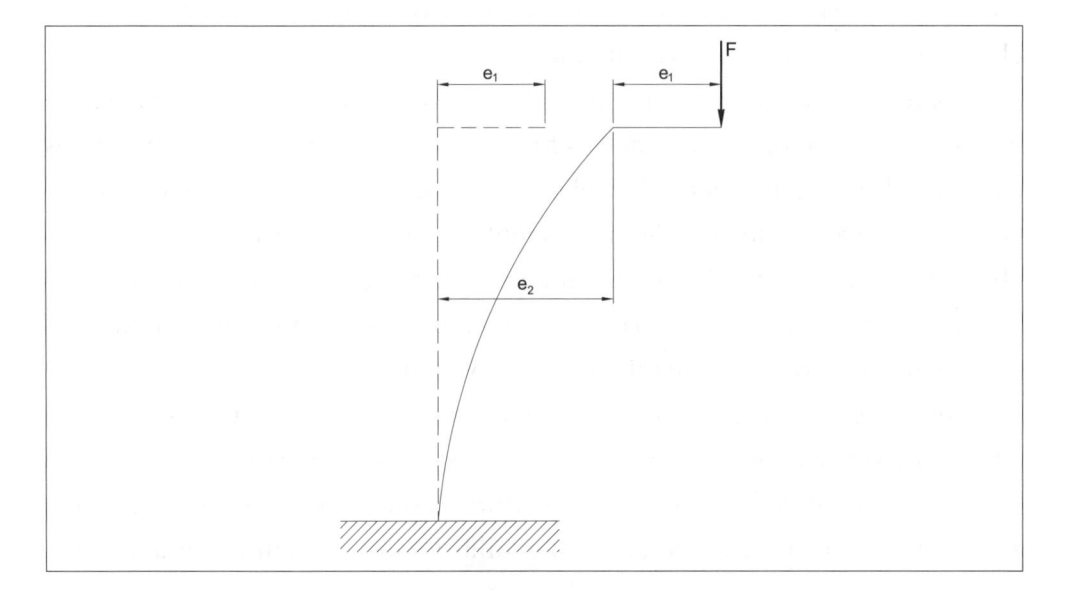

Figura 2.39 • Efeito de segunda ordem

O momento fletor de primeira ordem na base do pilar vale $M_1 = F \times e_1$, e o momento de segunda ordem vale $M_2 = F \times e_2$. Em virtude da esbeltez do pilar, o momento fletor atuante na base do pilar vale $M = M_1 + M_2 = F(e_1 + e_2)$.

Nos edifícios em geral, os pilares estão submetidos a forças normais decorrentes da transmissão das cargas da construção para as fundações. Todavia, os pilares não são peças estruturais isoladas. De fato, os pilares são as barras verticais de pórticos múltiplos sujeitos às cargas verticais representadas pelos pesos próprios e pelas cargas acidentais de utilização da construção, e também às cargas horizontais decorrentes da ação do vento.

Desse modo, em princípio todos os pilares dos edifícios estão submetidos à flexo-compressão. Os momentos fletores assim considerados são de primeira ordem, pois atuam mesmo com a hipótese de identidade das configurações inicial e final da estrutura.

De maneira geral, as estruturas dos edifícios altos devem ser consideradas como esbeltas. É essa esbeltez que classifica o edifício como sendo alto. Nos edifícios altos devem, portanto, ser considerados os esforços de segunda ordem, que podem afetar os pilares, as vigas, as lajes e as próprias fundações do prédio.

Nos edifícios de andares múltiplos, as lajes dos pisos constituem-se em diafragmas praticamente rígidos que ligam todos os pilares ao nível dos diferentes andares.

Nos edifícios altos em que haja pilares com rigidezes à flexão muito diferentes, os pilares menos rígidos apoiam-se horizontalmente nos mais rígidos por meio das vigas e, principalmente, das lajes dos pisos. Esses pilares nitidamente menos rígidos classificam-se como contraventados. Os outros pilares classificam-se como de contraventamento.

Os termos pilar contraventado e pilar de contraventamento decorrem de uma simplificação da ideia de que as forças horizontais do vento afetam todos os pilares de um edifício alto. Com eles, admite-se que as providências de reforço possam envolver apenas alguns elementos estruturais. Esses elementos são chamados de elementos de contraventamento, e os demais de contraventados.

Na Figura 2.40 mostra-se o desdobramento de um pórtico de um único andar em pilar contraventado e pilar de contraventamento.

Nessa figura, mostra-se que o pilar P_2, contraventado, é tratado como se não tivesse rigidez à flexão. Para isso, ele é considerado como se fosse articulado em ambas as extremidades. Como a estrutura é esbelta, os deslocamentos horizontais não podem ser ignorados, e o equilíbrio do pilar contraventado exige então que o elemento estrutural do piso, que pode ser uma viga ou a própria laje, aplique ao topo desse pilar uma força horizontal H capaz de equilibrar essa barra biarticulada submetida em seu topo à força vertical F_2.

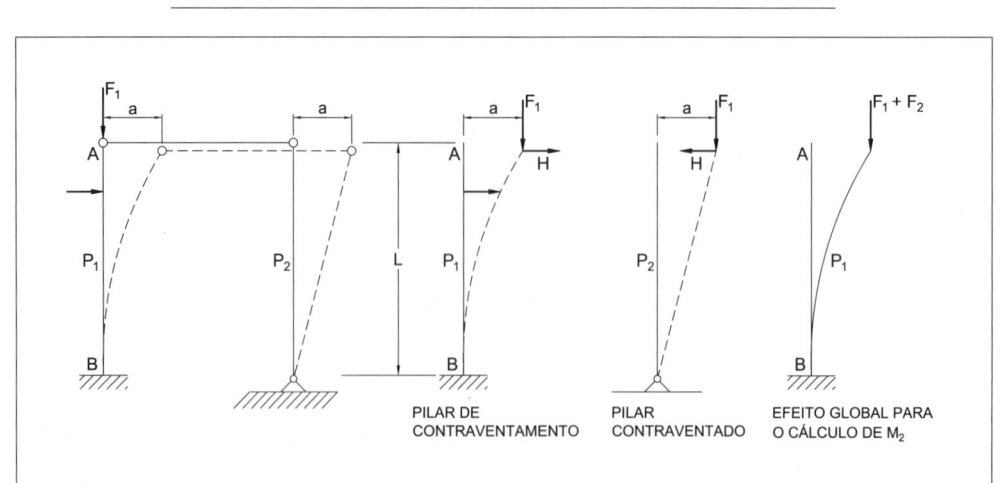

Figura 2.40 • Contraventamento em um pórtico de um único andar

O equilíbrio do pilar P_2 é obtido à custa da força H que deve solicitar o pilar P_1 de contraventamento. Note-se que, para determinar o momento de segunda ordem do pilar P_1 de contraventamento, tudo se passa como se a carga F_2 também atuasse no topo do pilar P_1.

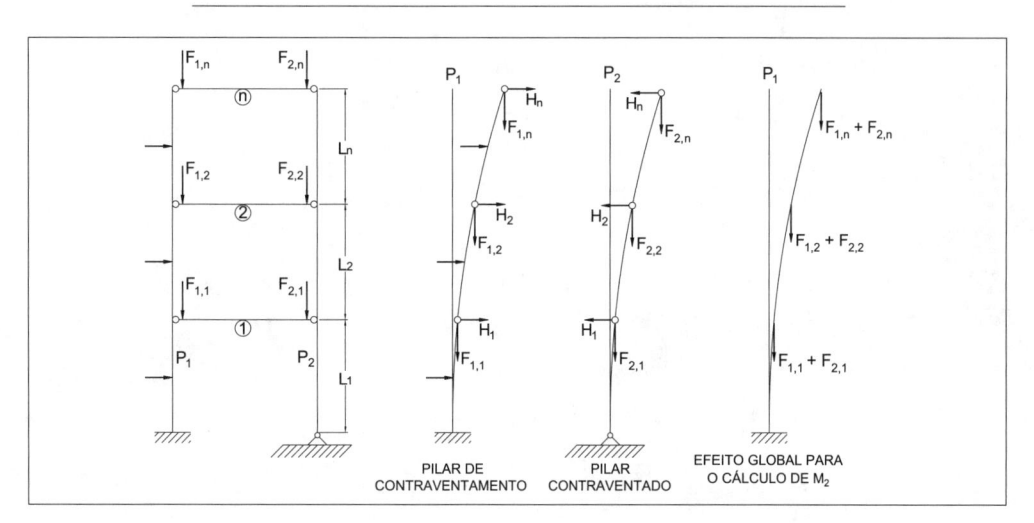

Figura 2.41 • Contraventamento em um pórtico de vários andares

Na Figura 2.41 mostra-se o mesmo desdobramento de esforços em pilares contraventados e de contraventamento em um pórtico de vários andares.

Exercícios

1) Definir os quatro tipos fundamentais de peças estruturais.
2) Que diferença existe entre uma placa e uma chapa?
3) Delinear o arranjo estrutural de algumas construções usuais de pequena complexidade, traçando de modo aproximado os diagramas de esforços solicitantes que agem em suas diferentes partes. Sugerem-se os seguintes exemplos reais: chaminé; poste de iluminação pública; mesa; cadeira com encosto; partes do corpo humano em diferentes posições.
4) Quais as hipóteses usuais de distribuição das cargas distribuídas sobre as vigas de apoio das lajes?
5) Descrever as condições de vinculação dos seguintes apoios: engastamento perfeito, articulação fixa e articulação móvel.
6) Vincular de modo isostático a estrutura do piso elementar mostrado na Figura 2.29.

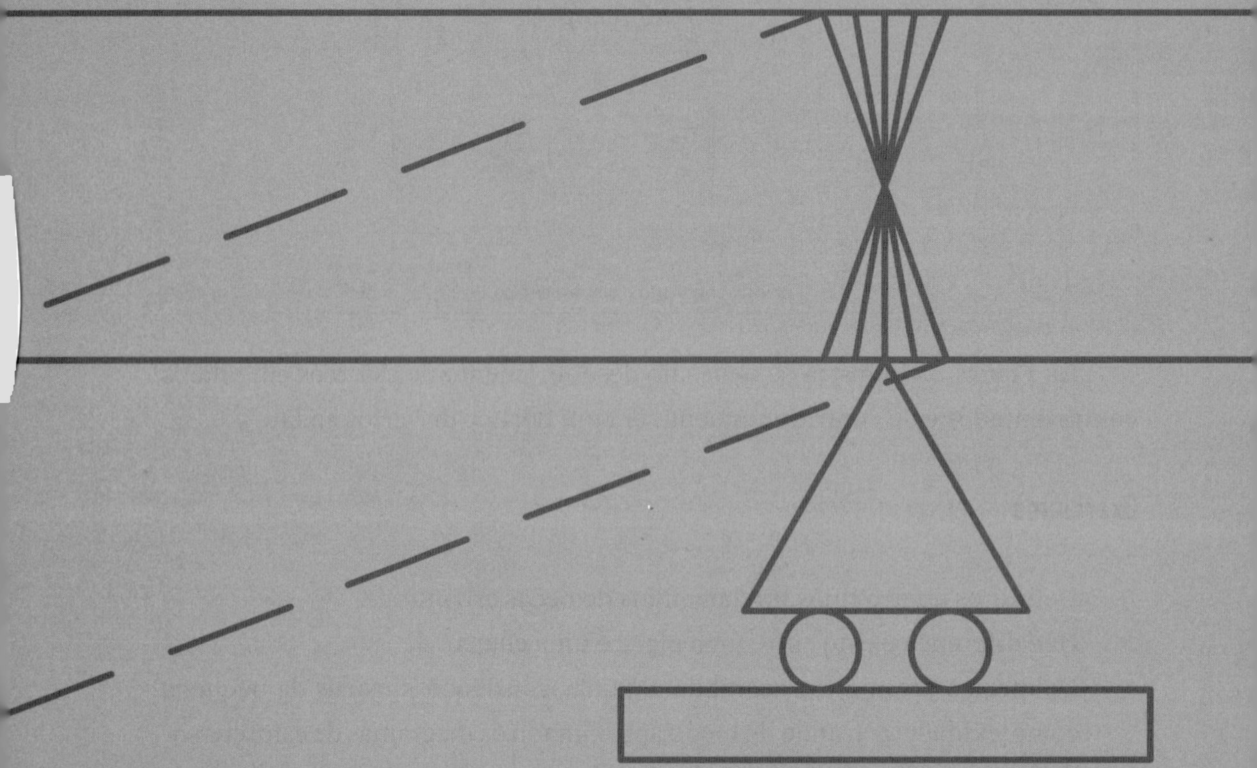

CAPÍTULO 3

COMPORTAMENTOS ESTRUTURAIS BÁSICOS

3.1 Comportamentos básicos dos materiais estruturais

Para a avaliação da segurança das estruturas, é necessário que seus comportamentos sejam idealizados de acordo com modelos suficientemente simplificados, possibilitando um tratamento analítico do problema.

Consideram-se, a seguir, os comportamentos básicos dos materiais estruturais. Esses comportamentos são definidos pelas relações existentes entre tensões atuantes e as deformações específicas correspondentes.

Elasticidade

Elasticidade é a propriedade da matéria de não guardar deformações residuais. Sob a ação de uma ação solicitante externa, quaisquer corpos se deformam, isto é, mudam de forma. Se a remoção da causa que produziu a solicitação no corpo levar à recuperação de sua forma original, o material desse corpo é *elástico*. Diz-se, por extensão, que esse é um corpo elástico.

A simples ideia de elasticidade não envolve nenhuma relação entre o andamento das deformações em função do andamento do carregamento aplicado (Figura 3.1a).

Figura 3.1

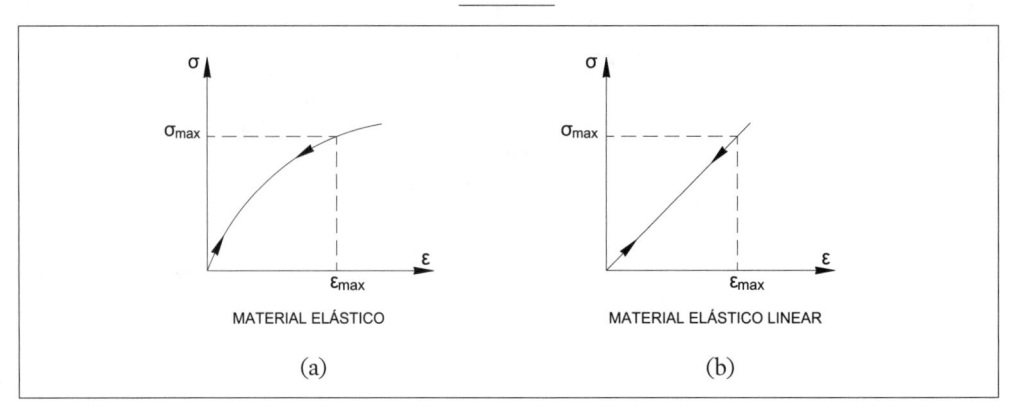

MATERIAL ELÁSTICO	MATERIAL ELÁSTICO LINEAR
(a)	(b)

Elasticidade linear

A elasticidade linear é a elasticidade que se caracteriza pela existência de uma relação linear e homogênea entre as componentes do estado de tensões e as componentes do correspondente estado de deformações (Figura. 3.1b).

Viscoelasticidade

A viscoelasticidade é a elasticidade cujos parâmetros variam com o tempo. Os materiais viscoelásticos, como o concreto, apresentam o fenômeno de *deformação lenta* (Figura 3.2).

Figura 3.2

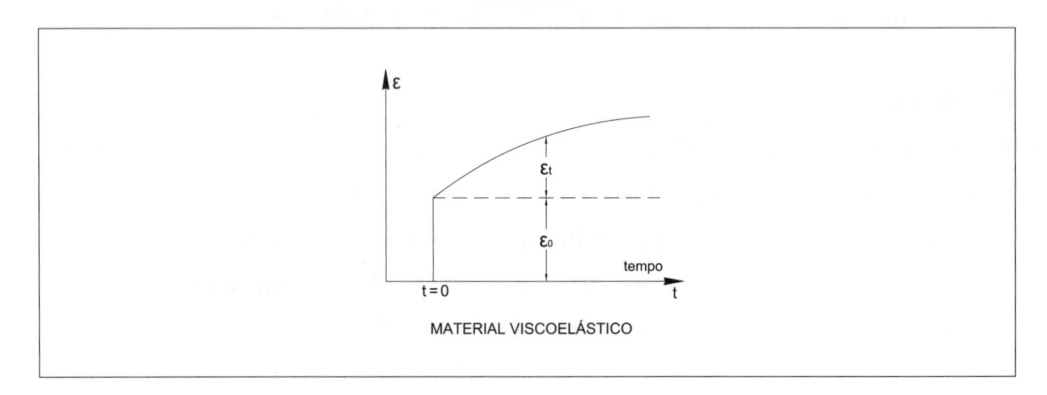

MATERIAL VISCOELÁSTICO

Plasticidade

A plasticidade é a propriedade da matéria de guardar deformações residuais. Eliminando-se as causas que produziram a deformação, o material que apresenta comportamento plástico não recupera sua forma original (Figura 3.3).

A deformação total resulta da soma de uma parcela elástica recuperável com uma parcela plástica de caráter permanente. O material que apresenta plasticidade tem comportamento elastoplástico.

Figura 3.3

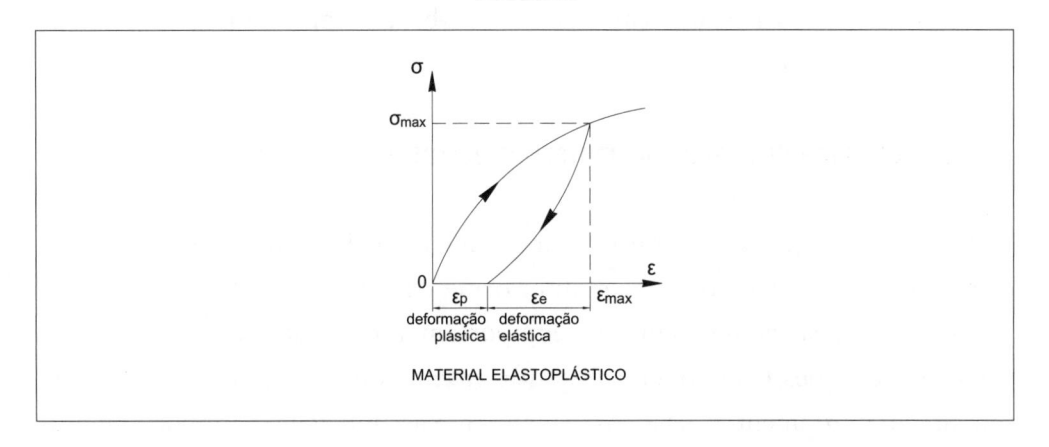

Material elastoplástico perfeito

Para níveis de solicitação abaixo de certo limite, o material apresenta um comportamento elástico linear; para solicitações acima desse limite, tem um comportamento elastoplástico particular, cuja caracterização vê-se na Figura 3.4.

Figura 3.4

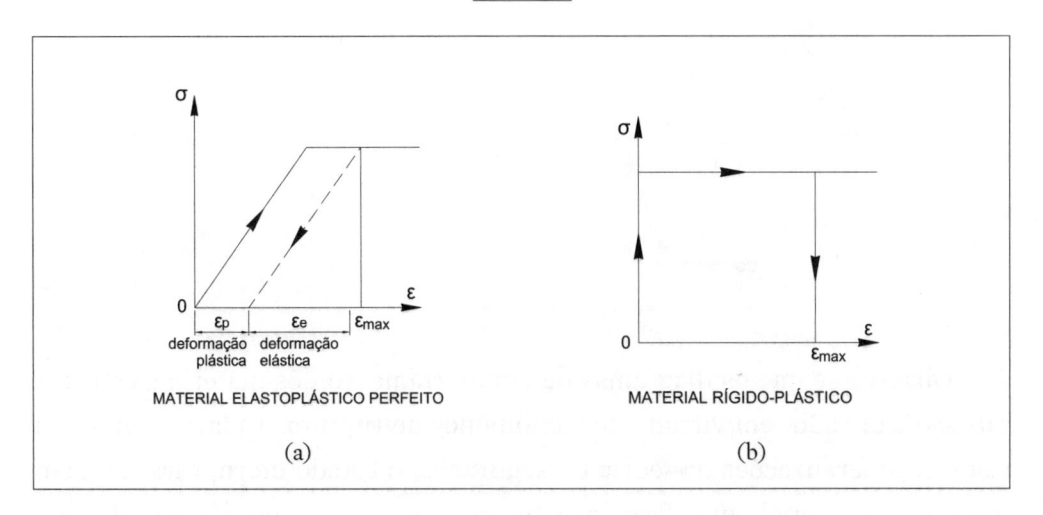

Em um estado simples de tensão, o material elastoplástico perfeito é caracterizado pela existência de um patamar de escoamento no diagrama tensão-deformação (Figura 3.4a). Admite-se usualmente que, na descarga, o andamento do diagrama seja paralelo à reta correspondente à fase elástica de carregamento.

Por vezes, quando a parcela de deformação elástica é desprezível em face da parcela de deformação plástica (Figura 3.4b), o comportamento é definido como rígido-plástico.

3.2 Comportamentos reais dos materiais estruturais

Para efeito do projeto estrutural, o comportamento real dos materiais é analisado de acordo com os modelos básicos anteriormente analisados.

Os materiais não têm o mesmo comportamento sob ação de diferentes níveis de solicitações. Com solicitações suficientemente baixas, os materiais apresentam comportamentos elásticos, usualmente assimiláveis a comportamentos elásticos lineares. Sob ação de solicitações de maior intensidade, os materiais apresentam comportamentos elastoplásticos. Na Figura 3.5 estão representados os comportamentos típicos do concreto e das barras de aço tipo CA, que apresentam patamar de escoamento.

Figura 3.5

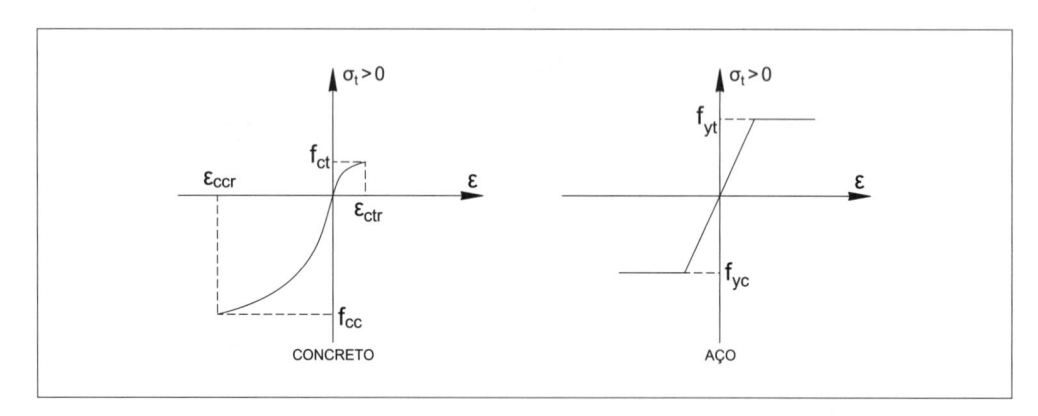

Observa-se que os diagramas de comportamento dos materiais estruturais são truncados em virtude dos fenômenos de ruptura. Todavia, tendo em vista as generalizações da teoria de segurança, o estado de ruptura também pode ser considerado uma fase do comportamento do material, como se mostra na Figura 3.6.

Figura 3.6

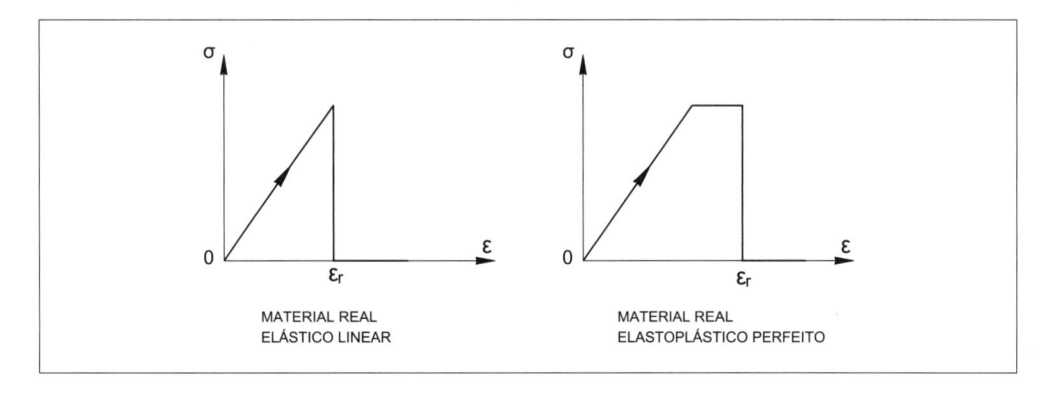

| MATERIAL REAL ELÁSTICO LINEAR | MATERIAL REAL ELASTOPLÁSTICO PERFEITO |

3.3 Comportamentos básicos das estruturas

De modo análogo ao que foi feito com os materiais, o comportamento das estruturas também é definido pelas relações existentes entre as ações aplicadas e os correspondentes efeitos estruturais por elas provocados. Posteriormente, esses efeitos serão mais bem analisados.

Os comportamentos básicos das estruturas são: comportamento linear e comportamento não linear, ilustrados na Figura 3.7.

Figura 3.7

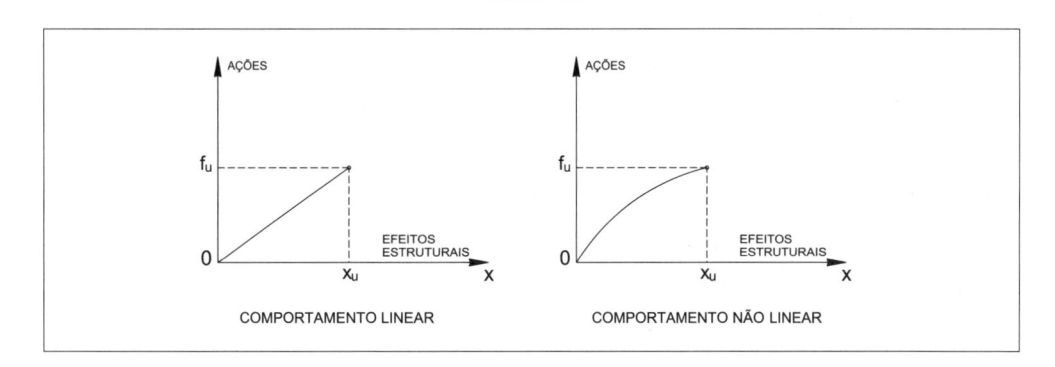

| COMPORTAMENTO LINEAR | COMPORTAMENTO NÃO LINEAR |

Observa-se, desde já, que o comportamento linear da estrutura exige a existência do comportamento linear de todos os seus materiais, além de uma geometria adequada.

Quando uma dessas condições não é satisfeita, a estrutura apresenta um comportamento não linear, podendo existir uma não linearidade física ou uma não linearidade geométrica. Este problema será abordado adiante com maiores minúcias.

Figura 3.8

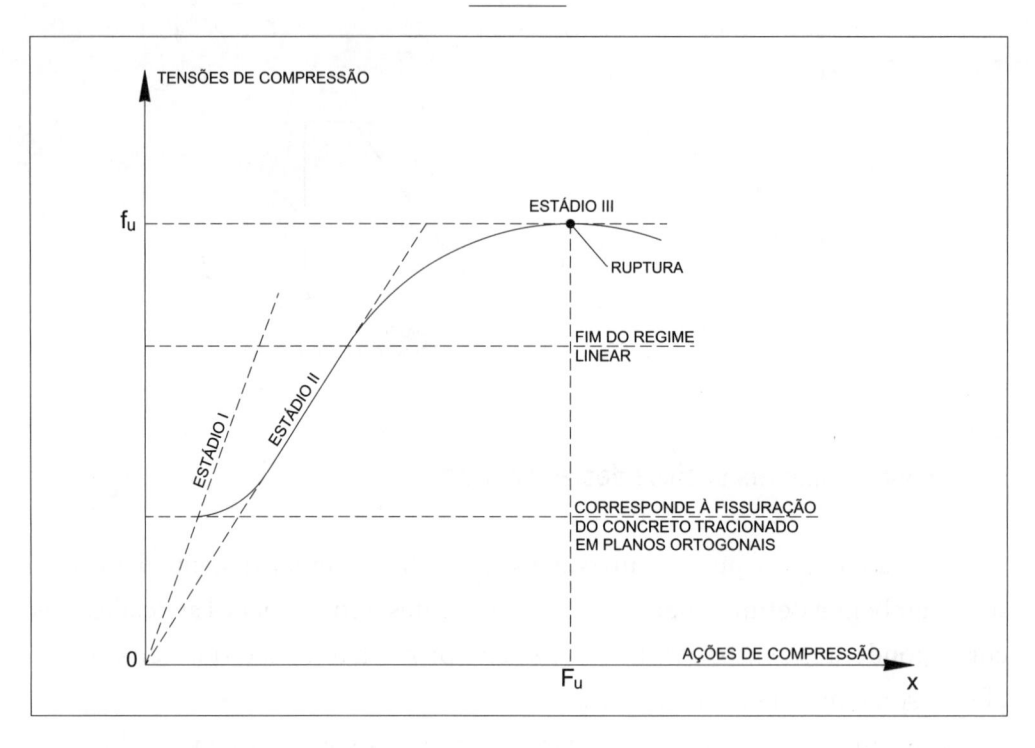

TENSÕES DE COMPRESSÃO

f_u — ESTÁDIO III — RUPTURA

FIM DO REGIME LINEAR

ESTÁDIO I, ESTÁDIO II

CORRESPONDE À FISSURAÇÃO DO CONCRETO TRACIONADO EM PLANOS ORTOGONAIS

F_u — AÇÕES DE COMPRESSÃO — x

Nas estruturas, além da mudança de comportamento dos materiais utilizados, o esgotamento de sua capacidade também corresponde a uma característica de seu diagrama de comportamento.

De modo geral, os comportamentos das peças de concreto armado podem ser definidos nas três condições mostradas na Figura 3.8: estádio I, estádio II e estádio III.

No estádio I é admitida a linearidade dos materiais, permanecendo íntegro o concreto tracionado, que se conserva no estado não fissurado.

No estádio II é admitida a linearidade do aço e do concreto comprimido, considerando-se o concreto tracionado como totalmente fissurado, deixando de colaborar com a resistência da peça estrutural.

Embora teoricamente o fim do estádio I, isto é, o início do estádio II, seja atingido quando, no ponto mais solicitado da seção transversal fletida, a tensão de tração σ_{ct} no concreto for igual à resistência à tração f_{ct}, de fato a passagem do estádio I para o estádio II é gradual, pois a fissuração de todos os pontos tracionados da seção transversal não ocorre simultaneamente. O estádio II será válido enquanto puder ser admitida a linearidade do comportamento do concreto comprimido.

Além dos estádios I e II, também é usual considerar o estádio III, que corresponde apenas ao estado de ruptura do concreto comprimido, não existindo, portanto, um novo comportamento do concreto que evolua com o aumento do carregamento. De acordo com o método dos estados limites, o estádio III passa a ser designado por estado limite último de ruptura da seção de concreto armado por ruptura do concreto.

3.4 Ruptura dos materiais e colapso das estruturas

Tendo em vista a segurança estrutural, os dois fenômenos básicos mais importantes são a ruptura dos materiais e o colapso das estruturas (*colapso*, do latim *collapsus*, particípio passado do verbo *collabi*, que significa *co* = junto e *labi* = cair).

A ruptura é o fenômeno de desagregação da matéria sólida por ação de solicitações mecânicas. Sob ação de esforços de tração, a ruptura se dá por solução da continuidade da matéria. Na ruptura por ação de esforços de compressão, os fenômenos são mais complexos: nos metais ocorrem apenas fenômenos de deslizamento entre partes do material, e nos materiais litoides, como o concreto, a ruptura ocorre por esboroamento da estrutura interna da matéria. Conforme será analisado o aspecto macroscópico não revela os verdadeiros fenômenos da ruptura do concreto comprimido.

Nos metais, sob esforços de compressão, o termo ruptura é empregado de forma análoga para indicar uma plastificação exagerada, usualmente associada a fenômenos de instabilidade localizada.

Na caracterização da capacidade resistente das estruturas, o esgotamento da resistência dos materiais é estabelecido de modo convencional, em função de vários fenômenos que não o da sua simples solução de continuidade. Assim, por exemplo, a definição da ruptura por tração das barras da armadura, vigas de concreto armado pelo alongamento específico $\varepsilon_{st} = 10°/_{oo}$ corresponde a um alongamento que provoca uma fissuração tão exagerada no concreto que impede a sua utilização.

O esgotamento da capacidade resistente das estruturas define a ocorrência de estados limites últimos.

O aparecimento da ruptura física de um material estrutural caracteriza a ocorrência de um estado limite último de ruptura. No entanto, como será discutido, a presença de um estado de ruptura do material não corresponde, necessariamente, ao colapso da estrutura.

De forma geral, existem dois modos básicos de ruptura dos materiais: a ruptura frágil e a ruptura dúctil. Consideram-se frágeis os materiais que se rompem com deformações específicas relativamente pequenas. Caso contrário, os materiais são considerados dúcteis.

Assim, a temperaturas ambientes usuais, os aços estruturais têm comportamentos dúcteis, pois seus alongamentos efetivos de ruptura não são inferiores a 40 por mil.

O concreto, por apresentar encurtamentos de ruptura não superiores a 3,5 por mil, é um material frágil. Na verdade, o concreto pode apresentar certa ductilidade quando a velocidade de carregamento for suficientemente lenta.

Do ponto de vista da segurança, uma estrutura é dúctil quando permite acomodação plástica, isto é, quando pode se deformar suficientemente sem se romper, a fim de permitir uma redistribuição favorável de esforços da estrutura. Para que isso possa ocorrer, a deformação de ruptura do material deve ser suficientemente grande. Nota-se que, neste caso, a fissuração do concreto tracionado não significa a ruptura de estrutura, e por isso a acomodação plástica das estruturas de concreto armado pode ser aceita mesmo com a fissuração do concreto tracionado.

O concreto estrutural, por ser um material composto por um material dúctil e por um material frágil, pode apresentar qualquer um desses dois tipos de ruptura.

Quando a ruptura da peça estrutural é definida pelo escoamento da armadura, tem-se uma ruptura dúctil. Este é o caso das vigas fletidas com taxas de armadura abaixo de certos limites, com as quais o banzo comprimido da viga chega à ruptura após o início do escoamento da armadura. Antes que ocorra a ruptura global da viga, são evidentes os sinais de advertência da iminência de uma situação perigosa, pois o banzo tracionado da viga apresenta uma fissuração exagerada.

Quando a ruptura da peça estrutural não depende da deformação da armadura tracionada, tem-se uma ruptura frágil. A ruptura da peça decorre da ruptura do banzo comprimido sem nenhum sinal evidente de sua iminente ocorrência.

Analogamente à classificação da ruptura dos materiais em dúctil ou frágil, o modo de colapso das estruturas também pode ser dúctil ou frágil.

Entende-se por ruína frágil de uma estrutura aquela em que o colapso ocorre com a ruptura de qualquer elemento resistente. O modelo ideal de estrutura frágil é a corrente, mesmo que seus elos sejam feitos de material dúctil, em que sua ruptura ocorre com a ruptura do elo mais fraco. Neste caso, a estrutura é construída por uma associação em série de seus elementos resistentes.

De modo análogo, entende-se por ruína dúctil de uma estrutura aquela que ocorre somente com a ruptura progressiva de um conjunto de seus elementos resistentes. O modelo ideal de estrutura dúctil é formado pelo feixe de fios de material dúctil que somente se rompe após a ruptura de todos os fios do feixe, cuja resistência é obtida pela associação em paralelo de diferentes elementos resistentes. Esse modo de ruptura está, portanto, associado à sua capacidade de acomodação plástica, isto é, à sua capacidade de resistir a esforços superiores àqueles correspondentes ao esgotamento da capacidade resistente do elemento que se rompe em primeiro lugar.

Sintetizando os conceitos anteriores, pode-se dizer que a fragilidade de uma estrutura decorre de uma fragilidade física ou de uma fragilidade geométrica. A fragilidade física decorre de materiais com ruptura frágil. A fragilidade geométrica decorre de arranjos estruturais em série.

Em princípio, devem ser evitados os dois tipos de fragilidade estrutural, pois eles podem levar à ruína não avisada, o que viola um dos requisitos básicos da segurança das estruturas.

3.5 Estruturas de comportamento linear

Uma estrutura terá comportamento linear quando os efeitos forem obtidos por combinações lineares e homogêneas das causas. Para que uma estrutura seja de comportamento linear, além de ser constituída por material perfeitamente elástico, ela também deve ter uma geometria adequada. Essa adequação da geometria existirá sempre que a configuração de equilíbrio puder ser estudada desprezando-se as rotações de seus elementos.

Assim, a estrutura da Figura 3.9a pode ser considerada de comportamento linear, o que não acontece com a estrutura da Figura 3.9b.

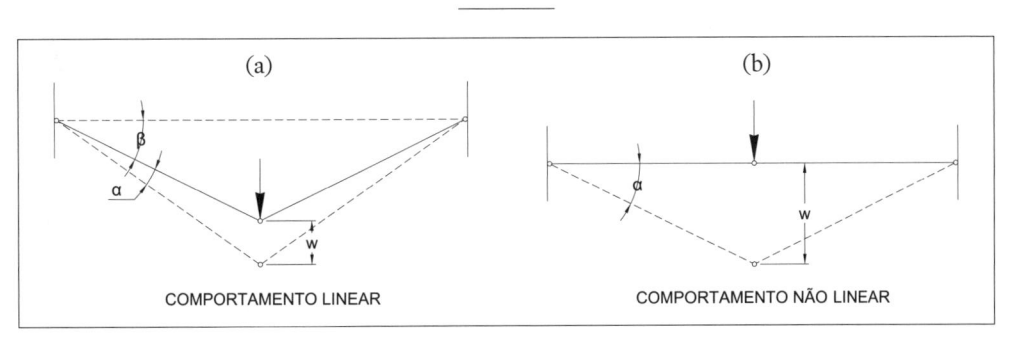

Figura 3.9

No caso da Figura 3.9b, a estrutura não tem comportamento linear qualquer que seja a intensidade da carga F. Da mesma forma, qualquer que seja o valor da variável w, não há comportamento linear, pois, nesse caso, o comportamento não depende de existir um regime de pequenas ou de grandes deformações.

Pelo contrário, com a estrutura da Figura 3.9a, em um regime de grandes deformações o ângulo α pode não ser desprezível para a determinação de seus esforços. Isso significa que as estruturas de comportamento usual linear podem perder essa linearidade sob a ação de carregamentos suficientemente elevados.

Analogamente, se o carregamento da estrutura levar a estados de tensão para os quais o material deixa de ter um comportamento elástico perfeito, a estrutura não mais apresentará um comportamento linear.

Da mesma maneira, mesmo para carregamentos que ainda correspondam a comportamento elástico perfeito do material, se as rotações não puderem ser desprezadas para a determinação dos efeitos, não haverá comportamento elástico da estrutura. No exemplo da Figura 3.9a, o valor do ângulo α será desprezível ou não conforme o valor do ângulo β. Observa-se que é a importância relativa do ângulo α e não o valor da flecha w que condiciona o comportamento estrutural do sistema.

Assim, para $\beta = 0$, que é o caso da estrutura da Figura 3.9b, o ângulo α nunca poderá ser desprezado mesmo que a flecha w tenha um valor muito pequeno.

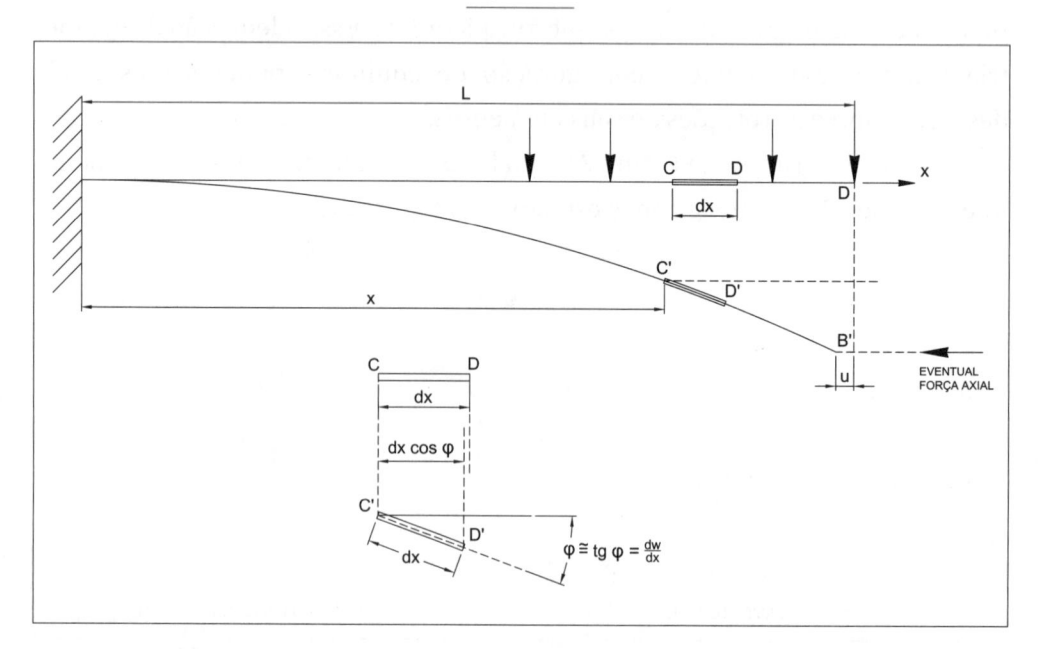

Figura 3.10

No caso de barras fletidas, o problema é análogo (Figura 3.10). Em virtude dos esforços de flexão, a barra se deforma, mas o comprimento AB' do eixo deformado é igual ao comprimento AB = L em sua configuração reta inicial.

Desse modo, com a flexão, existe uma contração axial u, dada por

$$u = \int_0^L dx\,(1 - \cos \varphi) \cong \int_0^L \frac{\varphi^2}{2} dx \cong \frac{1}{2}\int_0^L \left(\frac{dx}{dw}\right)^2 dx$$

pois, para pequenos ângulos φ, pode-se admitir que $\cos \varphi \cong 1 - \varphi^2/2$ e $\varphi \cong tg\varphi = \dfrac{dw}{dx}$.

No caso de pilares submetidos à flexão composta, a deformação de seu eixo devido ao momento fletor faz que a força externa axial de compressão também produza esforços de flexão, como mostra a Figura 3.10. Esses novos esforços, que são chamados esforços de segunda ordem, podem provocar a instabilidade do sistema estrutural, que neste caso poderá chegar ao colapso por instabilidade na flexão composta.

Assim, na determinação dos efeitos de flexão, se as rotações φ forem consideradas como não desprezíveis, a estrutura não terá comportamento linear, mesmo que o material da barra permaneça dentro do regime de perfeita elasticidade.

De modo geral, sempre que as rotações dos elementos da estrutura puderem ser desprezadas em face da configuração inicial do sistema e dos efeitos que serão determinados em função do carregamento externo aplicado, em lugar da configuração final deformada, considera-se a configuração inicial da estrutura. Além disso, quando o material também tem comportamento linear, o sistema terá comportamento linear, valendo então o critério de superposição dos efeitos.

Em cada caso, somente a experiência pode autorizar o emprego de uma teoria de primeira ordem. Quando isso não é possível, há a necessidade de lançar mão de teorias de segunda ordem, as quais consideram a configuração deformada final das estruturas para a determinação dos efeitos.

Na realidade, cada novo carregamento já vai encontrar a geometria da estrutura alterada pelos carregamentos anteriores. Admitir-se, para todos os carregamentos, sempre a mesma configuração inicial será sempre uma aproximação, cuja validade depende de conhecimento adequado do real comportamento do tipo de estrutura em exame e do grau de precisão pretendido para os resultados a serem obtidos.

3.6 Estados limites clássicos

Sob ação de carregamentos crescentes, de início as estruturas se comportam em regime elástico. Esse regime elástico poderá ser admitido como linear, dependendo do arranjo estrutural e da precisão que se pretende ao determinar os efeitos a serem considerados.

Quando o carregamento atingir intensidade suficiente para que um primeiro ponto da estrutura entre em plastificação, isto é, quando esse primeiro ponto deixa de estar em regime elástico, a estrutura terá atingido o seu primeiro "estado limite". A carga correspondente a essa situação será a carga de primeiro limite da estrutura.

A ideia de que a plastificação do primeiro ponto da estrutura seja suficiente para caracterizar um estado limite decorre dos conceitos do método clássico de cálculo pelo qual a segurança contra a ruína da estrutura é medida pelo afastamento existente entre o estado de tensões existente em seu ponto mais solicitado e o estado de tensões homólogo, capaz de produzir a plastificação do material da estrutura. Essa verificação é feita admitindo-se um critério de plastificação julgado conveniente para o material empregado.

No caso de estados simples de tensões, a segurança seria dada pela relação entre o limite de escoamento f_y do material e a tensão existente no ponto mais solicitado da estrutura. Reciprocamente, conhecida a tensão f_y de escoamento do material e fixado determinado coeficiente de segurança γ, a máxima tensão na estrutura não deverá ultrapassar em serviço normal o valor da "tensão admissível" σ_{adm}, dada por $\sigma_{adm} = f_y/\gamma$.

A hipótese de que o escoamento do primeiro ponto da estrutura tenha importância decisiva para a segurança da estrutura é válida, por exemplo, para uma barra tracionada axialmente (Figura 3.11).

Observa-se que nessa viga, por ser isostática, a seção mais solicitada é a do meio do vão, ao longo de todo o carregamento, não importando se o material está ou não em regime elástico. Neste caso, admite-se também que o material seja simétrico, isto é, seu comportamento em compressão é simétrico ao seu comportamento em tração.

No caso da barra tracionada, o escoamento de um primeiro ponto da seção transversal A-A coincide com o escoamento de todos os pontos desta seção transversal.

Figura 3.11

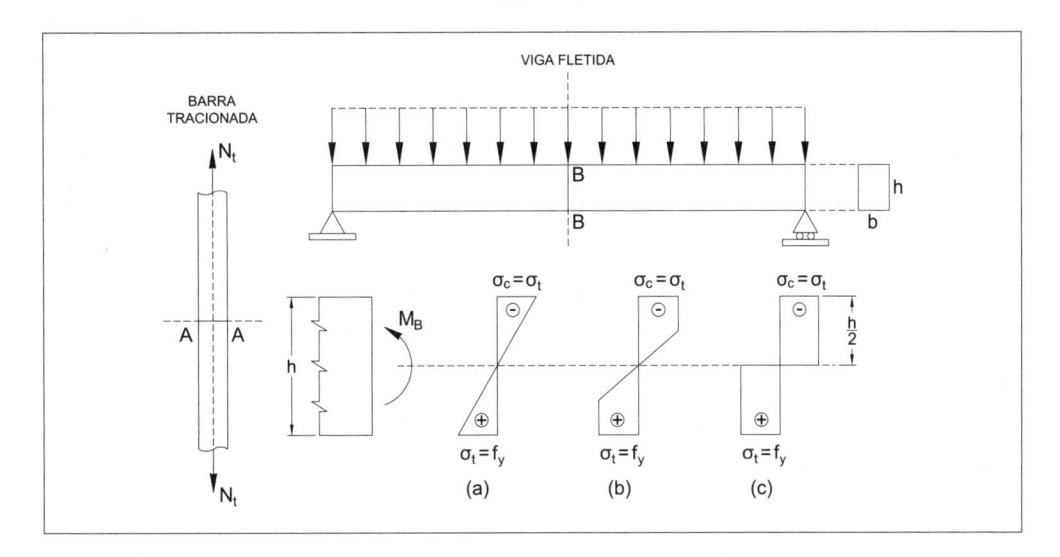

Admitindo-se um material elastoplástico ideal, uma vez atingida a carga de primeiro limite, a barra não tem capacidade de suportar carregamentos maiores que o desse limite.

No caso de barras fletidas, como no exemplo da viga mostrada na Figura 3.11, a plastificação do primeiro ponto da estrutura, que é o ponto mais solicitado da seção transversal central (B-B), a mais solicitada, não impede que o carregamento supere o valor correspondente ao primeiro limite. Assim, admitindo-se uma seção transversal retangular de largura b e altura h, o momento fletor elástico M_e, correspondente ao início de plastificação da seção transversal, de acordo com o diagrama (a), vale

$$M_e = W f_y = \frac{bh^2}{6} f_y.$$

Sob a ação de carregamentos ainda maiores, a plastificação penetra na seção transversal, como mostrado no diagrama (b). Na barra existe uma zona plastificada na região superior da peça e outra zona plastificada na região inferior, mas resta um núcleo elástico capaz de suportar o acréscimo de esforços.

Se o carregamento for ainda aumentado, chega-se à plastificação total da seção transversal, mostrada no diagrama (c), formando-se então uma rótula plástica na seção considerada, isto é, a seção transversal plastificada gira sob a ação do momento fletor de plastificação constante M_p, que neste caso vale

$$M_p = \left(\frac{bh^2}{2}\right) \cdot f_y = \left(\frac{bh^2}{4}\right) \cdot f_y = 1{,}5 \left(\frac{bh^2}{6} f_y\right) = 1{,}5 M_e.$$

A plastificação da seção transversal B-B de uma viga simplesmente apoiada transforma a estrutura em um sistema hipostático. A estrutura não pode sofrer acréscimos ulteriores de carga.

Nos dois exemplos apresentados, tanto no tirante quanto na viga, a plastificação de uma seção transversal da barra conduz ao colapso da estrutura. Caracteriza-se então o colapso da estrutura pela existência de um escoamento livre sem contenção, como no caso da barra tracionada, ou por sua transformação, total ou parcial, em um sistema hipostático. O colapso caracteriza o segundo estado limite da estrutura.

No caso da barra tracionada (Figura 3.11), o escoamento do primeiro ponto de uma seção transversal A-A coincide com o escoamento de todos os pontos dessa seção. Admitindo-se que o material seja elastoplástico ideal, uma vez atingida a carga de primeiro limite, a barra não tem capacidade de suportar carregamentos maiores que o desse limite.

No caso de barras fletidas, como a do exemplo da Figura 3.12, a plastificação do primeiro ponto da estrutura não impede que o carregamento supere o valor correspondente ao primeiro limite. Assim, admitindo-se que a barra tenha uma seção transversal retangular de largura b e altura h, o momento fletor elástico M_e, correspondente ao início da plastificação da seção transversal, representado no diagrama (a) da figura, vale $M_e = W \cdot f_y = \dfrac{bh^2}{6} f_y$.

Para carregamentos maiores, a plastificação penetra na seção transversal [diagrama (b)]. Na barra existe uma zona plastificada, mas resta um núcleo elástico capaz de suportar acréscimos de esforços.

Se o carregamento for ainda aumentado, pode-se chegar à plastificação total da seção transversal pelo momento plástico M_p [diagrama (c)], ou seja, a partir desse carregamento, qualquer acréscimo de momento fletor acarreta a rotação plástica da seção e o eventual colapso da estrutura. Neste caso, tem-se

$$M_p = \left(\frac{bh}{2} f_y\right) \cdot \frac{h}{2} = 1{,}5 \times M_e.$$

Nos exemplos anteriores, o colapso foi atingido com a plastificação da primeira seção transversal da estrutura, por serem elas estruturas isostáticas.

Em uma estrutura hiperestática, de grau (n) de hiperestaticidade, a formação de (n+1) rótulas plásticas será sempre suficiente para torná-la hipostática, isto é, para levá-la ao colapso. A condição de formação de (n+1) rótulas é suficiente, mas não é necessária para que ocorra o colapso, conforme se mostra nos exemplos da Figura 3.12.

Figura 3.12

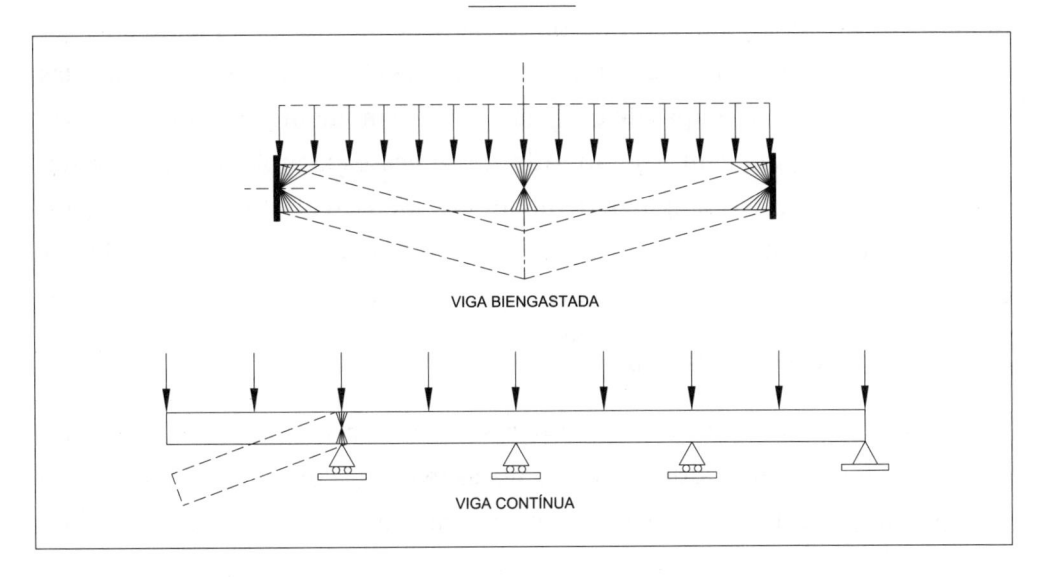

No exemplo da viga contínua, qualquer que seja seu grau de hiperestaticidade, a formação de uma única rótula plástica pode conduzir ao colapso, como se observa na figura acima. Nesse caso, a ruína foi atingida porque uma parte da estrutura tornou-se hipostática.

No exemplo da viga biengastada, o colapso somente será atingido com a formação de três rótulas plásticas. Embora a viga seja três vezes hiperestática, para efeito de um carregamento exclusivamente transversal ao eixo da viga, tudo se passa como se ela fosse apenas duas vezes hiperestática, porquanto os vínculos externos que equilibram as forças transversais nos dois apoios não são mobilizados pela deformação da viga à flexão. Nesse caso, considera-se a viga vinculada apenas pelos dois engastamentos de suas extremidades.

Verifica-se, então, que o número de rótulas plásticas que devem ser formadas para que ocorra o colapso de uma estrutura depende não só de seu grau de hiperestaticidade, mas também de sua configuração geométrica e do carregamento que sobre ela atua. Em qualquer caso, esse número será sempre igual ou menor que o grau de hiperestaticidade mais um. No entanto, é preciso assinalar que o raciocínio anteriormente formulado admitiu que a estrutura fosse feita com um material elastoplástico ideal.

Nos casos reais, especialmente com estruturas de concreto protendido, é preciso discutir-se a possibilidade de formação de todas as rótulas plásticas previstas para uma dada configuração de ruína.

Introdução à engenharia de estruturas de concreto

Assim, considerando uma viga biengastada submetida a um carregamento uniformemente distribuído, admita-se, conforme é mostrado na Figura 3.14, que realmente haja a possibilidade de formação das três rótulas plásticas aí indicadas.

Em cada uma das etapas de carregamento, os momentos fletores da estrutura são os que se indicam a seguir. Admite-se nesse exemplo que a barra seja prismática e de seção retangular, de material simétrico elastoplástico perfeito, com o qual, conforme foi visto anteriormente, o momento fletor de plastificação é dado pela relação $M_p = 1,5 \times M_e$, em que o momento M_e define o fim do regime elástico, dado pela expressão $M_e = \dfrac{bh^2}{6} f_y$.

No caso particular dessa viga hiperestática, os primeiros pontos plastificados simultaneamente situam-se nas fibras extremas das duas seções de engastamento das extremidades da estrutura, nas quais, em virtude da simetria do sistema, atuam os momentos $M_A = M_B = M_e = \dfrac{bh^2}{6} f_y$.

Observa-se, inicialmente, que neste caso particular, em qualquer etapa do carregamento, será sempre $M_A + M_C = M_B + M_C = pL^2/8$ (Figura 3.14). Estudando-se o equilíbrio de meio tramo, verifica-se que as reações são $R_A = R_B = pL/2$ e, por simetria, tem-se a força cortante $M_C \equiv 0$, Figura 3.13. Desse modo, o equilíbrio de momentos em relação ao apoio B, fornece a relação $|M_B + M_C| = pL^2/8$.

Figura 3.13

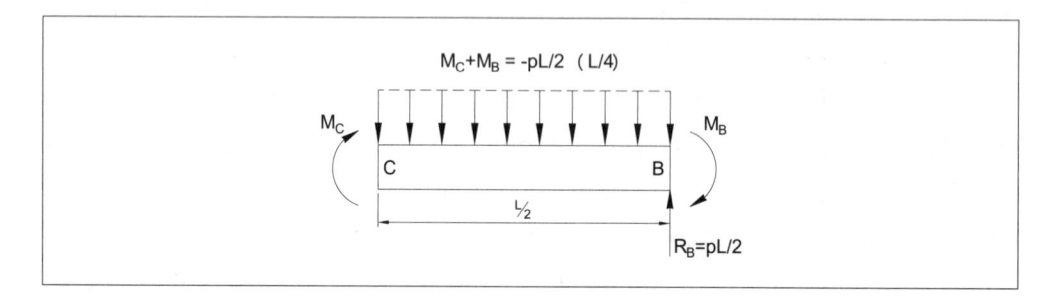

Observa-se que $M_B + M_C = pL^2/8$, não importando que o material esteja ou não em regime elástico. Essa condição de equilíbrio decorre apenas de a estrutura ser isostática, como mostrado na Figura 3.13.

Conforme foi visto, a carga de primeiro limite, correspondente à plastificação do primeiro ponto da estrutura, vale $p_{1°lim} \dfrac{L^2}{12} = M_e$, neste caso de viga biengastada

Figura 3.14

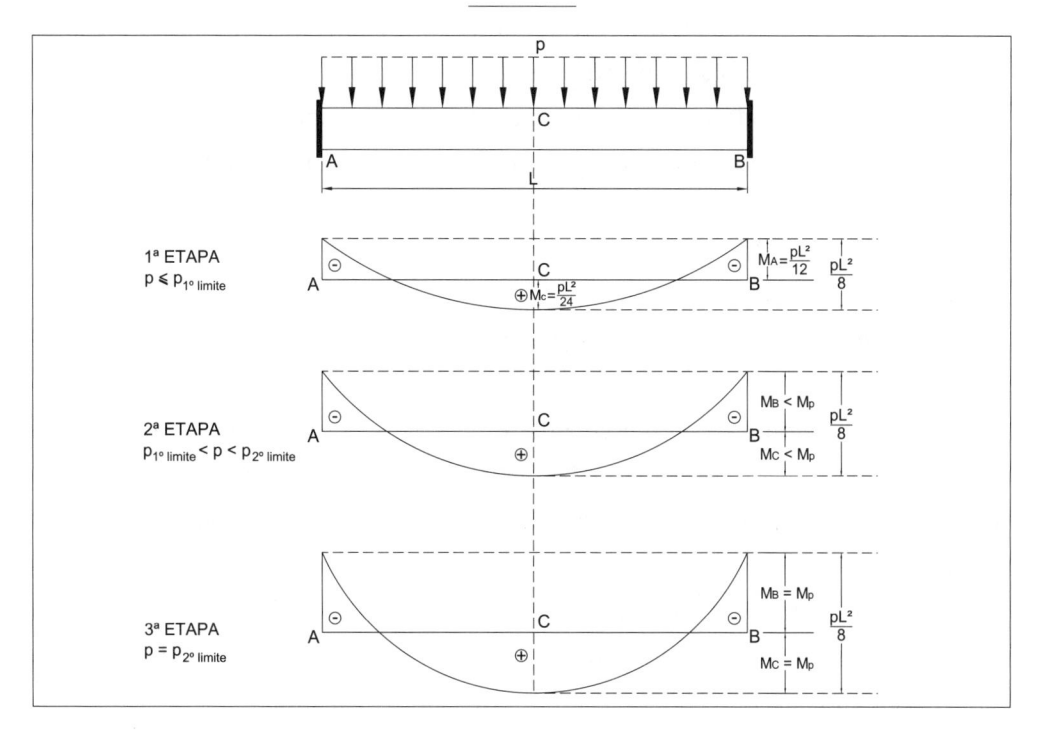

com carga uniformemente distribuída. De maneira análoga, o momento de plastificação total dessa seção transversal vale $M_p = \left(\dfrac{bh}{2}f_y\right)\cdot\dfrac{h}{2} = 1{,}5 \times M_e$, mas isso não informa o valor da carga de segundo limite, que não depende do momento fletor de plastificação total $M_p = \left(\dfrac{bh}{2}f_y\right)\cdot\dfrac{h}{2} = 1{,}5 \times M_e$ atuar em uma única seção desta viga, que não é isostática.

Na viga em questão, a carga de segundo limite exige a formação das três rótulas plásticas, nas seções A, C e B respectivamente, quando então, com as condições $M_B + M_C = 1{,}5M_e + 1{,}5M_e = 3 \times M_e$, leva à conclusão de que $p_{2°\lim}\dfrac{L^2}{8} = 2M_p = 2 \times 1{,}5M_e = 3M_e$, ou seja, $p_{2°\lim}\dfrac{L^2}{8} = 3p_{1°\lim}\dfrac{L^2}{12} = p_{1°\lim}\dfrac{L^2}{4}$, resultando, finalmente, para este caso particular, a relação $p_{2°\lim} = 2p_{1°\lim}$.

Desse modo, uma viga biengastada entra em colapso com uma carga igual ao dobro da carga que inicia a plastificação. Nessas condições, impor a margem de segurança da estrutura em relação à carga de primeiro limite é subestimar a capacidade resistente da estrutura.

Por esse motivo, em lugar do coeficiente de segurança interno γ_{int} estabelecido em função das tensões atuantes, admite-se o coeficiente de segurança externo γ_{ext} em função das cargas atuantes.

Assim, procedendo e adotando um coeficiente de segurança externo $\gamma_{ext} = 2$ para a viga biengastada considerada anteriormente, a carga admissível é dada por $p_{adm} = \dfrac{p_{2°\lim}}{\gamma_{ext}} = \dfrac{2p_{1°\lim}}{2} = p_{1°\lim}$.

3.7 Capacidade de acomodação plástica

Capacidade de acomodação plástica de uma estrutura é a capacidade de continuar a resistir a esforços externos superiores aos valores correspondentes ao primeiro limite da estrutura. Essa capacidade depende da possibilidade de ocorrerem deformações plásticas de suas peças sem que ocorra a ruptura de nenhuma seção transversal delas. Para isso, devem ser conhecidos os detalhes dos diagramas tensão-deformação dos materiais empregados, considerando-se especificamente as características mostradas na Figura 3.15.

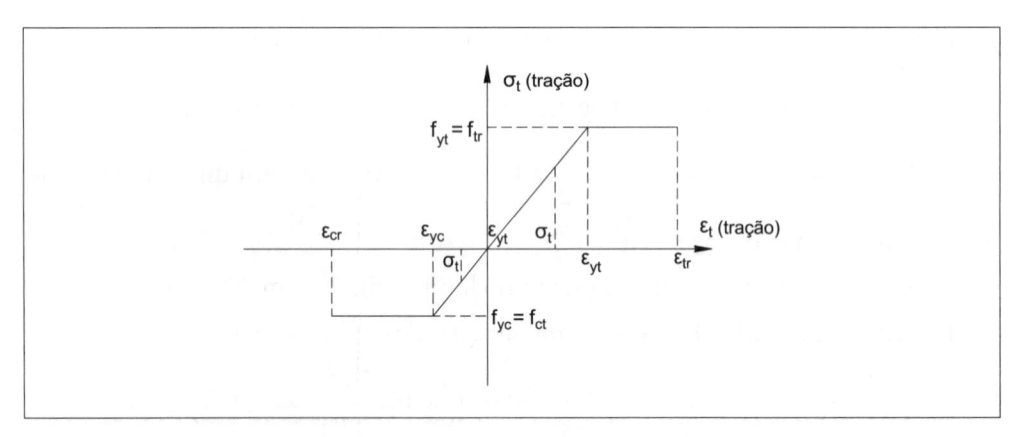

Figura 3.15

Para que possa ocorrer a acomodação plástica da estrutura, seu material deve ter um comportamento elastoplástico em relação ao tipo de deformação que vai provocar essa acomodação. Assim, por exemplo, no caso particular da estrutura mostrada na Figura 3.16, a acomodação plástica vai ocorrer pela compatibilização dos encurtamentos dos três pilares nela existentes. Nesse caso, bastariam as características correspondentes a deformações por compressão.

Figura 3.16

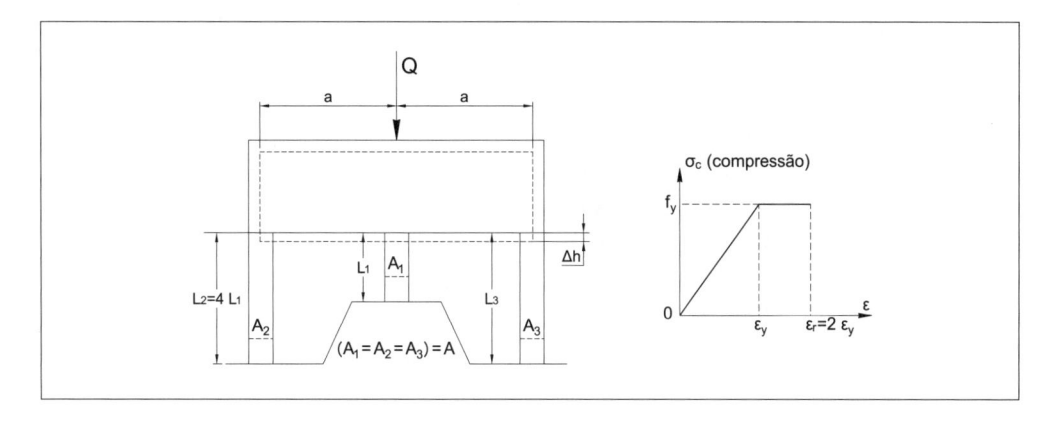

A simetria do sistema estrutural garante que os esforços solicitantes tenham uma distribuição simétrica, e a rigidez do bloco que recebe o carregamento externo Q impõe a condição de que devam ser iguais os encurtamentos dos três pilares que o sustentam.

Se ao contrário de um bloco rígido submetido a uma carga concentrada houvesse uma viga flexível submetida a uma carga uniformemente distribuída, a evolução dos esforços solicitantes nas diferentes peças da estrutura deveria ser acompanhada em função das deformações decorrentes do aumento do carregamento, como foi feito no exemplo mostrado na Figura 3.14.

No caso presente, a compatibilidade de deformações é expressa pela condição $\Delta L_1 = \Delta L_2 = \Delta h$ que impõe a seguinte relação entre as deformações específicas à compressão nos três pilares,

$$\varepsilon_1 = \frac{\Delta h}{L_1} = 4\frac{\Delta h}{L_2} = 4\frac{\Delta h}{L_3}$$

uma vez que $L_2 = L_3 = 4L_1$.

Desse modo, sendo uniforme o material da estrutura, de início obtém-se a relação $\sigma_1 = 4\sigma_2 = 4\sigma_3$, e a carga de primeiro limite da estrutura será dada pela condição $\sigma_1 = f_y$, daí resultando $Q_{1°\lim} = Af_y + 2A\frac{f_y}{4}$, ou seja, $Q_{1°\lim} = 1{,}5Af_y$.

Aumentando-se o carregamento externo, em princípio a estrutura poderá chegar ao colapso de dois modos diferentes, por plastificação dos pilares laterais ou por ruptura do pilar central. A Figura 3.17 mostra a evolução das cargas resistidas pelos diferentes pilares da estrutura em função da deformação específica à compressão do pilar central.

Figura 3.17

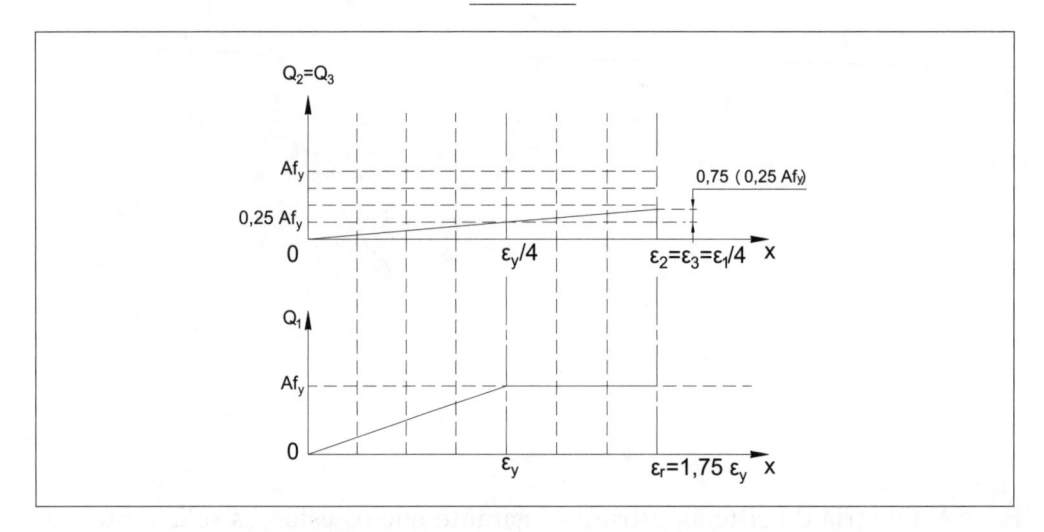

Nesse caso, a carga de segundo limite corresponde necessariamente à ruptura do pilar central, valendo $Q_{2°\lim} = Q_{1°\lim} + 2 \times 0{,}75\,(0{,}25Af_y)$, ou seja, $Q_{2°\lim} = 1{,}5Af + 0{,}375Af_y = 1{,}875Af_y$, sendo $Q_{2°\lim}/Q_{1°\lim} = 1{,}875/1{,}5 = 1{,}25$, valor este significativamente menor que o decorrente de uma suposta plastificação simultânea dos três pilares.

Exercícios

1) Definir os termos: elasticidade, elasticidade linear, viscoelasticidade e plasticidade.
2) Explicar o que se entende por material elastoplástico perfeito.
3) Explicar o que se entende por estrutura de comportamento linear e as possíveis causas de não linearidade do comportamento estrutural. Exemplificar.
4) Quando uma estrutura atinge um estado limite último? Definir ruptura e colapso de uma estrutura.
5) Definir material frágil e material dúctil.
6) Definir estrutura frágil e estrutura dúctil.
7) O que se entende por acomodação plástica de uma estrutura?
8) Definir rótula plástica e descrever seu funcionamento.
9) Como se determinam as cargas de primeiro limite e de segundo limite de uma estrutura?
10) Como se define a carga última de uma estrutura capaz de apresentar acomodação plástica?

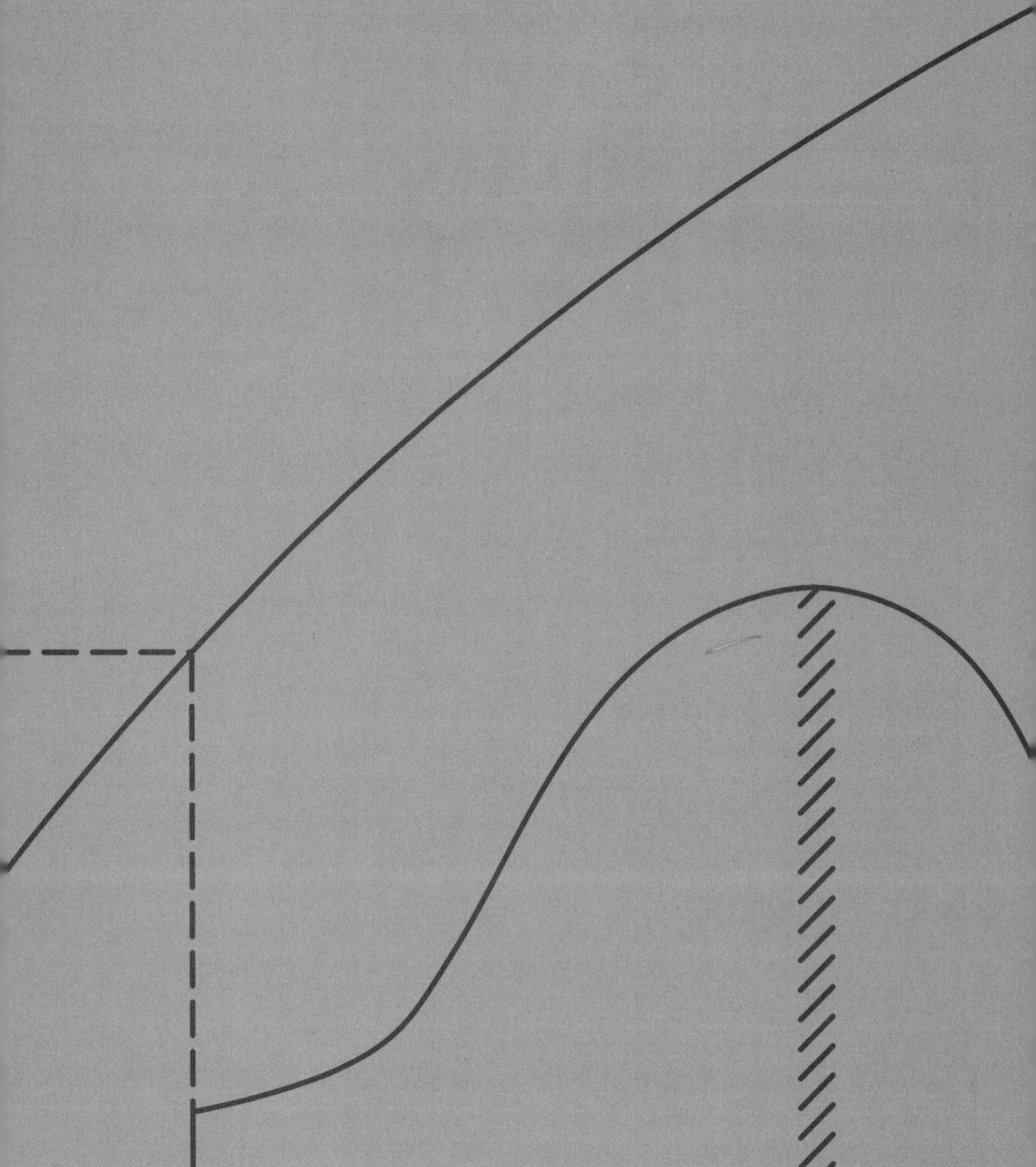

CAPÍTULO 4

INTRODUÇÃO À SEGURANÇA DAS ESTRUTURAS

4.1 Conceitos básicos de probabilidade e estatística

Conceitos de probabilidade

A teoria das probabilidades é o ramo da Matemática que lida com a incerteza. A Estatística tem por objetivo sintetizar as informações de natureza quantitativa.

De modo geral, as incertezas nos problemas tecnológicos decorrem da própria complexidade dos fenômenos naturais. Usualmente, os atributos de interesse dos sistemas materiais dependem de um grande número de propriedades que nem sempre são consideradas ou que, até mesmo, ainda nem foram identificadas.

Todo sistema material é composto por diferentes subsistemas que lhes permite cumprir as finalidades para as quais foi constituído. Submetido a ações externas, o sistema realiza procedimentos, produzindo efeitos. As relações funcionais que ligam as causas aos efeitos definem o que se entende por comportamentos do sistema. Geralmente, essas relações lidam com grandezas que medem as intensidades das causas e dos efeitos, definidas em diferentes campos numéricos, embora também haja relações de natureza qualitativa.

Em muitos casos, o tratamento prático de certos problemas requer que seja ignorada a influência de determinadas causas, o que faz que surjam perturbações no comportamento teórico dos sistemas materiais. Muitas vezes, certas influências são ainda ignoradas.

A incerteza está, portanto, ligada de forma essencial ao estudo dos fenômenos naturais, bem como às obras de engenharia e aos produtos da tecnologia.

Desse modo, as leis físicas, que são de natureza teórica determinista, quando aplicadas à solução de problemas reais, conduzem a valores que usualmente apresentam variabilidade não desprezível.

Quando uma experiência é repetida muitas vezes em condições teoricamente iguais, o resultado, que pode ser composto por diferentes efeitos, pode ser representado por um ponto de um espaço multidimensional definido por esses efeitos.

O conjunto dos pontos representativos de todos os possíveis resultados de uma experiência é chamado de seu espaço amostral [E]. O caso particular de uma experiência cujo resultado é determinado pelas variáveis X e Y está ilustrado pela Figura 4.1.

No exemplo, admite-se que os resultados da experiência possam conduzir a três diferentes eventos, [A], [B] e [C], que em conjunto formam o espaço amostral [E]. Os eventos são definidos por subespaços do espaço amostral, que caracterizam o tipo de resultado obtido.

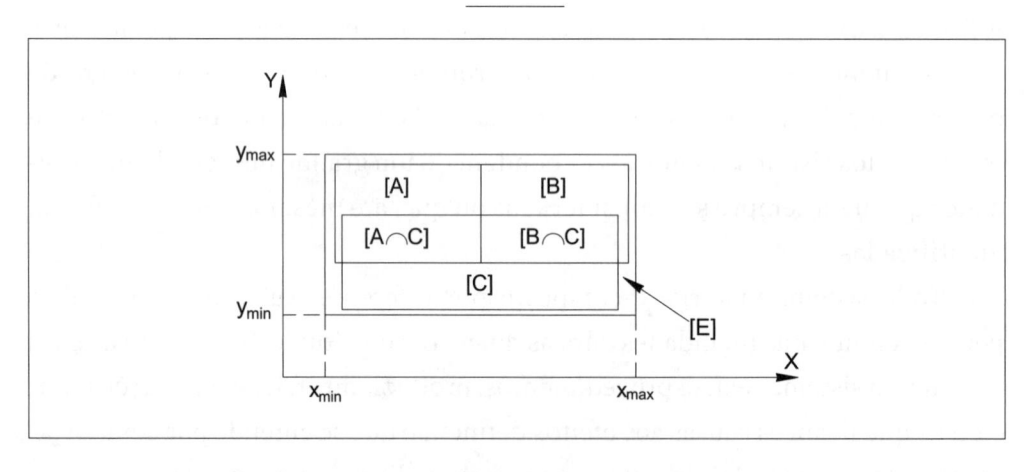

Figura 4.1

Observe-se que os eventos obtidos com as repetições de uma experiência, mesmo realizadas em condições teoricamente idênticas, não são caracterizados por um único ponto $P(x, y)$ de seu espaço amostral, mas sim por conjuntos de pontos que formam subespaços nele contidos, os quais caracterizam os diferentes tipos de resultados da experiência considerada. Nota-se que esses subespaços não precisam ser separados, podendo inclusive um deles estar contido em outro.

Para a determinação das probabilidades, são admitidos os seguintes axiomas básicos:

1º axioma: A probabilidade P[A] de um evento [A] é um número real associado a esse evento.

2º axioma: A probabilidade do evento certo [E], associado ao conjunto de todos os pontos do espaço amostral, é igual a 1.

3º axioma: Dados dois eventos A e B mutuamente exclusivos, isto é, P[A∩B] = 0, a probabilidade de união desses eventos é igual a P[A∪B] = P[A] + P[B].

Propriedades básicas de conjuntos de eventos

a) Probabilidade da união de eventos que não se excluem reciprocamente (Figura 4.2).

Os eventos [A] e [B] podem ser considerados da seguinte maneira

$$P[A] = P[A_0] + P[A \cap B]$$
$$P[B] = P[B_0] + P[A \cap B]$$

Figura 4.2

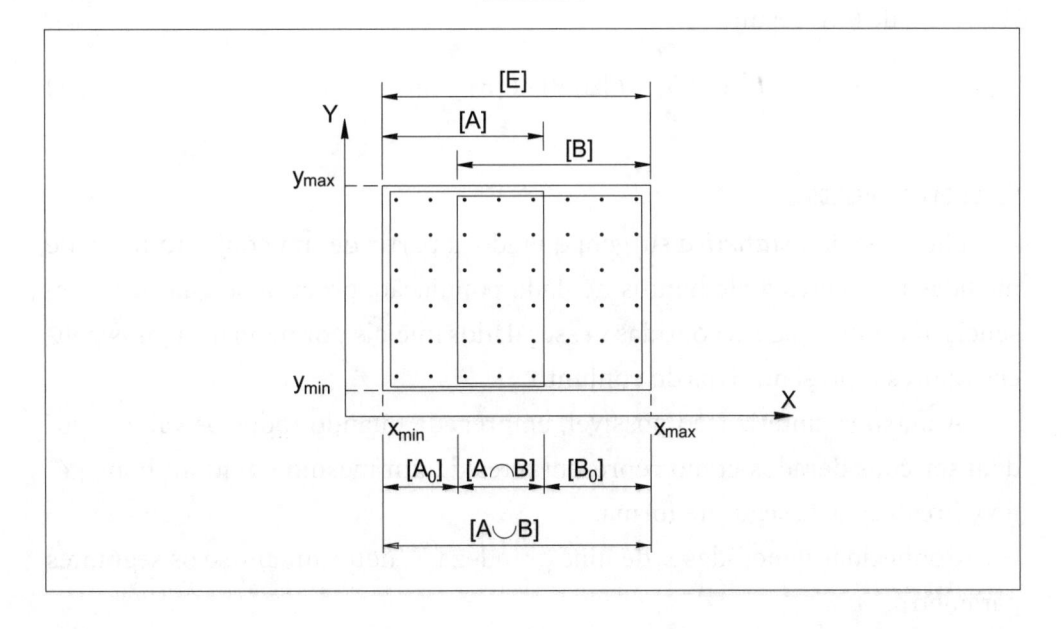

e, por sua vez, a união deles é dada por $P[A \cup B] = P[A_0] + P[A \cap B] + P[B_0]$, daí resultando $P[A \cup B] = P[A] + P[B] - P[A \cap B]$.

b) Probabilidade condicional

A probabilidade condicional P[A/B] expressa a probabilidade da ocorrência de [A] sob a condição de já ter ocorrido o evento [B].

Observe-se que o espaço amostral total da experiência é o domínio [E]. Nele são definidas as probabilidades dos eventos [A], [B] e [A ∩ B], mas o espaço amostral do evento condicional [A/B] é dado apenas pelo evento [B] porque foi imposta a condição de que [B] ocorra certamente. Justifica-se, desse modo, que a definição da probabilidade condicional seja dada pela relação

$$\frac{p[A \cap B]}{P[B]} = P[A/B]. \tag{4.1}$$

Com essa definição, se o evento [A ∩ B] incluir todo o subespaço de [B], o evento [A/B] será certo, com probabilidade unitária, pois o espaço [B] estará contido no espaço [A].

c) Eventos independentes

No caso de dois eventos independentes [A] e [B], a ocorrência de um deles não é influenciada pela eventual ocorrência do outro, tendo-se

$$P[A/B] = P[A]; \tag{4.2}$$

logo, de (4.1) resulta

$$P[A \cap B] = P[A/B] \cdot P[B] = P[A] \cdot P[B]. \tag{4.3}$$

Conceitos estatísticos

As aplicações da *Estatística* surgem quando, a partir de um conjunto finito de medidas referentes a elementos de dada população, procura-se guardar o essencial das informações contidas nesses dados iniciais por meio de alguns poucos valores representativos do conjunto.

A máxima sintetização possível, empregada quando todos os valores podem ser considerados como representantes de um mesmo conjunto homogêneo, é realizada da seguinte forma.

Conhecidas n medidas x_i de uma grandeza X, determinam-se os seguintes parâmetros:

Média (representada por $\bar{x}$ ou x_m):

$$\bar{x} = x_m = \frac{\sum_{i=1}^{n} x_i}{n} \tag{4.4}$$

Variância (com a totalidade dos valores):

$$s^2 = \frac{\sum_{i=1}^{n}(x_i - x_m)^2}{n} \quad (4.5)$$

Desvio padrão (com a totalidade dos valores):

$$s = \sqrt{\frac{\sum_{i=1}^{n}(x_i - x_m)^2}{n}} \quad (4.6)$$

Coeficiente de variação:

$$\delta = \frac{s}{x_m} \quad (4.7)$$

Quando os simples parâmetros descritos não são suficientes para representar a população considerada, havendo a necessidade de discriminação dos dados em função de diferentes intervalos de valores, recorre-se à construção de histogramas, como está mostrado na Figura 4.3.

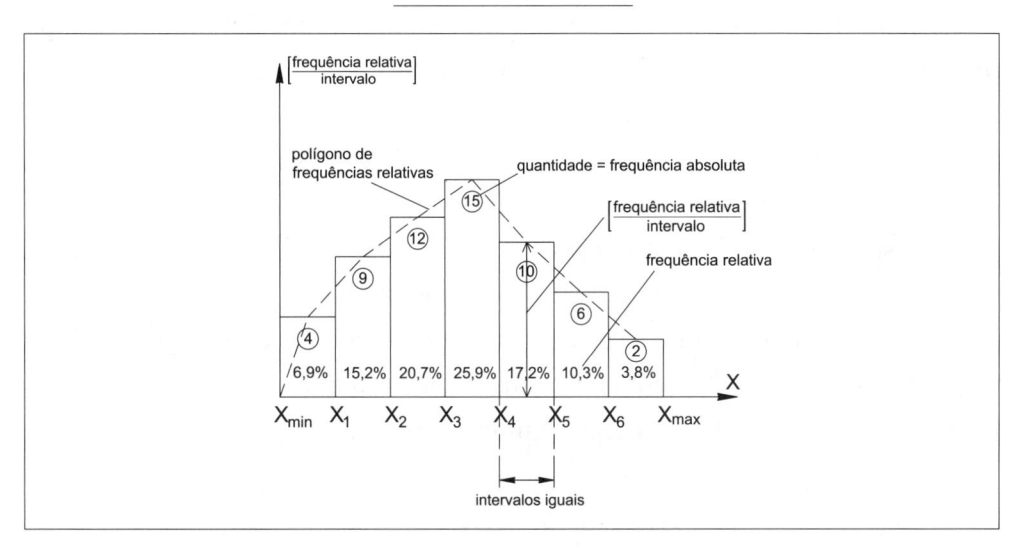

Figura 4.3 • Histograma

Para a construção do histograma, divide-se o campo de variação das medidas experimentalmente coletadas em intervalos de classe iguais e, com base nesses intervalos, constroem-se retângulos cujas áreas são proporcionais às frequências absolutas, ou relativas, de valores a serem representados em cada intervalo. A frequência relativa de ocorrência em cada classe é entendida como a probabilidade de ocorrência nessa classe. Nota-se que esses valores respeitam os axiomas básicos da teoria das probabilidades.

Quando os intervalos de classe tendem a zero, a probabilidade de ocorrência em classes de largura infinitesimal tende a zero, e a altura do correspondente retângulo é definida como a densidade de probabilidade de cada valor individual, representado por um único número real.

Unindo-se os pontos médios dos lados superiores desses retângulos obtém-se o polígono de frequências.

Como regra empírica, recomenda-se adotar um número k de intervalos de classe dado pela expressão $k = 1 + 3{,}3 \log_{10} n$, em que n é o número de dados a representar.

Dado um evento definido pelo valor de diferentes grandezas X, definem-se como **aleatórias** as grandezas cujos diferentes valores de suas possíveis manifestações correspondem a diferentes probabilidades de ocorrência, como está mostrado na Figura 4.4.

Quando uma grandeza aleatória é representada por uma variável X definida em certo campo de definição, diz-se que essa variável é uma *variável aleatória*.

Quando os eventos aleatórios são representados por um único resultado numérico determinado por uma variável definida em um domínio no campo dos números reais, a probabilidade de cada evento, isto é, a probabilidade associada a cada número real, tende necessariamente a zero. Desse modo, as probabilidades dessas variáveis somente podem ser definidas para eventos correspondentes a intervalos de seus valores.

Nesse caso, considerando os histogramas dessas variáveis, à medida que os intervalos de classe da variável diminuem, tendendo a zero, o polígono de frequências relativas aproxima-se da chamada função de *densidade de probabilidade* $f_X(x)$, e o polígono de frequências absolutas aproxima-se da função de frequência $F_X(x)$ (Figura 4.4), ou seja, de uma *distribuição de probabilidades*.

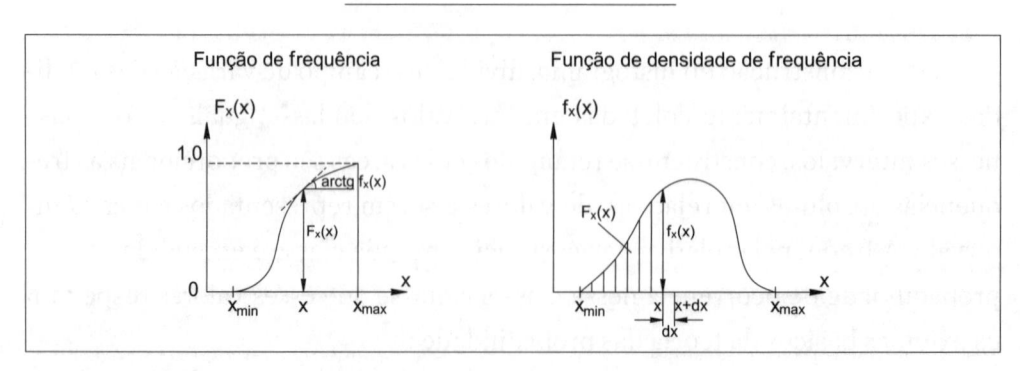

Figura 4.4 • Grandezas aleatórias

4 • *Introdução à segurança das estruturas*

Desse modo, dada uma variável aleatória X definida no intervalo (x_{min}, x_{max}) do campo real, define-se a *função de distribuição* $F_X(x)$ ou a *função de probabilidade* $P[X \leq x]$ por

$$F_X(x) = P[X \leq x] = P[x_{min} \leq X \leq x]$$

onde $F_X(x)$ mede a probabilidade $P[X \leq x]$ de a variável X ser menor ou igual a um valor x particular (Figura 4.14), ou seja, mede a probabilidade de X estar contido no intervalo entre x_{min} e x.

Para as variáveis contínuas, define-se a *função de densidade de probabilidade* pela expressão:

$$f_X(x) = \frac{d F_X(x)}{dx} \tag{4.8}$$

Admitindo-se válidas as condições de derivação e integração, obtêm-se as seguintes relações:

$$F_X(x) = P[X \leq x] = \int_{x_{min}}^{x} f_X(x) dx$$

$$f_X(x) = \left[\frac{d F_X(x)}{dx}\right]_{X=x} \tag{4.9}$$

4.2 Parâmetros das variáveis aleatórias

Dada uma variável aleatória X, cuja função de densidade de probabilidade é $f_X(x)$, sua *expectância*, também dita *esperança matemática*, é dada por:

$$E(X) = \int_{-\infty}^{+\infty} x \cdot f_X(x) \, dx \tag{4.10}$$

Nesse caso, a *expectância* também é designada *média* da variável aleatória X, empregando-se indiferentemente qualquer das notações:

$$E(X) = \mu(X) = \mu_X$$

No caso de variáveis discretas, a integração é substituída por uma somatória, resultando:

$$E(X) = x_1 \cdot F_X(x_1) + x_2 \cdot F_X(x_2) + \ldots = \sum_{i=1}^{n} x_i \cdot F_X(x_i) \tag{4.11}$$

com $\sum_{i=1}^{n} F_X(x_i) \equiv 1$

A definição de *esperança matemática* da variável aleatória X decorre da generalização do conceito de *média ponderada*.

No caso de variáveis discretas, cada valor x_i é ponderado por sua probabilidade de ocorrência $F_X(x_i)$.

Com variáveis contínuas, cada intervalo elementar d_x é ponderado pela correspondente densidade de probabilidade $f_X(x)$. A expectância é uma média ponderada por sua probabilidade de ocorrência.

Como no estudo das probabilidades a soma desses pesos de ponderação é sempre igual a 1, as expressões anteriores também podem ser escritas sob a forma

$$E(X) = \frac{\int_{-\infty}^{+\infty} x \cdot f_X(x)\,dx}{\int_{-\infty}^{+\infty} f_X(x)\,dx} \tag{4.12}$$

ou

$$E(X) = \frac{\sum_{i=1}^{n} x_i F(x_i)}{\sum_{i=1}^{n} F(x_i)} \tag{4.13}$$

pois em qualquer caso $\int_{-\infty}^{+\infty} f_X(x)\,dx \equiv \sum_{i=1}^{n} F_X(x_i) \equiv 1$ \hfill (4.14)

Sob a forma expressa por (4.10) e (4.11), a expectância da variável aleatória X corresponde ao momento estático da área da figura definida pela função de densidade de probabilidade, mostrada na Figura 4.5, em relação ao eixo vertical situado na origem do eixo X.

Figura 4.5

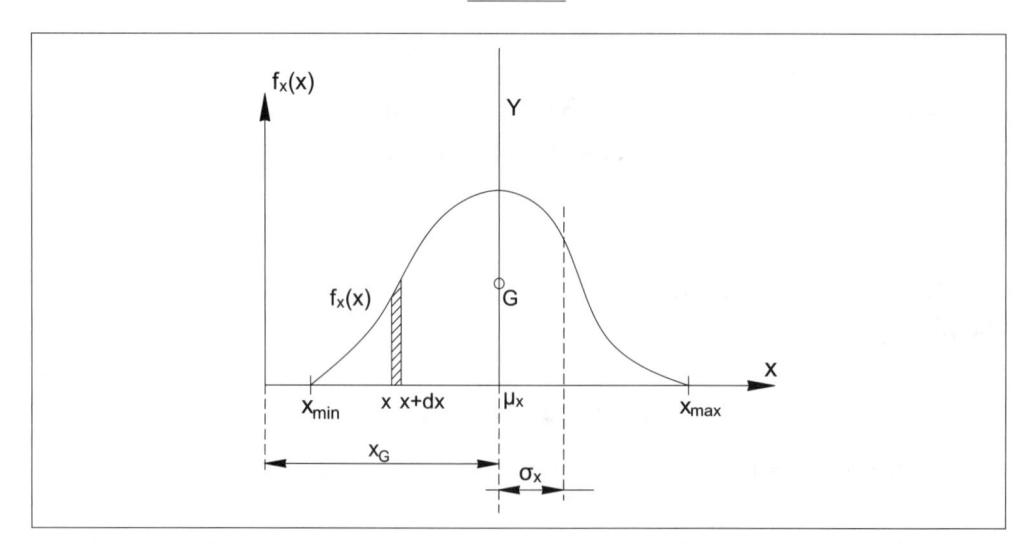

Sob a forma expressa por (4.12) e (4.13), a média corresponde à abscissa do centro de gravidade dessa figura.

Essa dupla interpretação é sempre possível em virtude da identidade (4.14). Dada uma variável aleatória X, é de interesse a expectância da função

$$\phi(X) = (X - \mu_X)^k \qquad (4.15)$$

dada por

$$E\left[(X - \mu_X)^k\right] = \int_{-\infty}^{+\infty} (X - \mu_X)^k \cdot f_X(x) dx \qquad (4.16)$$

que é designada por *momento centrado de ordem k* da variável aleatória X. Essa nomenclatura tem interpretação óbvia em face do que se mostrou na Figura 4.5.

Quando o momento é calculado em relação a um ponto qualquer de abscissa x_0, ele deixa de ser centrado.

Observe-se que o momento de primeira ordem em relação à origem,

$$E\left[(X - 0)^1\right] = \int_{-\infty}^{+\infty} x \cdot f_X(x) dx,$$

coincide com a própria média da função.

Dos momentos centrados da variável aleatória X é de grande interesse o momento centrado de segunda ordem, designado por *variância* de X, dado por

$$\sigma_X^2 = E\left[(X - \mu_X)^2\right] = \int_{-\infty}^{+\infty} (x - \mu_X)^2 \cdot f_X(x) dx. \qquad (4.17)$$

Observe-se que:

$$\sigma_X^2 = E\left[(X - \mu)^2\right] = E\left[X^2 - 2\mu X + \mu^2\right];$$

e como E é um operador linear, resulta

$$\sigma_X^2 = E(X^2) - 2\mu E(X) + \mu^2,$$

logo:

$$\sigma_X^2 = E(X^2) - 2\mu^2 + \mu^2,$$

ou seja:

$$\sigma_X^2 = E\left[(X - \mu_X)^2\right] = E(X^2) - \mu_X^2.$$

A raiz positiva σ_X da variância é designada por *desvio padrão* e a relação

$$\delta_X = \frac{\sigma_X}{\mu_X}$$

é chamada *coeficiente de variação* da variável X.

Frequentemente, o coeficiente de variação δ_X também é indicado por C_X.

Considerando a Figura 4.15, observe-se que a variância σ_X^2 representa o momento de inércia baricêntrico da figura definida pela função de densidade de probabilidade. Além disso, em virtude da relação (4.14), também se pode escrever

$$\sigma_X = \sqrt{\frac{\int_{-\infty}^{+\infty}(x-\mu_X)^2 \cdot f_X(x)dx}{\int_{-\infty}^{+\infty} f_X(x)dx}},$$

dando ao desvio padrão a interpretação de raio de giração da Figura 4.5.

4.3 Distribuição normal de probabilidades

Para a descrição de um fenômeno aleatório, seria preciso conhecer a lei da distribuição das frequências relativas dos efeitos em função dos valores de sua variável independente. Todavia, como os fenômenos sempre dependem de mais de uma variável independente, a determinação experimental dessas distribuições é problema praticamente insolúvel.

Em seu lugar, adotam-se certas funções matemáticas para representar a aleatoriedade dos fenômenos. De modo geral, isso significa que as estimativas probabilistas são feitas sempre a partir de leis de distribuições de frequências relativas que se julgam ser aceitáveis.

No caso de fenômenos que dependam de um grande número de variáveis básicas, todas elas independentes entre si, prova-se que a lei de distribuição de probabilidades tende a uma expressão limite, designada por distribuição normal, mostrada na Figura 4.6.

Nas aplicações práticas, emprega-se a lei de distribuição normal reduzida, mostrada na Figura 4.7, correspondente à variável reduzida u, definida por $u = \dfrac{x-\mu_x}{\sigma_x}$, cujos parâmetros são $\mu_u = 0$ e $\sigma_u = 1$, e cuja função $f(u)$ é definida por

$$f(u) = \frac{1}{2\pi} e^{-\frac{u^2}{2}}.$$

A ideia de que em qualquer circunstância existe uma possibilidade de ruína das estruturas sempre foi aceita. A garantia contra a ruína da estrutura era avaliada pelos coeficientes de segurança adotados.

Figura 4.6

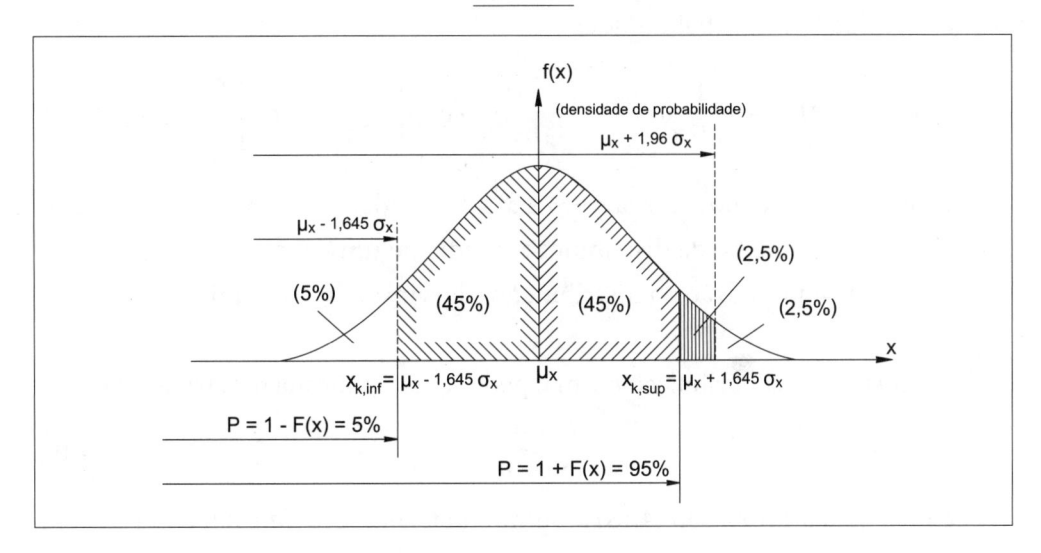

Figura 4.7 • Distribuição normal reduzida

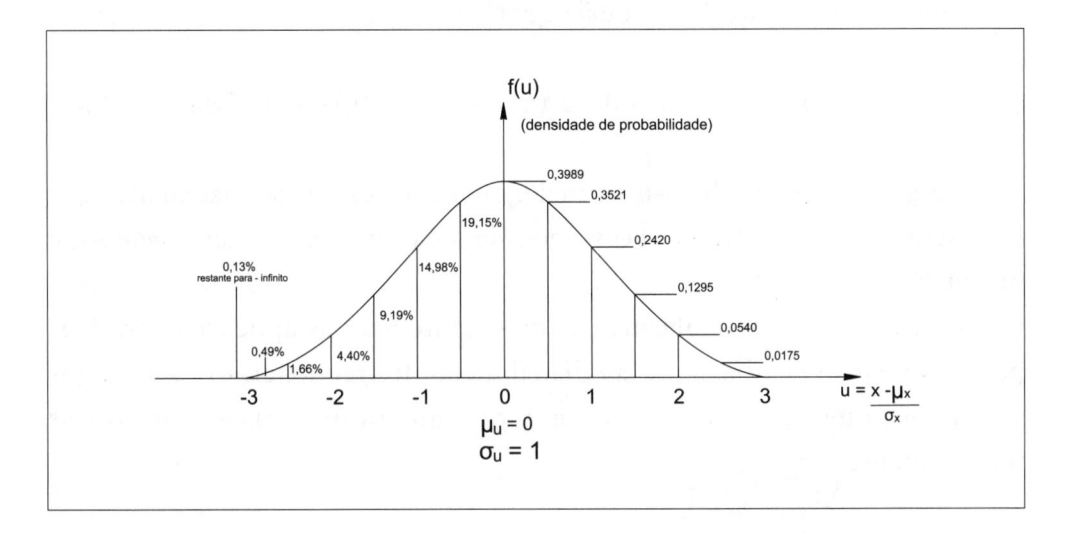

De início, no método de cálculo de tensões admissíveis, empregaram-se coeficientes globais de segurança, comparando-se valores médios de solicitação com valores médios de resistência. Para as estruturas de concreto, especificou--se uma relação ao redor de 3.

Em virtude da aleatoriedade das inúmeras variáveis que influem sobre o significado real desse coeficiente, buscou-se um caminho diferente. Inicialmente, as variáveis estruturais foram admitidas com distribuição normal (distribuição de Gauss) de valores (Figura 4.6).

A distribuição normal mostrada na Figura 4.6 é definida pela seguinte função de densidade de probabilidade:

$$f(x) = \frac{1}{\sigma\sqrt{2\pi}} e^{\frac{-1}{2\sigma^2}(x-\mu)^2} = \frac{1}{\sigma\sqrt{2\pi}} \cdot \exp\left[-\frac{1}{2\sigma^2}(x-\mu^2)\right] \quad (4.18)$$

válida para $\sigma > 0$, no intervalo $-\infty \le x \le +\infty$, onde

$\mu = \mu_x$ = valor médio da distribuição (média do universo)

$\sigma = \sigma_x$ = desvio-padrão da distribuição (desvio-padrão do universo).

A expressão da distribuição normal pode ser simplificada pela transformação

$$u = \frac{x - \mu_x}{\sigma_x} \quad (4.19)$$

com a qual a expressão (4.18) assume *sua forma reduzida*, dada por

$$f(u) = \frac{1}{\sqrt{2\pi}} e^{-\frac{1}{2}u^2} = \frac{1}{\sqrt{2\pi}} \cdot \exp\left(-\frac{1}{2}u^2\right) \quad (4.20)$$

Mostrada na Figura 4.8, da qual se obtêm:

$$\int_{-\infty}^{+\infty} f(u)\,du = 1 \quad \mu(u) = 0 \quad \sigma^2(u) = 1, \quad e \quad F(u) = \int_{-\infty}^{u} f(u)\,du \quad (4.21)$$

Nota-se que a distribuição normal é uma simples função matemática que representa a probabilidade de ocorrência de uma variável de intensidade x em um intervalo $x_{min} \le x \le x_{max}$.

Essa função é particularmente importante para as aplicações práticas porque se aproxima bastante da distribuição de frequências relativas dos fenômenos que dependem de um grande número de variáveis aleatórias independentes.

4.4 Modelos probabilísticos de variáveis discretas

a) Distribuição binomial

Considere-se uma experiência cujo resultado pode ser classificado simplesmente como *sucesso* ou *fracasso*.

Seja (p) a probabilidade de sucesso e (1-p) a probabilidade de fracasso em uma única tentativa da experiência.

Seja Y a variável aleatória que mede o número de sucesso obtidos em *n* tentativas.

Admitindo-se que cada tentativa seja uma experiência cujo resultado independe dos resultados das demais tentativas, a obtenção de y sucessos nas primeiras y tentativas e n-y fracassos nas tentativas restantes corresponde à probabilidade

$$p^y \cdot (1-p)^{n-y}.$$

Todavia, como não importa a ordem em que devem ser obtidos os y sucessos, o resultado especificado pode ser conseguido com $\dfrac{n!}{y!(n-y)!}$ arranjos diferentes.

A probabilidade procurada de obtenção de y sucessos em n tentativas é dada por

$$P_Y(n) = P[Y = y] = \frac{n!}{y!(n-y)!} p^y \cdot (1-p)^{n-y}. \qquad (4.22)$$

Essa equação fornece a *função de probabilidade discreta* $P_Y(y)$ da distribuição binomial $B(n, p)$.

Observe-se que o número y de sucessos em n tentativas define a frequência relativa y/n de sucessos quando a probabilidade de sucesso numa única tentativa vale p.

Desse modo, à medida que o número de tentativas aumenta, a frequência relativa y/n tende para a probabilidade p. Essa é a chamada *lei dos grandes números*, que garante a possibilidade de estimativa experimental das probabilidades p. A frequência relativa tende ao valor da probabilidade em uma tentativa.

Se em n tentativas independentes a probabilidade de x sucessos é dada por

$$P_X(x) = \binom{n}{x} p^x (1-p)^{n-x},$$

a função de probabilidade acumulada, isto é, a probabilidade de obter até x sucessos é fornecida por

$$F_Y(y) = \sum_{x=0}^{x=y} \binom{n}{x} p^x (1-p)^{n-x}. \qquad (4.23)$$

b) Exemplos de distribuições binomiais B(n ; p)

As distribuições B(n,p) fornecem a probabilidade de serem obtidos Y sucessos em n tentativas repetidas, nas quais p é a probabilidade de sucesso em uma única tentativa.

A título de ilustração, considere-se inicialmente a distribuição $B(6; 0,5)$.

A distribuição $B[6; 0,5]$ fornece a probabilidade de em 6 tentativas serem obtidos Y = 0, 1, 2, 3, 4, 5, 6 sucessos, sendo de 0,5 a probabilidade de sucesso é de uma única tentativa (Figura 4.8).

Essa distribuição permite o controle da plausibilidade da estabilidade de um procedimento quando são obtidos sucessivos resultados do procedimento. De fato, sendo a probabilidade de um resultado estar acima ou abaixo da média da população igual a 0,5, a distribuição $B[6; 0,5]$ mostra que a probabilidade do número y de resultados estar do mesmo lado da média. Verifica-se, assim, que a probabilidade de 6 sucessos em 6 tentativas tem apenas o valor de $P[y = 6] = 1,56\%$, ou seja, o processo não deve ser estável.

Figura 4.8

$B[6; 0,5]$	$B[6; 0,05]$
$P[Y = 0] = 0,0156$	$P[Y = 0] = 0,735092$
$P[Y = 1] = 0,0938$	$P[Y = 1] = 0,232134$
$P[Y = 2] = 0,2344$	$P[Y = 2] = 0,030544$
$P[Y = 3] = 0,3124$	$P[Y = 3] = 0,002143$
$P[Y = 4] = 0,2344$	$P[Y = 4] = 0,000085$
$P[Y = 5] = 0,0938$	$P[Y = 5] = 0,000002$
$P[Y = 6] = 0,0156$	$P[Y = 6] = 0,000000$
$P[Y_i] = 1,0000$	$P[Y_i] = 1,000000$

Considere agora a distribuição $B[6; 0,05]$ que fornece a probabilidade de serem obtidos 0, 1, 2, 3, 4, 5, 6 sucessos, quando a probabilidade de sucesso em uma única tentativa é de 0,05 (Figura 4.8). Essa distribuição fornece, por exemplo, a probabilidade de serem obtidos y resultados abaixo do valor característico $B[6; 0,05]$ numa amostra aleatória com 6 exemplares.

Quando se obtém apenas um valor abaixo do valor característico especificado, não se pode condenar a partida recebida, mas a presença de dois valores abaixo do valor especificado leva necessariamente a maiores investigações sobre o produto.

c) Distribuição geométrica

A distribuição geométrica $G(p)$ considera a probabilidade do primeiro sucesso ocorrer apenas na enésima tentativa, sendo p a probabilidade de sucesso em uma única tentativa.

Sendo p a probabilidade de sucesso e $(1-p)$ a de fracasso numa tentativa qualquer, o primeiro sucesso ocorrerá na enésima tentativa se tiver ocorrido o fracasso nas $(n-1)$ tentativas anteriores.

Desse modo, tem-se

$$P_N(n) = P[N = n] = p(1-p)^{n-1}. \qquad (4.24)$$

Essa equação fornece a *função de probabilidade discreta* $P_N(n)$ da distribuição geométrica $G(p)$. Observe-se que essa função de probabilidade discreta corresponde aos termos de uma *progressão geométrica* com o primeiro termo $a_1 = p$ e a razão $r = (1-p)$.

A função de probabilidade acumulada $P_N(n)$, que corresponde à probabilidade de ocorrência do evento em qualquer tentativa, até a enésima tentativa, é dada pela soma dos n primeiros termos da progressão, valendo

$$P[N \leq n] = P_N(n) = a_1 \frac{r^n - 1}{r - 1}$$

ou seja

$$P_N(n) = p\frac{(1-p)^n - 1}{(1-p) - 1} = 1 - (1-p)^n \qquad (4.25)$$

Essa expressão também pode ser obtida diretamente pelo raciocínio de que $P_N(n) = P[N \leq n]$ é o valor da probabilidade de que o primeiro sucesso ocorra pelo menos até a enésima tentativa, ou seja, ela é o complemento da probabilidade de *não* ocorrer qualquer sucesso até a enésima tentativa, logo

$$P[N \leq n] = 1 - P[N > n] = 1 - (1-p)^n.$$

Os parâmetros da distribuição geométrica valem:

$$E[N] = \frac{1}{p}, \qquad (4.26)$$

$$Var[N] = \frac{1-p}{p^2}. \qquad (4.27)$$

Para as aplicações, é importante analisar a dedução de $E[N]$.

Para isso, da definição de expectância, tem-se

$$E[N] = \sum_{n=1}^{\infty} n \cdot p(1-p)^{n-1} = \sum_{n=1}^{\infty} n\, p\, q^{n-1},$$

em que: $q = 1 - p$.

Observando que

$$n\, q^{n-1} = \frac{d}{dq} q^n,$$

resulta
$$E[N] = p\sum_{n=1}^{\infty} \frac{d}{dq} q^n \, ;$$

e como $q < 1$ a série é absolutamente convergente, pode-se fazer
$$E[N] = p\frac{d}{dq}\sum_{n=1}^{\infty} q^n \, .$$

Por outro lado, a série geométrica tem por soma
$$\sum_{n=1}^{\infty} q^n = \lim_{a\to\infty}\sum_{r=1}^{a} q^r = \lim_{a\to\infty}\left(q\frac{q^a-1}{q-1}\right) = \frac{q}{q-1}\lim_{a\to\infty}(q^a-1)$$

e como $q < 1$, obtém-se
$$\sum_{n=1}^{\infty} = \frac{q}{1-q} \, .$$

Desse modo, sendo $1 - q = p$ resulta
$$E[N] = p\frac{d}{dq}\left(\frac{q}{1-q}\right) = p \cdot \frac{1-q-q(-1)}{(1-q)^2} = \frac{1}{p} \, ,$$

período médio de retorno.

A expressão da média da distribuição geométrica
$$E[N] = \frac{1}{p}$$

mostra que a média do número de tentativas para a obtenção do primeiro sucesso é o inverso da probabilidade de sucesso em uma única tentativa.

Daqui decorre o conceito de *período médio de retorno*, frequentemente designado apenas por *período de retorno*.

No caso das ações atuantes sobre as estruturas, o valor que tem a probabilidade $p = 1/100$ de atuar em um ano qualquer é chamado de ação com período de retorno de 100 anos.

É preciso cuidar para que *não* se imagine que uma ação com período de retorno de μ_N anos somente possa aparecer efetivamente com intervalos de μ_N anos.

Sendo $p = \dfrac{1}{\mu_N}$ a probabilidade de ocorrência durante um ano qualquer, a probabilidade de que o evento não ocorra durante μ_N anos é dada por
$$P[Y = 0] = \left(1 - \frac{1}{\mu_N}\right)^{\mu_N}.$$

Considerando o limite fundamental

$$\lim_{x \to \infty} \left(1 + \frac{k}{x}\right)^x = e^k$$

tem-se que

$$\lim_{x \to \infty} \left(1 - \frac{1}{x}\right)^x = e^{-1},$$

ou seja, a probabilidade do evento não ocorrer realmente durante um tempo igual ao período de retorno vale

$$P[Y = 0] \cong e^{-1} = 0{,}368.$$

Dessa maneira, durante um tempo igual ao período de retorno, a probabilidade de ocorrer o evento vale $1 - e^{-1} = 0{,}632$.

No exemplo anterior, em 100 anos há a probabilidade de $0{,}632 \cong 2/3$ de atuar a ação com período de retorno de 100 anos.

4.5 Funções de variável aleatória: método de Monte Carlo

Seja X uma variável aleatória com função de distribuição $F_X(x)$ e função de densidade de probabilidade $f_X(x)$ conhecidas, e Y uma outra variável, funcionalmente dependente de X, dada pela expressão $Y = \varphi(X)$, (Figura 4.9).

Observação: Emprega-se a letra grega φ para a função $Y = \varphi(X)$, a fim de evitar confusão com a letra f, empregada para a função de densidade de probabilidade $f_X(x)$.

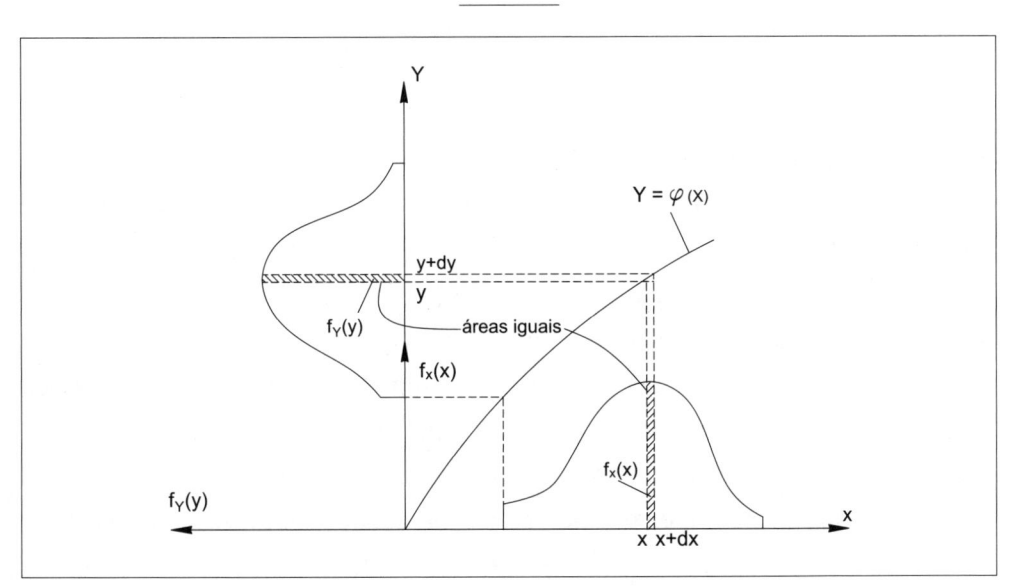

Figura 4.9

A aleatoriedade de X faz que Y também seja aleatória, com função de distribuição $F_Y(y)$ e função de densidade de probabilidade $f_Y(y)$.

Define-se *expectância* ou *esperança matemática* da função $Y = \varphi(X)$ dependente dessa variável aleatória X, por meio da expressão

$$E[\phi(X)] = \int_{-\infty}^{+\infty} \phi(x) \cdot f_X(x)\, dx. \tag{4.28}$$

No caso de variáveis discretas, a integração é substituída pela correspondente somatória

$$E[\phi(X)] = \sum_{i=1}^{n} \phi(x_i) \cdot F_X(x_i). \tag{4.29}$$

Observe-se que, para diferentes funções $f(X)$ da mesma variável aleatória X, a expectância se constitui em um operador linear, pois

$$E[k \cdot \phi(X)] = \int_{-\infty}^{+\infty} k \cdot \phi(x) \cdot f_X(x)\, dx = k \int_{-\infty}^{+\infty} \phi(x) \cdot f_X(x)\, dx = k \cdot E[\phi(x)], \tag{4.30}$$

e

$$E[\phi_1(X) + \phi_2(X)] = \int_{-\infty}^{+\infty} [\phi_1(x) + \phi_2(x)] f_X(x)\, dx = E[\phi_1(x)] + E[\phi_2(x)]. \tag{4.31}$$

Para as aplicações práticas correntes, é de interesse a aplicação do chamado método de Monte Carlo, descrito a seguir, que pode ser considerado como equivalente ao que é sugerido na Figura 4.9.

Considere o problema de se obter a aleatoriedade de uma função aleatória $Y = \varphi(X)$, dependente de uma variável aleatória independente x, como determinar a aleatoriedade do momento fletor último resistente de uma dada seção transversal de uma viga de concreto armado, em função da aleatoriedade da resistência f_{CC} do concreto.

Para isso, admitem-se como deterministas todas as outras variáveis do problema, com exceção da resistência $f_{CC} = x$.

Desse modo, admitindo-se o valor médio e o desvio padrão do concreto a ser empregado e adotando-se uma função teórica para a função de distribuição da resistência do concreto, como a variável normal reduzida u, fica conhecida a função de densidade de probabilidade do concreto a ser empregado.

A seguir, por um método computacional emprega-se um processo numérico de geração de um número aleatório $0 \leq \alpha \leq 1$, a partir do qual é obtido o correspondente valor de $f_{CC} = x$, calculando-se assim o valor da receptiva resistência $Y = \varphi(X)$.

Desse modo, repetindo-se o processo uma quantidade razoável de vezes, é possível elaborar um histograma desses resultados que, no limite, por um processo de alisamento, pode ser adotado como a função de densidade de probabilidade da variável Y investigada. Essa é a ideia básica do chamado método de Monte Carlo.

4.6 Probabilização da segurança das estruturas

O grande avanço da probabilização global da segurança das estruturas foi dado a partir da década de 1970. Os conceitos básicos da probabilização da segurança estão mostrados na Figura 4.9.

A avaliação da probabilidade de ruína é baseada no afastamento

$$R_{material} - S_{ações} \geq 0.$$

A resistência dos materiais é representada pela resistência de cálculo R_d e a intensidade das ações pela solicitação de cálculo S_d.

Para isso, a resistência e a solicitação devem ser medidas por variáveis com as mesmas dimensões. Assim, ou a resistência limite de cálculo R_d é especificada como um múltiplo da solicitação última S_d que causa a ruína, ou a solicitação S_d deve ser medida como uma fração da resistência limite R_d da estrutura.

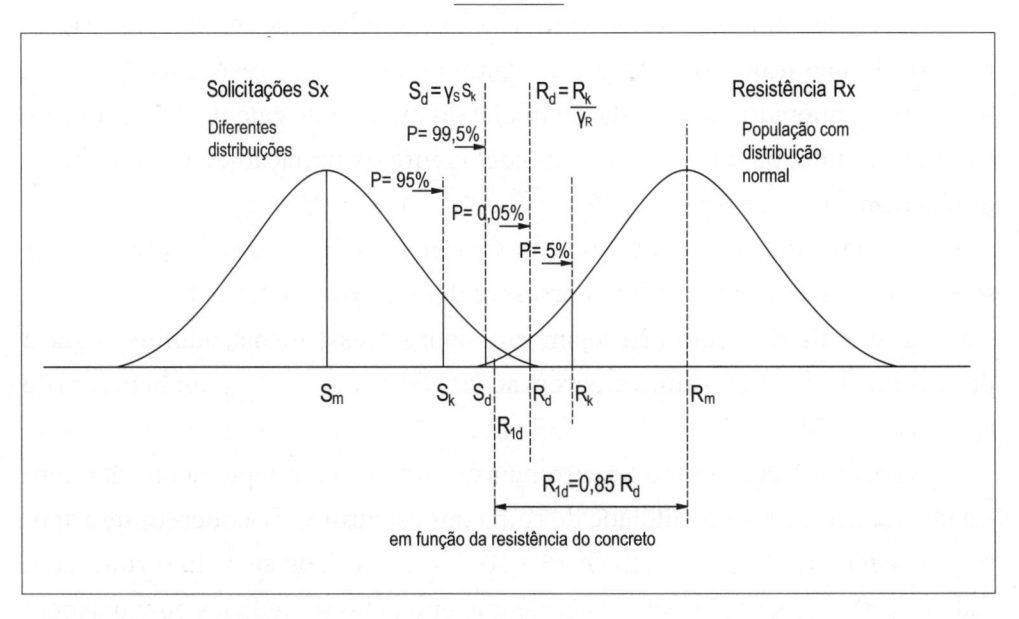

Figura 4.10

No entanto, para uma avaliação mais correta da segurança das estruturas, esse modelo de cálculo precisa ser generalizado, considerando-se, tanto as resistências quanto as solicitações, como valores de uma função de segurança definida em um espaço vetorial de n dimensões. Assim, o método dito totalmente probabilista ainda necessita de avanços teóricos e experimentais.

Desse modo, para a aplicação corrente, cristalizou-se a verificação local da segurança com o chamado método simplificado ao nível I, que emprega coeficientes parciais de segurança.

Basicamente, o método considera um coeficiente parcial de segurança, γ_f, para cada ação, e outro coeficiente parcial, γ_m, para a resistência de cada material, verificando separadamente a segurança das seções críticas de cada peça estrutural, para cada um dos possíveis estados limites, decorrentes das diversas combinações de esforços solicitantes.

Para as estruturas de concreto, de modo genérico, foram adotados os valores γ_c = 1,4 a 1,5 para o concreto, γ_s = 1,15 para o aço das armaduras, e γ_f = 1,4 a 1,5 para a intensidade das ações aplicadas.

Para as estruturas de aço, os coeficientes adotados são da mesma ordem de grandeza que para os aços das armaduras de concreto armado.

Para o concreto, a resistência de referência, denominada resistência característica inferior $f_{ck} = f_{c\,5\%} = f_{c\,0,05}$, corresponde ao quantil de 5% de uma distribuição gaussiana de valores. Esse valor corresponde à probabilidade $P = 5 \times 10^{-2}$ de ser ultrapassado no sentido desfavorável e foi adotado como resistência de referência. Ele não é muito diferente do antigo conceito de resistência mínima, $\sigma_r = 0,75\sigma_{c,28}$, adotado na formulação inicial do método de cálculo em regime de ruptura. De fato, para concretos com coeficiente de variação da resistência da ordem de δ = 15%, obtém-se $f_{ck} = f_{cm}(1 - 1,645 \times 0,15) = 0,753 f_{cm}$.

De modo análogo, com coeficientes parciais de segurança γ_f = 1,4 a 1,5, as solicitações de cálculo $S_d = \gamma_f S_k$ correspondem aproximadamente a $S_d = S_{0,995}$, embora suas distribuições não sejam gaussianas. Dessa forma, admite-se que a probabilidade de na estrutura atuarem ações efetivas $S_{d,ef} > S_{0,995}$ também será de apenas $P = 5 \times 10^{-3}$.

Nessas condições, como a resistência do concreto é independente da intensidade das ações, a probabilidade de ruína das estruturas de concreto será apenas da ordem de $P_{ruína} = (5 \times 10^{-3}) \cdot (5 \times 10^{-3}) \approx 2 \times 10^{-5}$, ou seja, duas ruínas em cada 100.000 construções, que é um valor aceito pelas sociedades humanas sem maiores discussões.

Embora na aplicação prática do método de estados limites um estado último seja definido pela condição $(R = R_d \cap S = S_d)$, na verdade a ruína pode ocorrer com muitas outras combinações de esforços resistentes e esforços solicitantes.

A Figura 4.11 apresenta um croqui explicativo dessa condição generalizada de ruína, que mostra que não existe estrutura absolutamente segura, pois sempre haverá uma certa probabilidade de ruína. Para qualquer valor S da solicitação, sempre haverá a possibilidade de ocorrer uma resistência $R_{efetiva} < S$, e para qualquer valor da resistência R, sempre haverá a possibilidade de ocorrer $S_{efetiva} > R$. A probabilidade de ruína é dada pela integral de uma das funções de densidade de probabilidade pela função de distribuição de probabilidade da outra dessas duas funções.

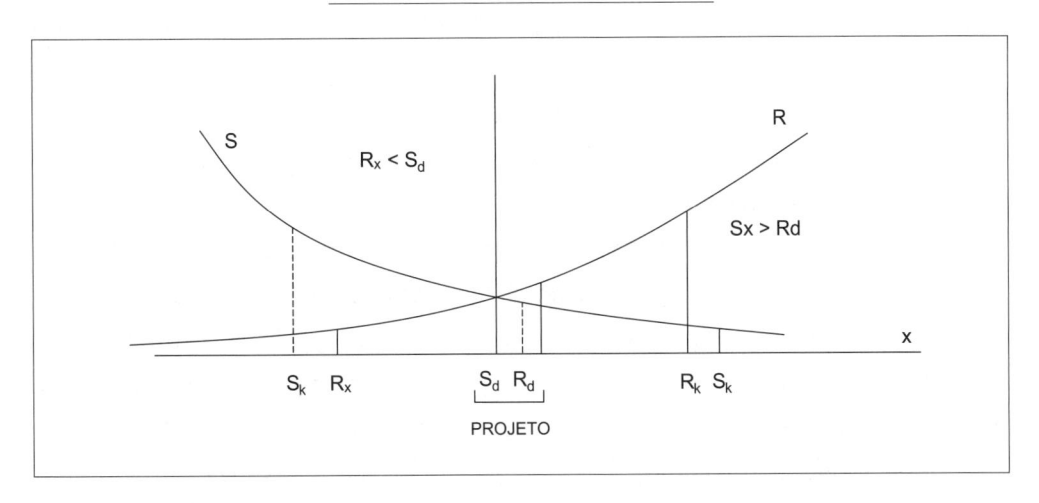

Figura 4.11 • Ocorrência geral de ruína

No início da aplicação do método, para esclarecimento desses conceitos, os coeficientes parciais de segurança γ_c e γ_f foram considerados como compostos por seus próprios coeficientes parciais de segurança. Assim, para determinar as solicitações de cálculo, adotou-se a expressão $\gamma_f = \gamma_{f1} \cdot \gamma_{f2} \cdot \gamma_{f3}$, onde:

- γ_{f1} representa a efetiva variabilidade das ações;
- γ_{f2} ($\psi_0 < 1,0$) representa um fator de redução da intensidade das ações de acompanhamento de uma outra ação, considerada como a ação principal na combinação de ações considerada;
- γ_{f3} representa o possível efeito deletério de imperfeições de cálculo ou de execução da estrutura.

O coeficiente ψ_0 representa de fato um conceito probabilista de segurança. Ele exprime a ideia de que a atuação simultânea de dois tipos diferentes de ações, ambas com seus valores característicos superiores, é um evento extremamente improvável. Por isso, a ação menos importante é considerada com o valor reduzido de acompanhamento $\psi_0 F_k$.

O símbolo ψ também foi aplicado com um conceito semelhante, mas diferente na verificação dos estados limites de serviço. Os coeficientes ψ_1 e ψ_2 definem, respectivamente, as parcelas frequentes e de longa duração das cargas características a serem consideradas nessas verificações.

O desdobramento do coeficiente γ_f é essencial nas situações em que existe uma não linearidade na determinação das solicitações de cálculo, porque não é lógico ampliar os efeitos de segunda ordem na estrutura em virtude do coeficiente γ_{f3}. Nesses casos, a ação de cálculo é obtida por $F_d = \gamma_{f1} \cdot F_k$ e as solicitações de cálculo são determinadas por $S_d = \gamma_{f3} \cdot S(\gamma_{f1} \cdot F_k)$.

Posteriormente, foi sugerida uma modificação do formato desse modelo de segurança, mas essa modificação é apenas conceitual, nada mudando em relação a resultados numéricos.

De forma análoga, a variabilidade da resistência dos materiais devida a todas as causas de ocorrência é coberta pelo coeficiente parcial de segurança γ_m.

Para definir a resistência de cálculo do concreto, inicialmente foram considerados os coeficientes parciais $\gamma_c = \gamma_{c1} \cdot \gamma_{c2} \cdot \gamma_{c3}$, que estão adiante analisados. Nesse modelo, adotou-se um formato análogo ao das ações.

Desse modo, na probabilização das resistências dos materiais, tomando o concreto como exemplo, a resistência de cálculo do concreto foi expressa pela relação $f_{cd} = f_{ck}/\gamma_c$, em que o coeficiente parcial γ_c é expresso por $\gamma_c = \gamma_{c1} \cdot \gamma_{c2} \cdot \gamma_{c3}$, γ_{c1} em função de coeficientes parciais de segurança onde:

- γ_{c1} considera a variabilidade intrínseca da resistência do concreto produzido;
- γ_{c2} considera a diferença dos processos de produção da estrutura, de um lado, e dos corpos de prova, de outro;
- γ_{c3} considera outros possíveis efeitos deletérios no concreto (defeitos localizados, peneiramento pela armadura, cura defeituosa etc.).

No modelo atual das normas brasileiras, passou-se a admitir $f_{cd} = f_{ck}/(\gamma_c \cdot \gamma_{Rd})$ em que γ_c é um coeficiente parcial de segurança de natureza probabilística, e γ_{Rd} é um coeficiente parcial de segurança da natureza de um fator de correção, que cobre as incertezas do método de cálculo da resistência das peças estruturais.

Na verdade, essa modificação é apenas conceitual, nada mudando em relação a resultados numéricos.

Com ela, não mais se admitem alterações dos coeficientes parciais de segurança. Assim, nos coeficientes γ_f das ações não se admitem decomposições dos coeficientes de segurança. O coeficiente γ_{f2} passou a ser definitivamente indicado por ψ_0, sendo também entendido como um coeficiente probabilista de segurança, da mesma natureza que o coeficiente γ_f, mas independente de γ_f.

De forma análoga ao que ocorreu com os coeficientes de resistência dos materiais, o coeficiente γ_{f3} desapareceu. Ele foi substituído pelo coeficiente parcial de segurança γ_{Sd}, correspondente às incertezas do modelo de cálculo em relação às solicitações.

4.7 Resistência de cálculo do concreto

A evolução dos conhecimentos referentes à tecnologia de fabricação de estruturas de concreto levou à discussão a respeito das verdadeiras causas da variabilidade da resistência do concreto da estrutura.

No modelo atual das normas brasileiras, a resistência de cálculo do concreto é expresso pela relação $f_{cd} = f_{ck}/\gamma_c$, em que o coeficiente parcial γ_c é expresso por $\gamma_c = \gamma_{c1} \cdot \gamma_{c2} \cdot \gamma_{c3}$, em que:

- γ_{c1} considera a variabilidade intrínseca da resistência do concreto produzido;
- γ_{c2} considera a diferença dos processos de produção da estrutura, de um lado, e dos corpos de prova, de outro;
- γ_{c3} considera outros possíveis efeitos deletérios no concreto (defeitos localizados, peneiramento pela armadura, cura defeituosa etc.).

Com o novo modelo, passou-se a admitir $f_{cd} = f_{ck}/(\gamma_c \cdot \gamma_{Rd})$, em que γ_c é um coeficiente parcial de segurança de natureza probabilística, e γ_{Rd} é um coeficiente parcial de segurança da natureza de um fator de correção, que cobre as incertezas do método de cálculo da resistência das peças estruturais.

Na verdade, essa modificação é apenas conceitual, nada mudando em relação a resultados numéricos.

Com ela, não mais se admitem alterações dos coeficientes parciais de segurança. Assim, o coeficiente γ_f das ações não admite subcoeficientes de segurança. O coeficiente γ_{f2} passou a ser definitivamente indicado por ψ_0, sendo também entendido como um coeficiente probabilístico de segurança, da mesma natureza que o coeficiente γ_f, mas independente de γ_f.

De forma análoga ao que ocorreu com os coeficientes de resistência dos materiais, o coeficiente γ_{f3} desapareceu. Ele foi substituído pelo coeficiente parcial de segurança γ_{Sd}, correspondente às incertezas do modelo de cálculo em relação às solicitações.

4.8 Resistência de cálculo de longa duração

As incertezas a respeito da determinação experimental da resistência do concreto sempre existiram.

Dessa maneira, desde os ensaios clássicos de Ary Torres, já era conhecido o aumento da resistência do concreto com o tempo. Os ensaios de Jaegher (1941) mostraram a influência da relação altura/diâmetro dos corpos de prova cilíndricos no valor medido da resistência do concreto, concluindo que a efetiva resistência com corpos de prova com 15 cm de diâmetro seria de apenas 95% do valor medido com corpos de prova com 30 cm de altura.

As pesquisas de Rüsch (1960) confirmaram esses resultados e mostraram que se pode esperar um acréscimo de resistência do concreto ao longo do tempo, em média de 20% em um ano. Além disso, um dos aspectos mais importantes dessas investigações foi a consideração da redução da resistência do concreto, com o tempo de permanência na estrutura das cargas de longa duração, como se mostra na Figura 4.12 construída com os dados originais de Rüsch.

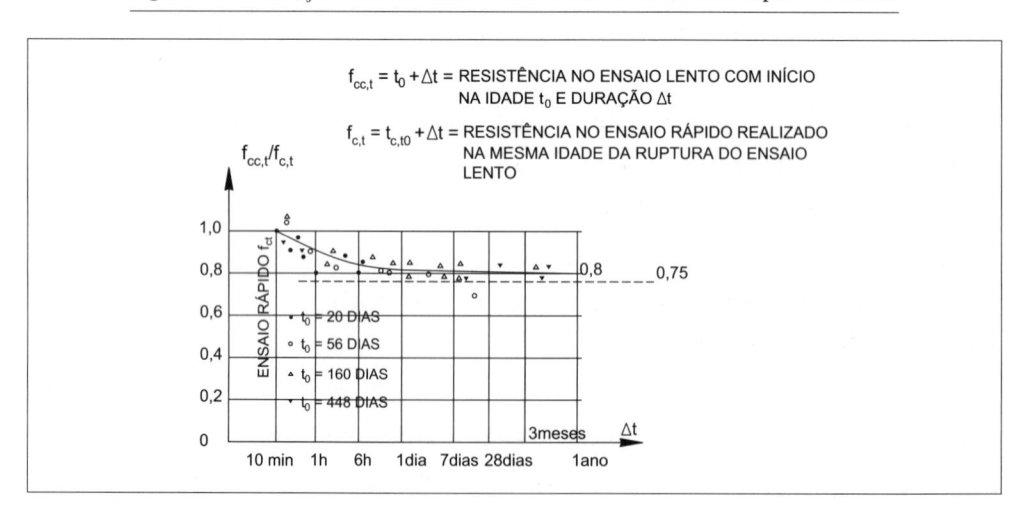

Figura 4.12 • Relação entre as resistências obtidas em ensaios rápidos e lentos

De acordo com a teoria geral da flexão elaborada por Rüsch, a resistência de cálculo de longa duração do concreto passou a ser determinada com o valor:

$$f_{cd,\,ef,\,estrutura} = f_{1cd} = k_{mod}\frac{f_{ck.corpos\,de\,prova}}{\gamma_c},$$

em que o coeficiente k_{mod} = 0,85 tem a função de um coeficiente empírico de correção global dos resultados experimentais obtidos.

O coeficiente de modificação k_{mod} = 0,85 não é outro coeficiente parcial de segurança. Ele não tem uma conceituação probabilista. Ele é apenas um coeficiente empírico adotado por Rüsch para a correção do modelo de cálculo, em virtude das incertezas existentes no comportamento isolado de diferentes variáveis consideradas em suas experiências, mas que não fazem parte da teoria geral de flexão que determina a resistência da zona comprimida das seções transversais das peças fletidas em flexão simples ou composta.

Para a justificativa do valor 0,85, foram considerados os valores médios isolados de diferentes fenômenos envolvidos na determinação experimental da resistência do concreto na compressão, tendo sido obtido o valor

$$k_{mod} = k_{mod,1} \cdot k_{mod,2} \cdot k_{mod,3} = 0{,}95 \cdot 1{,}2 \cdot 0{,}75 = 0{,}85,$$

onde:

- $k_{mod,1}$ = considera a influência das dimensões do corpo de prova, da granulometria dos agregados empregados e da rigidez dos pratos de apoio das prensas de ensaio;
- $k_{mod,2}$ = considera o crescimento da resistência do concreto após o seu endurecimento, como dependente da composição química e da finura do cimento, dos agregados e aditivos empregados, das condições de adensamento e das condições de temperatura e umidade da cura realizada;
- $k_{mod,3}$ = considera a perda de resistência com a duração do carregamento, com o tipo de cimento empregado, a idade do concreto no instante do carregamento e pelo tipo de carregamento, se rápido ou de longa duração.

Como a resistência de cálculo do concreto é indicada por $f_{cd} = f_{ck}/\gamma_c$, a introdução do coeficiente de modificação 0,85 leva à criação do conceito convencional de tensão resistente de cálculo do concreto comprimido $f_{1cd} = 0{,}85\,f_{ck}/\gamma_c$, empregada na verificação da segurança em relação aos estados limites últimos decorrentes da compressão do concreto. Para completar a teoria, foi ainda preciso definir o estado limite último convencional de ruptura do concreto comprimido, que está apresentado no Capítulo 8, no qual se analisa a teoria geral da flexão do concreto.

Exercícios

1) Explicar os conceitos básicos de probabilidade.
2) Descrever a construção de um histograma.
3) A partir do histograma, definir as funções de probabilidade e de densidade de probabilidade. Exemplificar.
4) Descrever as propriedades básicas da distribuição normal.
5) Descrever a aplicação básica da distribuição binomial.
6) Explicar o conceito de tempo médio de retorno. Exemplificar.
7) Definir valores característicos e valores últimos.
8) Descrever o esquema global de coeficiente de segurança.
9) O que são coeficientes de modificação?
10) Como se processa a integração de coeficientes de segurança com coeficientes de modificação?

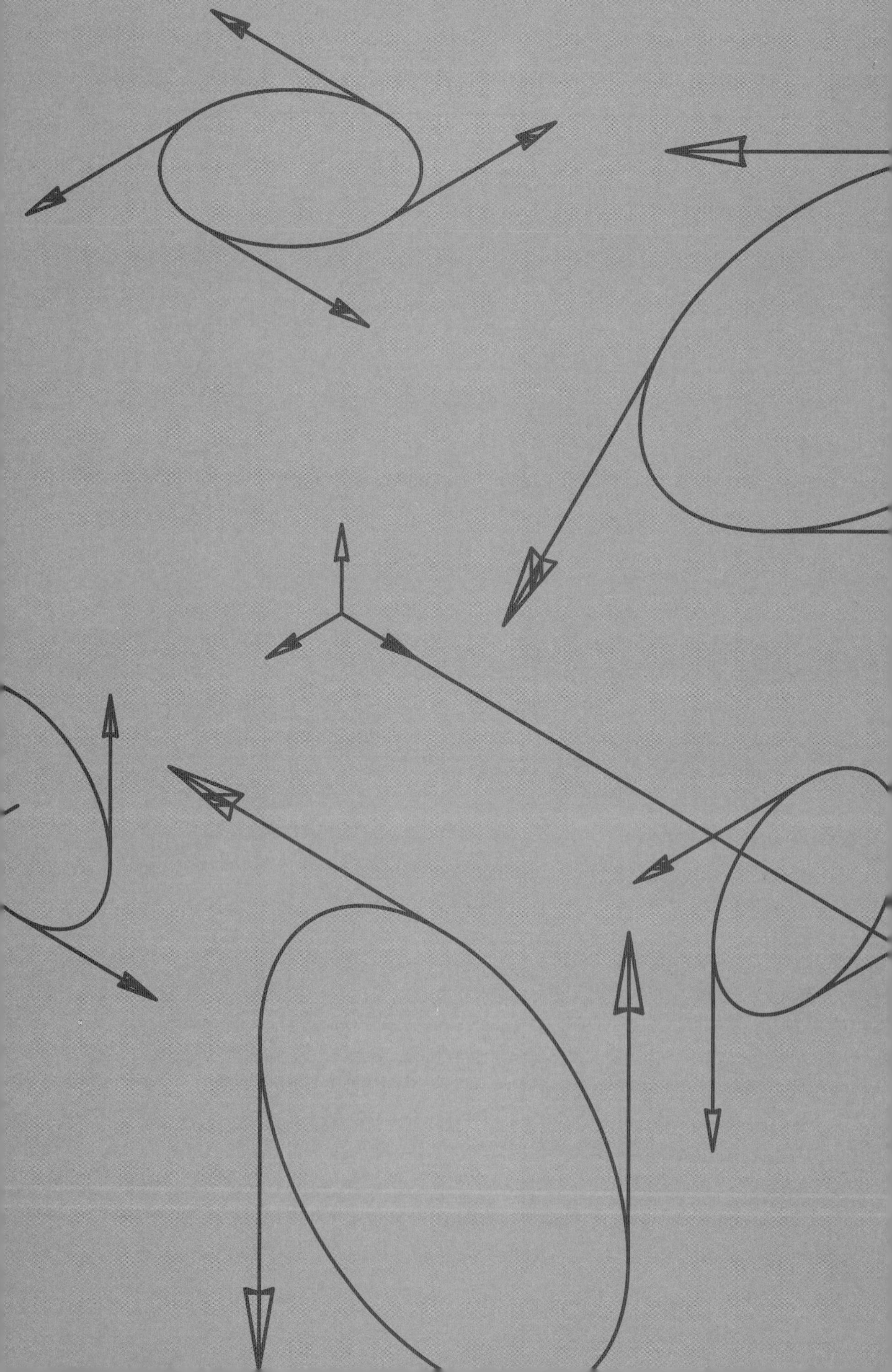

CAPÍTULO 5

INTRODUÇÃO À ANÁLISE ESTRUTURAL

5.1 As variáveis que definem os comportamentos estruturais

O estudo dos fenômenos que ocorrem com os sistemas materiais tem por interesse essencial determinar as relações existentes entre as ações externas que neles atuam e os efeitos que podem ocorrer, tendo em vista a interpretação e a utilização que desses fenômenos possam ser feitas.

Para essa finalidade, os sistemas precisam ser descritos por meio de grandezas geométricas e físicas que permitam descrever sua constituição e quantificar suas propriedades e funções. De modo geral, os comportamentos dos sistemas materiais são descritos pelas relações entre as ações externas atuantes e os efeitos internos por elas provocados.

As grandezas que descrevem os fenômenos são consideradas como variáveis do fenômeno, as quais definem as interações do sistema com o meio externo. As variáveis que descrevem grandezas internas do sistema medem o que se entende por *efeitos no sistema*. As variáveis que medem grandezas externas medem o que se entende por ações *sobre o sistema*. O estado do sistema é definido por meio de suas variáveis de estado.

As grandezas internas de interesse S_i, cujas modificações podem ocorrer sem a intervenção obrigatória de causas externas ao próprio sistema, definem propriedades materiais, entendidas como parâmetros do sistema, que podem variar em função do tempo $S_i(t)$, ou ao longo das possíveis posições dos locais de sua determinação $S_i(x)$, caracterizadas em um sistema geométrico de referência.

Quando as variações das grandezas internas de interesse $S_i(t,x)$ ao longo do tempo ocorrem pela ação de causas F_j externas ao próprio sistema, as quais também podem variar ao longo do tempo $F_j(t)$ ou ao longo do espaço $F_j(x)$, as relações que ligam as grandezas S_i às grandezas F_j determinam os possíveis comportamentos do sistema considerado. O comportamento será linear quando os efeitos produzidos forem obtidos como combinações lineares das causas aplicadas.

Os comportamentos dos sistemas materiais podem ser conhecidos por meio de gráficos, tabelas ou equações representando as interações existentes entre as variáveis internas e externas envolvidas no fenômeno estudado.

Em princípio, o verdadeiro comportamento dos sistemas materiais é definido a partir de equações diferenciais, pois elas descrevem os fenômenos com exatidão, considerando a variação dos efeitos em função da variação de suas causas, embora, em muitos casos, o comportamento possa ser descrito de modo elementar por uma simples equação algébrica.

Todavia, essas expressões algébricas são empíricas ou resultantes da integração de equações diferenciais, que de fato descrevem a média dos fenômenos em consideração, uma vez que todas as variáveis de estado são variáveis aleatórias, ou seja, variáveis que a cada valor corresponde a dada probabilidade de ocorrência.

Para a análise dos efeitos de cargas externas sobre dada estrutura, sua configuração deve ser conhecida em um sistema geométrico de referência.

Assim, conhecer o movimento de um sistema material significa saber localizá-lo em cada instante em relação a determinado sistema de referência.

Na descrição de deformações das estruturas, em princípio podem ser empregados dois tipos distintos de sistemas de coordenadas: coordenadas discretas ou coordenadas generalizadas.

Com um sistema de coordenadas discretas, a configuração e o movimento das estruturas formadas por barras são definidos por meio das coordenadas de um conjunto de pontos, chamados nós, localizados ao longo de suas peças componentes ou em seus cruzamentos.

Os sistemas de coordenadas generalizadas são formados por conjuntos de funções que podem representar diferentes configurações individuais dos elementos que compõem a estrutura. Os movimentos das estruturas são então determinados pela superposição dos movimentos descritos pelas diferentes componentes de um conjunto de funções coordenadas.

5.2 Análise de estruturas isostáticas

Como visto no Capítulo 1, o objetivo final da análise estrutural é o dimensionamento de todas as peças que compõem uma estrutura. Para essa finalidade, é preciso determinar os esforços solicitantes que atuam em todas as seções transversais das peças da estrutura e calcular os deslocamentos dos pontos significativos delas. Para ilustrar esse raciocínio, será analisada a estrutura da Figura 5.1.

Figura 5.1

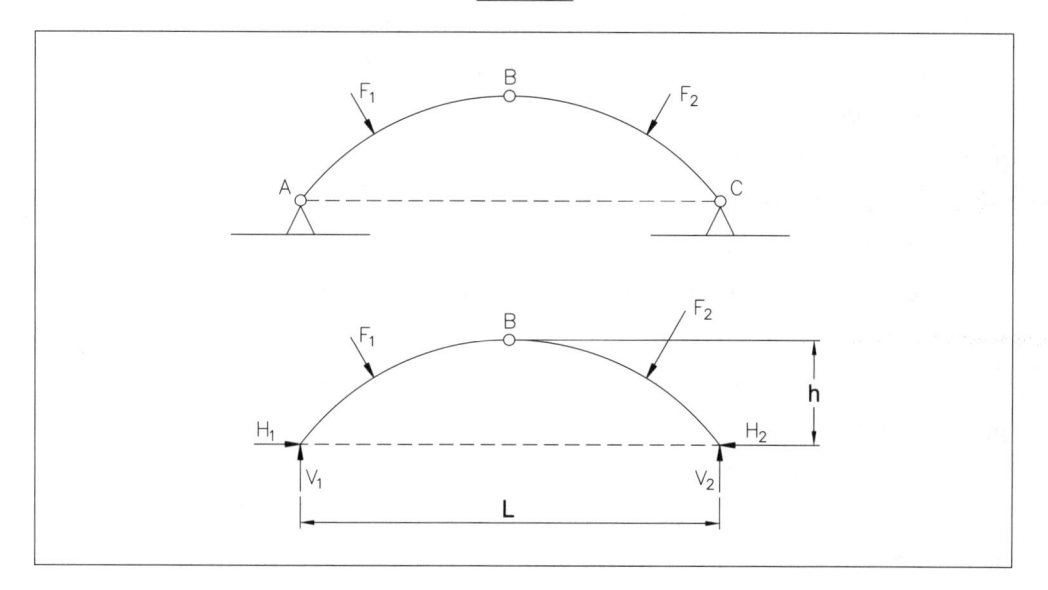

A figura mostra um arco triarticulado submetido a um carregamento externo genérico. Esse sistema estrutural plano está vinculado a uma infraestrutura rígida por meio de 2 articulações fixas A e C. Ignorando-se a existência da articulação B, essa estrutura passaria a ser um arco biarticulado, cujo equilíbrio estaria garantido pelas 4 reações externas V_1, H_1, V_2, H_2 e, como um corpo rígido no plano tem apenas 3 graus de liberdade, essa estrutura teria sido transformada em uma estrutura hiperestática, com uma única incógnita hiperestática.

Desse modo, é a presença da articulação B que elimina o vínculo interno de rotação entre as duas faces das seções transversais contíguas ligadas por essa articulação, a qual transforma o arco hiperestático biarticulado em uma estrutura isostática, cujos esforços podem ser determinados simplesmente pela aplicação das três equações de equilíbrio no plano.

Desse modo, verifica-se que para a análise do equilíbrio de uma estrutura a presença de uma incógnita externa superabundante pode ser compensada pela eliminação de um vínculo interno na estrutura, o que retira a característica de corpo rígido. A estrutura passa a funcionar como o conjunto de duas partes rígidas ligadas por uma articulação que permite que essa ligação seja feita apenas por duas forças vinculares e não por três vínculos, como ocorre entre duas quaisquer seções transversais da estrutura.

5.3 Representação vetorial de ações e movimentos

De modo geral, o estudo dos movimentos dos corpos é mais facilmente realizado com a notação vetorial do que com a notação algébrica.

Um *vetor polar* define uma direção no espaço por meio de uma reta que passa por um ponto (polo) e determina um sentido que é por ele definido. Todas as retas paralelas têm a mesma direção.

Um *vetor axial* define uma "jazedura" (direção de planos) por meio de um eixo que é perpendicular aos planos dessa jazedura, e neles determina um sentido de rotação. Todos os planos paralelos têm a mesma jazedura.

Um vetor polar pode ser entendido como um símbolo matemático que representa um elemento geométrico ou físico, com intensidade, direção e sentido, como o deslocamento de um ponto, ou uma força aplicada a um ponto material.

Os vetores polares podem ser livremente deslocados ao longo de sua reta de ação, mantendo sua direção e sentido. De maneira análoga, as forças podem ser deslocadas livremente ao longo de sua reta de ação.

No desenho (I) da Figura 5.2, mostra-se uma haste retilínea sujeita a uma força axial de tração, representada por um vetor polar $\vec{F}$, que pode ser imaginada como sendo deslocada em sua própria direção ao longo de seu comprimento, sem qualquer alteração até ser equilibrada na base de apoio por uma força igual e contrária aí aplicada.

No desenho (II) dessa mesma figura, mostra-se que a força $\vec{F}$, aplicada com excentricidade a em relação ao eixo da haste, cria um momento de força relacionado ao eixo da haste de sustentação. Se essa força for deslocada transversalmente até o plano que contém o eixo da haste, para que seus efeitos não se alterem, é preciso acrescentar um binário de momento igual ao "momento de força" $\vec{M}$, que a força $\vec{F}$, em sua posição original, aplicava aos pontos do eixo da haste.

A soma e o produto escalar de vetores polares contidos em um mesmo plano podem ser realizados com as regras usuais do cálculo vetorial, e seus resultados são sempre comutativos.

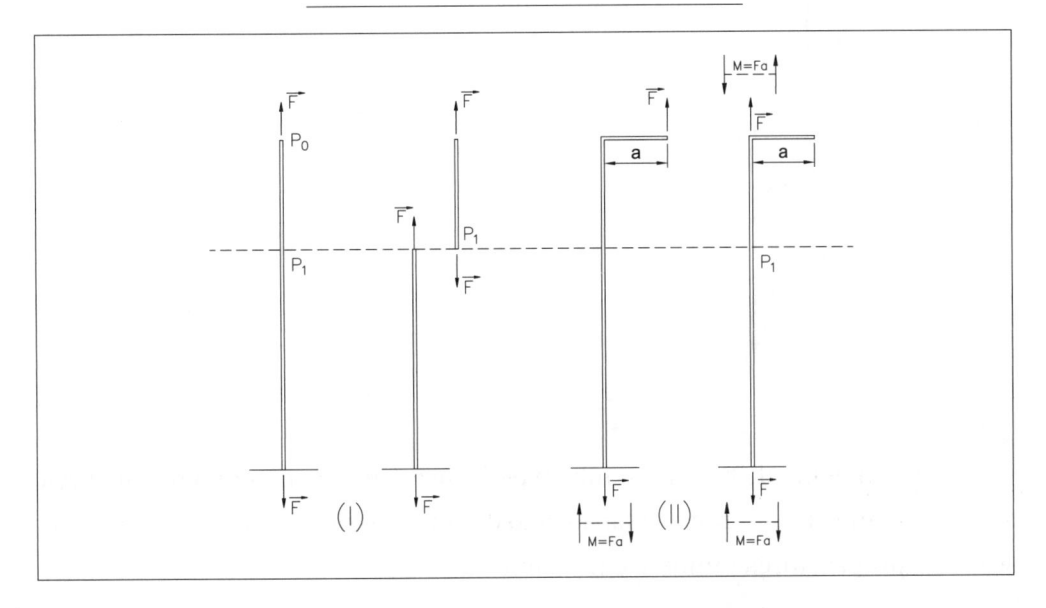

Figura 5.2 • Transmissão de vetores polares

Um vetor axial pode ser entendido como um símbolo matemático que pode representar um elemento geométrico ou físico, tal como uma rotação ou um binário.

Por simplicidade, quando for conveniente, um binário pode ser substituído intuitivamente por um "momento de força", que se transmite por flexão ao longo de uma haste, como mostrado na Figura 5.2, ou por um "momento de torque", que se transmite por torção ao longo da haste a que está aplicado.

O elemento físico representado por um vetor axial age com intensidade e sentido de rotação no plano de sua jazedura, que é perpendicular a esse mesmo vetor.

Um momento de torque pode decorrer de um "binário" formado por duas forças que se deslocam girando em torno do ponto médio equidistante entre elas (Figura 5.3). Os vetores axiais podem ser deslocados livremente ao longo de sua reta de ação, a qual passa por seu ponto de atuação. Dessa maneira, "binário de torque" transmite-se por torção ao longo do eixo de sua haste de ação, que é perpendicular a seu plano de ação.

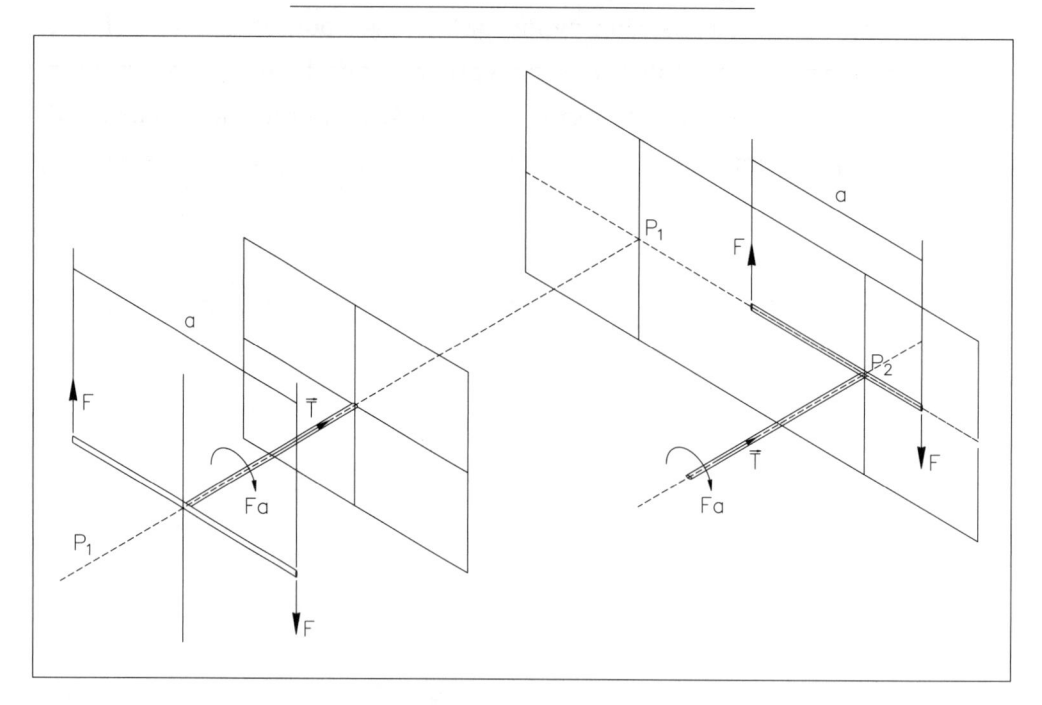

Figura 5.3 • Transmissão de binários de torque

Um "momento de torque" também pode decorrer de um momento de força que age em uma haste transversal ao eixo de transmissão (Figura 5.4), mas nesse caso a própria força também é transmitida.

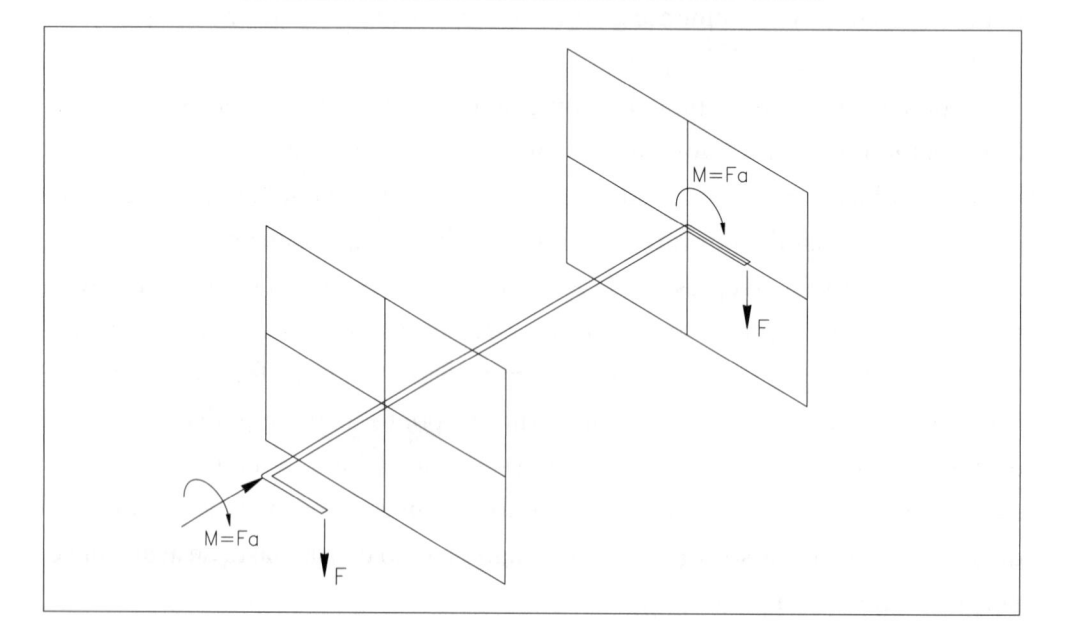

Figura 5.4 • Transmissão de momentos de força por torção

Se o vetor axial representar um binário de torque, aplicado fisicamente por um binário de torção (Figura 5.3), esse binário, além de se transmitir ao longo de seu eixo de ação, também poderá ser deslocado livremente ao longo de seu próprio plano de ação, porque o momento do binário é constante ao longo desse plano. Note-se que essa liberdade não existe para momentos de torção aplicados por meio de momentos de força em hastes transversais ao eixo de transmissão da torção, como mostrado na Figura 5.4.

Na Figura 5.5 mostra-se que o equilíbrio de momentos, agindo em diferentes planos de uma mesma jazedura, pode ocorrer sem problemas, desde que haja um elemento material que os ligue. Observe-se que essa liberdade de equilíbrio recíproco é tal que um binário de torção em uma haste pode ser equilibrado por um momento de flexão em uma haste adjacente e vice-versa.

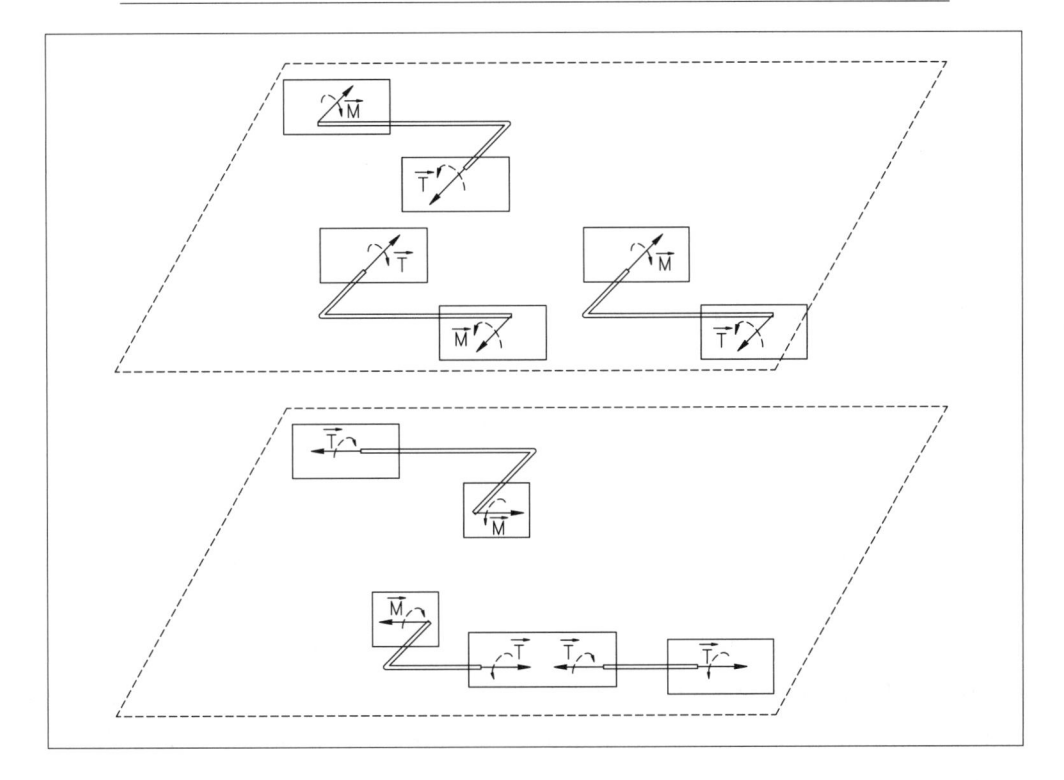

Figura 5.5 • Equilíbrio de binários em planos diferentes mas com a mesma jazedura

Em qualquer caso, deve-se salientar que os esforços mecânicos somente podem ser transmitidos entre pontos materialmente ligados entre si. No caso de existirem efeitos eletromagnéticos, essa ligação mecânica é substituída pela existência de um campo de forças.

Como os momentos de força e os momentos de binário possuem intensidades correspondentes a duas dimensões diferentes, essas dimensões podem ser arbitrariamente mudadas, desde que seu produto seja mantido. Desse modo, a soma das componentes de vetores axiais representando momentos pode ser realizada, como se elas fossem representadas por pares de vetores polares, desde que todos eles estejam aplicados no mesmo ponto (Figura 5.6).

Figura 5.6

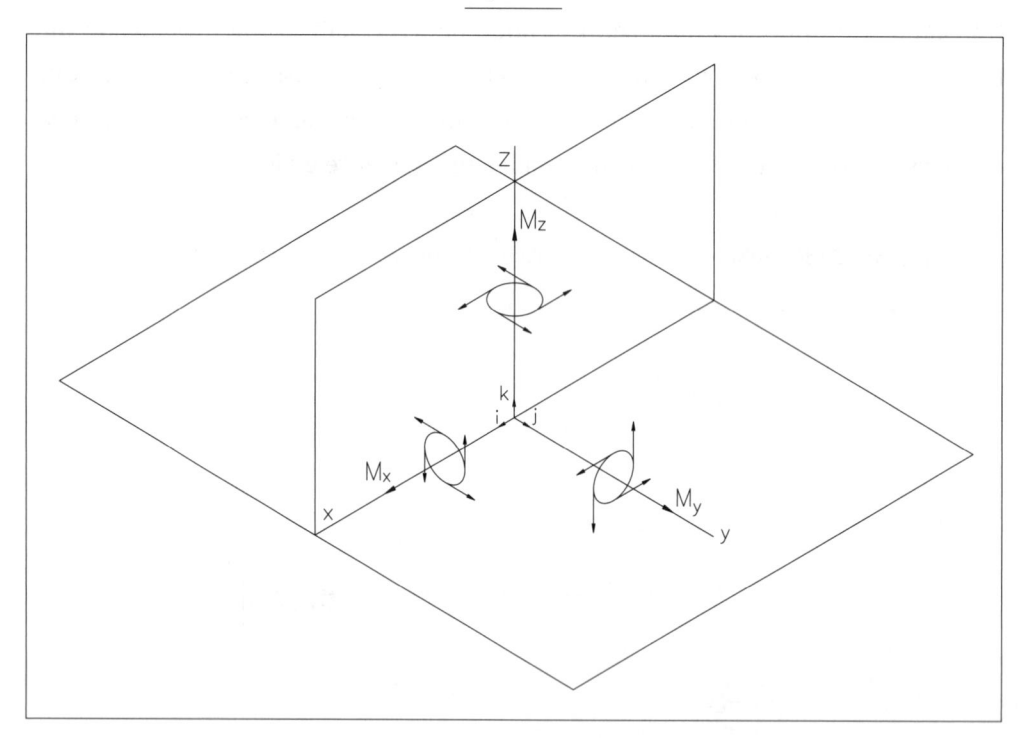

5.4 Produtos de vetores

Nas aplicações do cálculo vetorial, empregam-se dois tipos de produto de vetores: os produtos escalares e os produtos vetoriais. Considere-se então um espaço tridimensional de vetores, no qual se adota um sistema de referência cartesiano triortogonal.

a) Produto escalar
O produto escalar de dois vetores $\vec{a}$ e $\vec{b}$ é um número real determinado por $\vec{a} \cdot \vec{b} = |\vec{a}| \cdot |\vec{b}| \cos \alpha$, em que $\alpha < \pi$ é o ângulo formado entre eles.

A interpretação geométrica do produto escalar é dada pela projeção de um dos vetores sobre o outro vetor.

O produto escalar é comutativo e distributivo em relação à soma.

Desse modo, têm-se $\vec{i} \cdot \vec{i} = \vec{j} \cdot \vec{j} = \vec{k} \cdot \vec{k} = 1$ e $\vec{i} \cdot \vec{j} = \vec{j} \cdot \vec{k} = \vec{k} \cdot \vec{i} = 0$.

Dados 2 vetores $\vec{a} = a_x\vec{i} + a_y\vec{j} + a_z\vec{k}$ e $\vec{b} = b_x\vec{i} + b_y\vec{j} + b_z\vec{k}$, o produto escalar, calculado termo a termo, é dado por $\vec{a} \times \vec{b} = a_xb_x + a_yb_y + a_zb_z$.

b) Produto vetorial

O produto vetorial de 2 vetores $\vec{x}$ e $\vec{y}$ é um outro vetor, indicado por $\vec{x} \times \vec{y}$, cujo módulo é determinado por $\vec{x} \times \vec{y} = |\vec{x}||\vec{y}|\,\text{sen}\,\alpha$, em que $\alpha < \pi$ é o ângulo formado entre eles.

A representação geométrica do produto vetorial é dada por um outro vetor, cuja direção é perpendicular ao plano definido pelos vetores $\vec{x}$ e $\vec{y}$, e cujo sentido é dado pela rotação do vetor $\vec{x}$ até se colocar sobre a direção do vetor $\vec{y}$.

A regra da mão direita é definida com os versores $\vec{i}, \vec{j}, \vec{k}$ do sistema de referência por meio das seguintes regras: $\vec{i} \times \vec{j} = \vec{k}, \vec{j} \times \vec{k} = \vec{i}, \vec{k} \times \vec{i} = \vec{j}, \vec{i} \times \vec{k} = \vec{j}$, e $\vec{i} \times \vec{j} = -\vec{j} \times \vec{i}$, isto é, a comutação dos vetores inverte o sinal do produto, invertendo o sentido do vetor produto.

A interpretação geométrica da intensidade do vetor obtido pelo produto vetorial consiste no dobro da área do triângulo formado pelos 2 vetores, ou seja, representa a área do paralelogramo que pode ser formado com os dois vetores dados.

O produto vetorial é distributivo em relação à soma, mas não é comutativo, mudando de sinal pela comutação dos vetores, sendo nulo o produto vetorial de vetores paralelos entre si. Desse modo, têm-se: $\vec{i} \times \vec{i} = \vec{j} \times \vec{j} = \vec{k} \times \vec{k} = 0$.

Dados 2 vetores $\vec{a} = a_x\vec{i} + a_y\vec{j} + a_z\vec{k}$ e $\vec{b} = b_x\vec{i} + b_y\vec{j} + b_z\vec{k}$, o produto vetorial é dado por $\vec{a} \times \vec{b} = (a_x\vec{i} + a_y\vec{j} + a_z\vec{k}) \times (b_x\vec{i} + b_y\vec{j} + b_z\vec{k})$.

Realizando termo a termo os produtos vetoriais particulares dessa expressão, obtém-se o resultado: $\vec{a} \times \vec{b} = (a_yb_z - a_zb_y)\vec{i} + (a_zb_x - a_xb_z)\vec{j} + (a_xb_y - a_yb_x)\vec{k}$ que pode ser posto sob a forma matricial

$$\vec{a} \times \vec{b} = \begin{vmatrix} \vec{i} & \vec{j} & \vec{k} \\ a_x & a_y & a_z \\ b_x & b_y & b_z \end{vmatrix}.$$

c) Triplo produto vetorial

Considere-se agora o produto vetorial misto $(\vec{a} \times \vec{b}) \cdot \vec{c}$, em que o produto vetorial $\vec{a} \times \vec{b}$ é dado por

$$\vec{a} \times \vec{b} = \begin{vmatrix} \vec{i} & \vec{j} & \vec{k} \\ a_x & a_y & a_z \\ b_x & b_y & b_z \end{vmatrix}.$$

Formando o triplo produto, por meio do produto escalar do produto vetorial pelo vetor $\vec{c} = c_x\vec{i} + c_y\vec{j} + c_z\vec{k}$, tem-se

$$[(a_y b_z - a_z b_y)\vec{i} + (a_z b_x - a_x b_z)\vec{j} + (a_x b_y - a_y b_x)\vec{k}] \cdot [c_x\vec{i} + c_y\vec{j} + c_z\vec{k}].$$

De acordo com a regra do produto escalar de dois vetores, tem-se
$$(\vec{a} \times \vec{b}) \cdot \vec{c} = (\vec{a} \times \vec{b})_x \cdot c_x + (\vec{a} \times \vec{b})_y \cdot c_y + (\vec{a} \times \vec{b})_z \cdot c_z,$$
em que:
$(\vec{a} \times \vec{b})_x = (a_y b_z - a_z b_y)$, $(\vec{a} \times \vec{b})_y = (a_z b_x - a_x b_z)$ e $(\vec{a} \times \vec{b})_z = (a_x b_y - a_y b_x)$, o que mostra que o triplo produto misto pode ser calculado pela matriz empregada para o cálculo do produto vetorial de dois vetores, substituindo-se os versores $\vec{i}, \vec{j}, \vec{k}$ pelos respectivos componentes c_x, c_y, c_z.

Dessa maneira, resulta

$$(\vec{a} \times \vec{b}) \cdot \vec{c} = \begin{vmatrix} c_x & c_y & c_z \\ a_x & a_y & a_z \\ b_x & b_y & b_z \end{vmatrix},$$

e como a permuta de uma fila da matriz com uma fila vizinha troca o sinal da matriz, passando-se a primeira linha para a terceira linha e vice-versa, troca-se de sinal duas vezes, podendo escrever-se

$$(\vec{a} \times \vec{b}) \cdot \vec{c} = \begin{vmatrix} a_x & a_y & a_z \\ b_x & b_y & b_z \\ c_x & c_y & c_z \end{vmatrix}.$$

5.5 Momento de transporte de força

Um momento de força pode ser interpretado como decorrente do transporte de uma força de um ponto a outro. Como o ponto inicial está sobre o eixo do vetor, o vetor e o ponto de destino definem um plano (Figura 5.7). No ponto de origem atua apenas uma força. No ponto de destino age uma força equipolente à força que agia no ponto de origem, mais um momento de força cujo vetor momento é perpendicular ao plano do transporte do vetor.

De acordo com a Figura 5.7, o momento da força $\vec{F}$ aplicada ao ponto $P_0(x_0\vec{i} + y_0\vec{j})$ em relação ao ponto $P_1(x\vec{i}, y\vec{j})$ pode ser representado pelo produto vetorial $\vec{M} = \vec{F} \times \vec{u}$ do vetor $\vec{F}$ pelo vetor $\vec{u}$ que representa o deslocamento a ser obtido.

O módulo do vetor momento é dado por $|\vec{M}| = |\vec{F}| \cdot |\vec{u}|$ senα, ou seja, $|\vec{M}| = |\vec{F}| \cdot |\vec{d}|$, em que $|\vec{d}|$ é a componente da distância $|\vec{u}|$ entre os pontos P_0 e P_1, medida na direção perpendicular à linha de ação da força $\vec{F}$.

Conclui-se, dessa forma, que o transporte de uma força corresponde ao aparecimento de um momento de força $\vec{M}$, cuja expressão é dada pelo produto vetorial $\vec{M} = \vec{F} \times \vec{u}$. Note-se que, para a Figura 5.7, o vetor $\vec{M}$ tem a direção de $-O\vec{z}$.

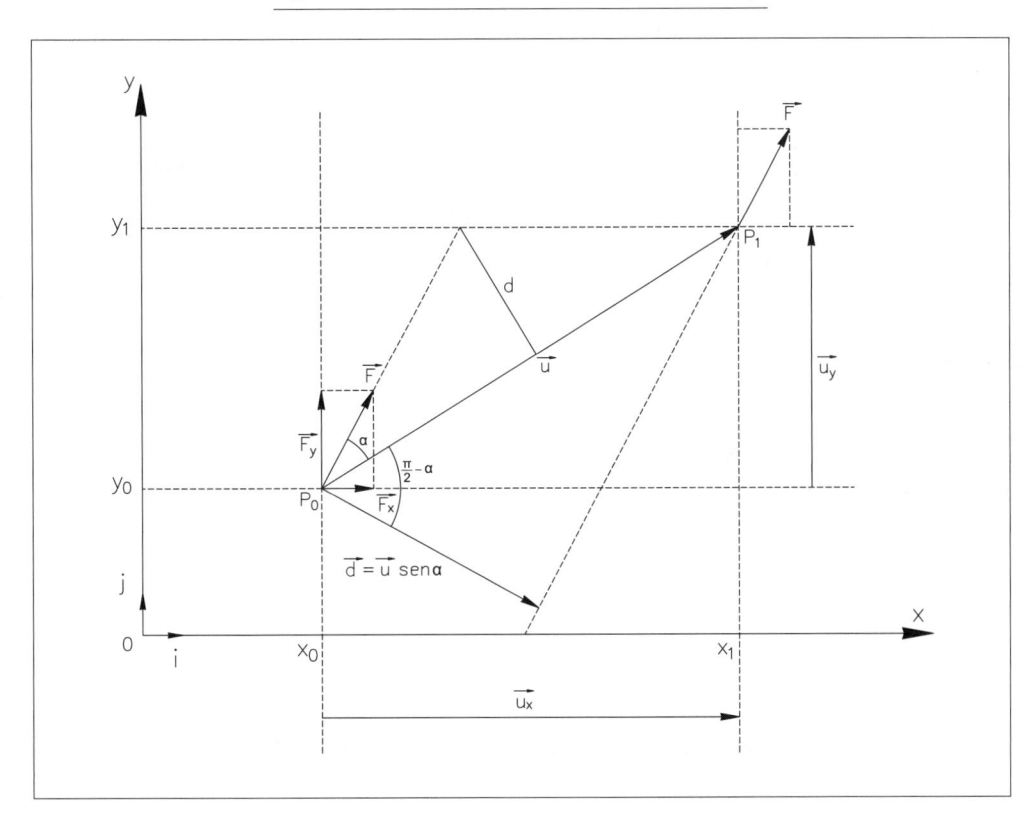

Figura 5.7 • Momento de transporte de uma força

No exemplo da figura anterior, com as convenções usuais de sinais, resulta

$$\vec{M} = (F_x\vec{i} + F_y\vec{j}) \times [u_x\vec{i} + u_y\vec{j}] = F_x u_y \vec{k} - F_y u_x \vec{k} = (F_x u_y - F_y u_x)\vec{k}.$$

Nas aplicações, basta a localização dos pontos inicial P_0 e final P_1 da força para a determinação do vetor $\vec{u}$, pela expressão

$$\vec{u} = \overrightarrow{P_0 P_1} = (P_1 - P_0) = (x_1 - x_0)\vec{i} + (y_1 - y_0)\vec{j}.$$

Note-se que o vetor de transporte $\vec{u}$ é sempre considerado com sua origem coincidente com a origem do vetor transportado.

Desse modo (Figura 5.7), se o transporte fosse ao contrário, isto é, se a força $\vec{F}$ estivesse situada no ponto P_1, devendo ser transportada para o ponto P_0, o momento de transporte seria dado por $\vec{M}_{\overrightarrow{P_0P_1}} = \vec{F} \times (-\vec{u})$.

É importante lembrar que o produto vetorial $\vec{V}_1 \times \vec{V}_2 = \vec{V}_3$, em que os três vetores tem a mesma origem O, localiza o vetor produto ($\vec{V}_3$), cuja direção é perpendicular ao plano que pode ser visualizado pelo giro do vetor $\vec{V}_1$ até se colocar na posição de $\vec{V}_2$, e tem o sentido dado pela regra da mão direita.

Observe-se que a força $\vec{F}$, que exercia sua ação em certo ponto P_0, passou a agir em outro ponto P_1, acrescentando um binário que anula a força que agia em P_0 e cria a força que passa a agir em P_1.

Todavia, como o momento do binário é constante em relação a todos os pontos de seu plano de ação, não existe uma posição obrigatória para a posição do vetor momento $\vec{M}$, que também pode ser considerado como aplicado ao ponto de origem da força $\vec{F}$, *deslocando-a* para seu ponto de destino, que em casos do mundo físico exige que os dois pontos considerados estejam materialmente ligados entre si.

No caso de situações tridimensionais, as expressões anteriores podem ser generalizadas, sendo:

$$\vec{F} = F_x\vec{i} + F_y\vec{j} + F_z\vec{k} \quad \text{e} \quad \vec{u} = u_x\vec{i} + u_y\vec{j} + u_z\vec{k}$$

$$\vec{u} = \overrightarrow{P_0P_1} = (P_1 - P_0) = (x_1 - x_0)\vec{i} + (y_1 - y_0)\vec{j} + (z_1 - z_0)\vec{k},$$

obtendo-se $\vec{M} = \vec{F} \times \vec{u} = \begin{pmatrix} \vec{i} & \vec{j} & \vec{k} \\ F_x & F_y & F_z \\ u_x & u_y & u_z \end{pmatrix}$.

Em resumo, o transporte de uma força $\vec{F}$ em um deslocamento definido pelo vetor $\vec{u}$ pode ser representado pelo produto vetorial $\vec{M} = \vec{F} \times \vec{u}$.

5.6 Análise de estruturas hiperestáticas

Tendo em vista o uso generalizado da informática, a análise estrutural passou a ser feita quase exclusivamente por meio de processamentos numéricos, com o emprego de programas especiais de computação.

No caso de estruturas usuais, como edifícios, pontes e viadutos, cujas estruturas são compostas essencialmente por peças estruturais constituídas por barras, a análise estrutural é realizada com procedimentos matriciais empregando-se o método de deslocamentos, no qual as incógnitas são constituídas pelos deslocamentos dos nós da estrutura, formados pelos cruzamentos de suas diferentes barras, empregando-se programas comerciais de cálculo.

Nesse item e nos seguintes, são abordados os conceitos referentes à deformabilidade e rigidez das estruturas, necessários ao entendimento global do modo como operam os programas comerciais usualmente empregados.

Com o método de cálculo de deslocamentos, ao contrário do que é feito com o método de cálculo de esforços, no qual se reduz as estruturas hiperestáticas a estruturas isostáticas fundamentais, o método dos deslocamentos bloqueia todos os nós da estrutura, acrescentando vínculos externos aos nós deslocáveis da estrutura.

Desse modo (Figura 5.8), os esforços solicitantes atuantes na estrutura, que transitoriamente fica totalmente bloqueada, são calculados de início como sendo esforços que agem em cada uma das barras perfeitamente engastadas em ambas as extremidades que compõem a estrutura.

Figura 5.8

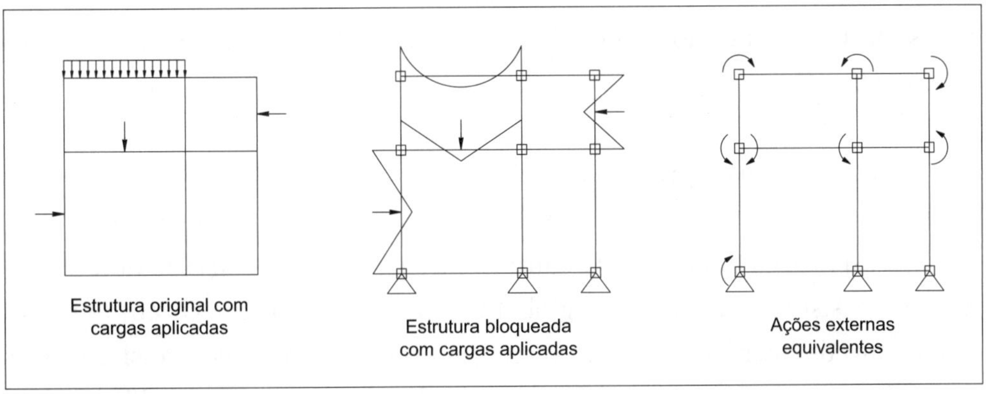

Estrutura original com cargas aplicadas

Estrutura bloqueada com cargas aplicadas

Ações externas equivalentes

Os esforços que atuam sobre os nós das extremidades das barras passam então a ser considerados como se fossem esforços externos aplicados sobre a estrutura.

Dessa maneira, o comportamento real da estrutura original passa a ser representado pela estrutura com todos os seus nós liberados dos engastamentos transitórios, permitindo-se que todos os nós possam sofrer os deslocamentos permitidos por seus efetivos graus de liberdade.

As incógnitas a serem determinadas no cálculo estrutural são os deslocamentos d_j, correspondentes aos diferentes graus de liberdade dos nós da estrutura. Isso é feito pela aplicação de deslocamentos unitários a cada um dos ($j = 1$, 2, 3, 4, 5, 6) 6 graus de liberdade de cada um dos nós da estrutura calculando-se o efeito desses deslocamentos unitários em todos os outros nós da estrutura, e superpondo-se os efeitos assim determinados.

Tendo em vista as diferentes etapas da análise numérica das estruturas compostas por barras, há a necessidade de empregar diferentes símbolos para conceitos equivalentes. Desse modo, para a identificação das variáveis estruturais, empregam-se os seguintes símbolos:

- **F**: ações externas aplicadas aos nós da estrutura.
- **S**: solicitações (esforços solicitantes) nas extremidades das barras concorrentes aos nós, no sistema global de referência, em virtude dos carregamentos existentes na estrutura.
- **N**: solicitações (esforços solicitantes) nas extremidades das barras quando consideradas isoladamente, com seus nós bloqueados e submetidas aos carregamentos da própria barra.
- **u**: deslocamentos dos nós no sistema global de referência.
- **v**: deslocamentos dos nós das barras consideradas isoladamente no sistema local.

A notação aqui empregada respeita as prescrições da NBR-7808[1] e procura seguir, no que é possível, os textos usuais referentes ao cálculo estrutural.

No espaço a 3 dimensões (Figura 5.9), as posições dos nós são determinadas em um sistema de referência global triortogonal dextrorso. Os nós têm apenas 3 graus de liberdade, ou seja, apenas graus de liberdade de translação, e os deslocamentos das seções transversais a eles ligadas têm 6 graus de liberdade, 3 de translação e 3 de rotação.

No espaço tridimensional, os corpos rígidos têm 6 graus de liberdade, sendo 3 de translação e 3 de rotação. Na análise estrutural, as seções transversais das barras são consideradas como elementos planos rígidos, isto é, com 6 graus de liberdade. Desse modo, a identificação dos deslocamentos ou dos esforços nas duas extremidades das barras é feita com 12 graus de liberdade. As barras

---

1. ABNT-NBR 7808 – Símbolos gráficos para projetos de estruturas.

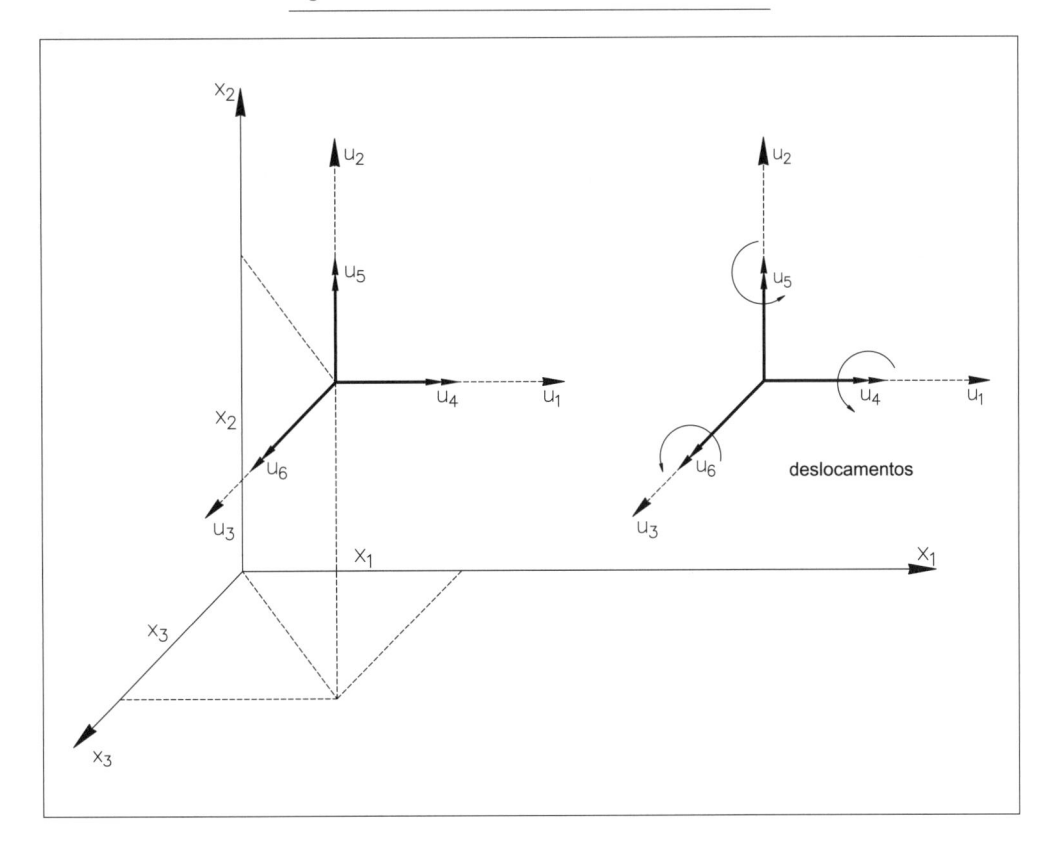

Figura 5.9 • Graus de liberdade e deslocamentos

passam a ser peças estruturais deformáveis, mas com seções transversais rígidas em seus próprios planos.

Na representação dos graus de liberdade e dos deslocamentos de corpos rígidos, as translações u_1, u_2, u_3 vêm antes das rotações u_4, u_5, u_6, seguindo a ordem estabelecida pelos eixos coordenados x_1, x_2, x_3.

Todos os deslocamentos são considerados positivos quando seus vetores representativos tiverem o sentido positivo dos eixos coordenados correspondentes.

Na Figura 5.10 mostra-se uma estrutura bidimensional com apenas dois nós deslocáveis, isto é, com nós que podem ser deslocados em virtude das deformações das barras a eles ligadas, indicando-se a numeração dos respectivos graus de liberdade. Essa mesma numeração pode ser estendida aos deslocamentos nodais (u) e aos esforços nodais (F).

As representações de ações e de solicitações seguem regras equivalentes. As forças vêm antes dos binários e ambos seguem a mesma ordem estabelecida para os graus de liberdade.

Figura 5.10

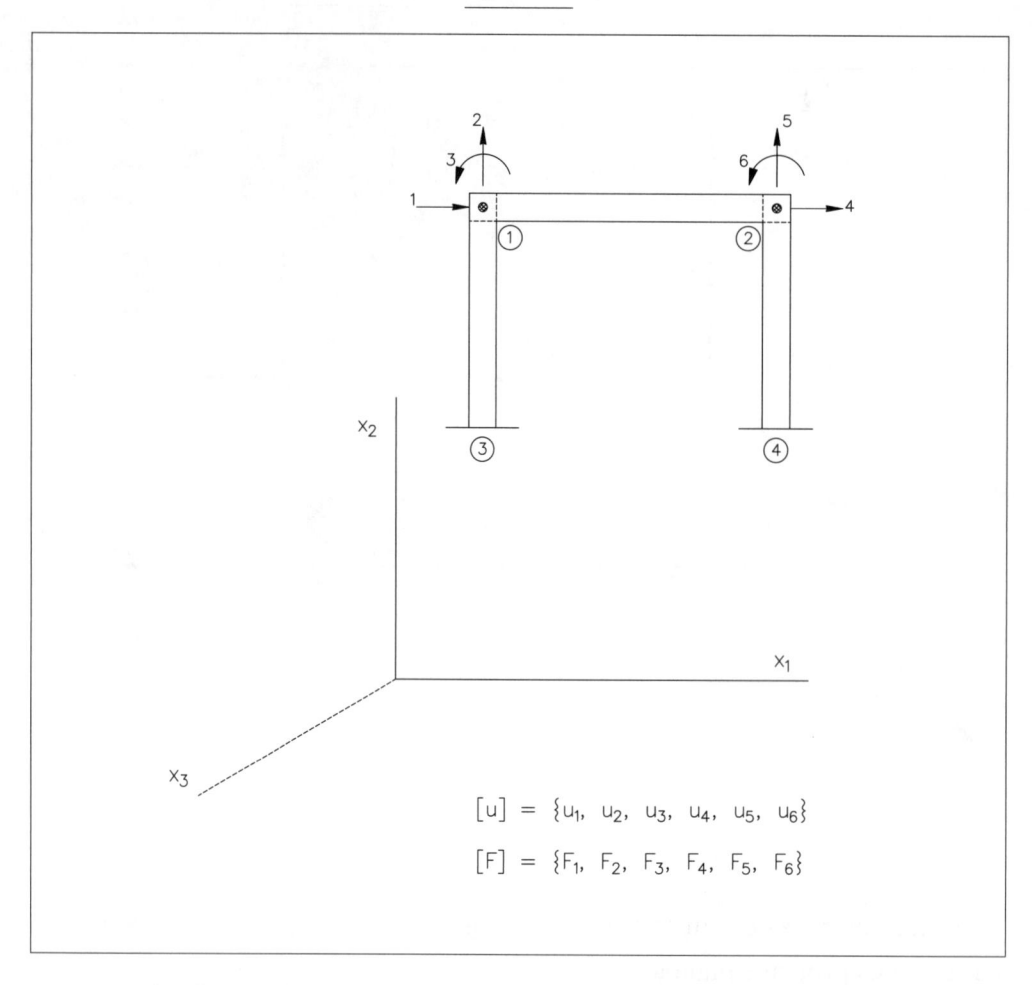

$$[u] = \{u_1, u_2, u_3, u_4, u_5, u_6\}$$
$$[F] = \{F_1, F_2, F_3, F_4, F_5, F_6\}$$

Na Figura 5.11 mostra-se que a partir da numeração sequencial dos nós pode ser feita a numeração sequencial dos graus de liberdade, a partir dos quais, uma vez conhecido o grau de liberdade considerado, ficam conhecidos o nó em questão, o esforço nodal e o deslocamento nodal considerados. Note-se que, nesse exemplo, as ações nodais dos nós 6 e 8 seguem a numeração dos correspondentes graus de liberdade.

Como se mostra na Figura 5.12, os esforços solicitantes atuantes nas extremidades das barras são indicados pelo símbolo S quando estão referidos às direções do sistema global de referência, e pelo símbolo N quando estão referidos ao sistema local de referência.

Considerando barras isoladas, o sistema local de referência (X', Y', Z') é composto pelo eixo longitudinal da barra e pelos eixos centrais de inércia de

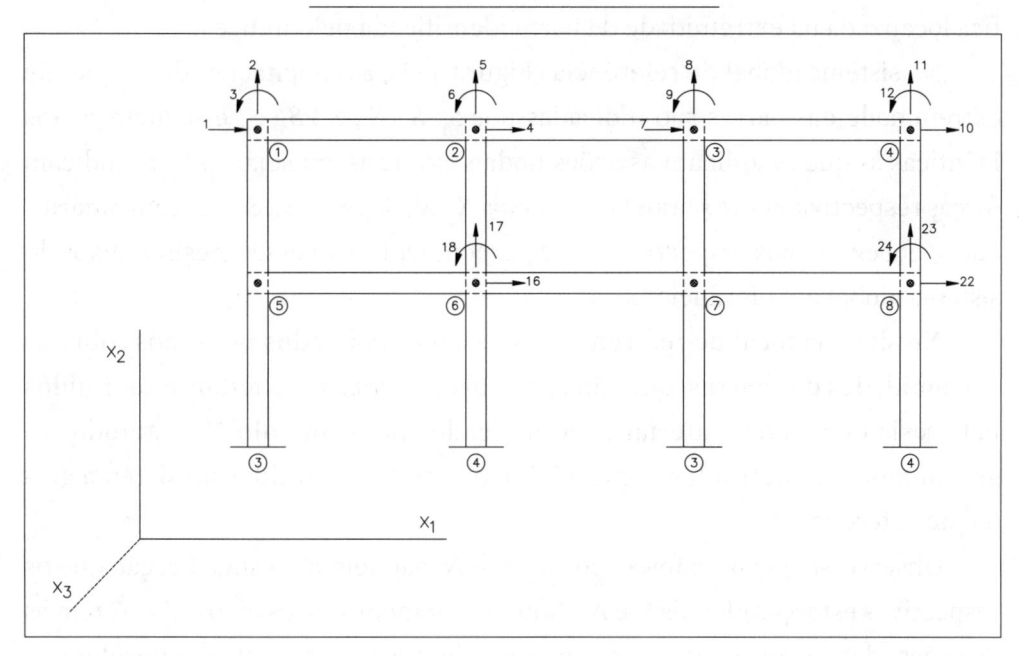

Figura 5.11 • Sistema de referência global

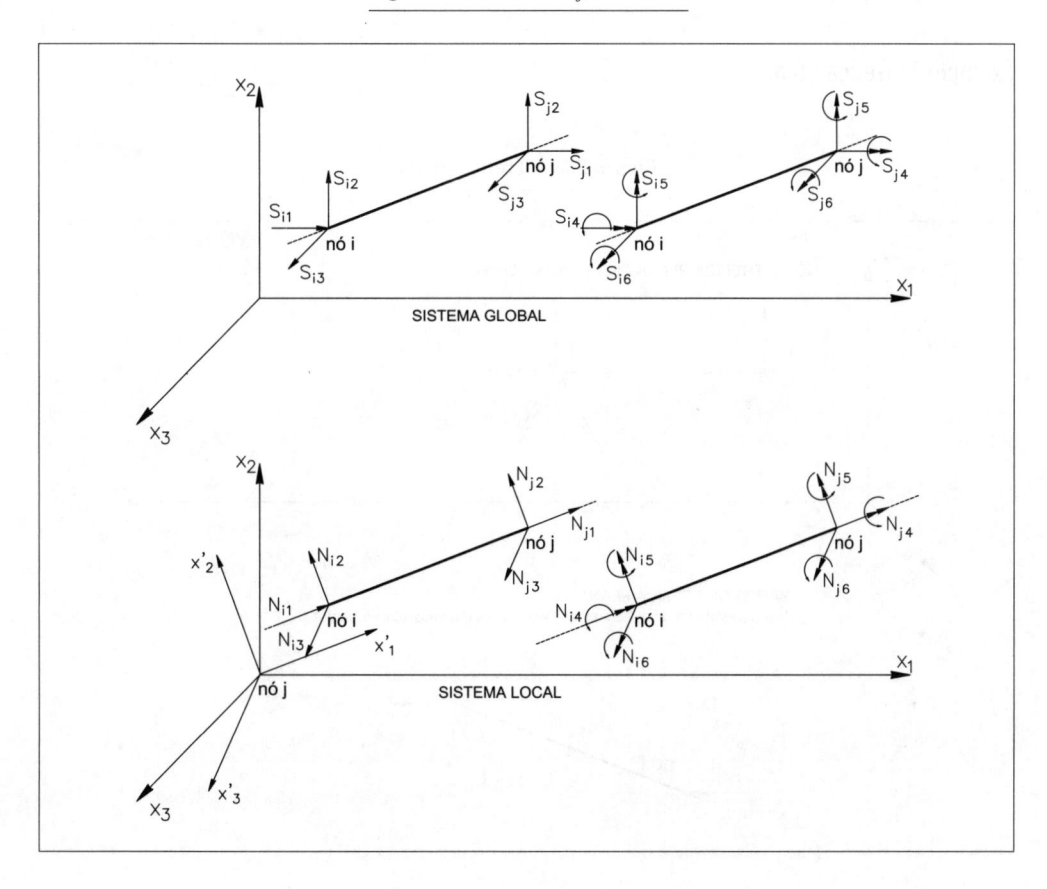

Figura 5.12 • Solicitações nodais

suas seções transversais. Como mostrado na Figura 5.13, a origem do sistema fica localizada na extremidade da barra identificada pelo índice *i*.

No sistema global de referência (Figura 5.13), as solicitações das seções de extremidade das barras são indicadas por S_1, S_2, S_3, S_4, S_5, S_6 e seguem regras idênticas às que se aplicam às ações nodais externas, ou seja, S_1, S_2, S_3 indicam forças respectivamente paralelas aos eixos X_1, X_2, X_3, e S_4, S_5, S_6 indicam binários que agem em planos respectivamente perpendiculares a esses mesmos eixos do sistema global de referência.

No sistema local de referência, os esforços aplicados pelos nós sobre as extremidades das barras, que são os próprios esforços solicitantes definidos pela resistência dos materiais, são indicados pelo símbolo N, seguindo regras análogas às definidas para solicitações nodais definidas no sistema global de referência.

Observe-se que os esforços locais N_i e N_j não têm a mesma direção que os respectivos esforços globais S_i e N_j. Note-se, também, que os eixos X'_2 e X'_3 têm as direções dos eixos centrais de inércia da seção transversal considerada. Mostram-se, a seguir, alguns exemplos de numeração das variáveis estruturais.

Exemplo 1: Treliça plana

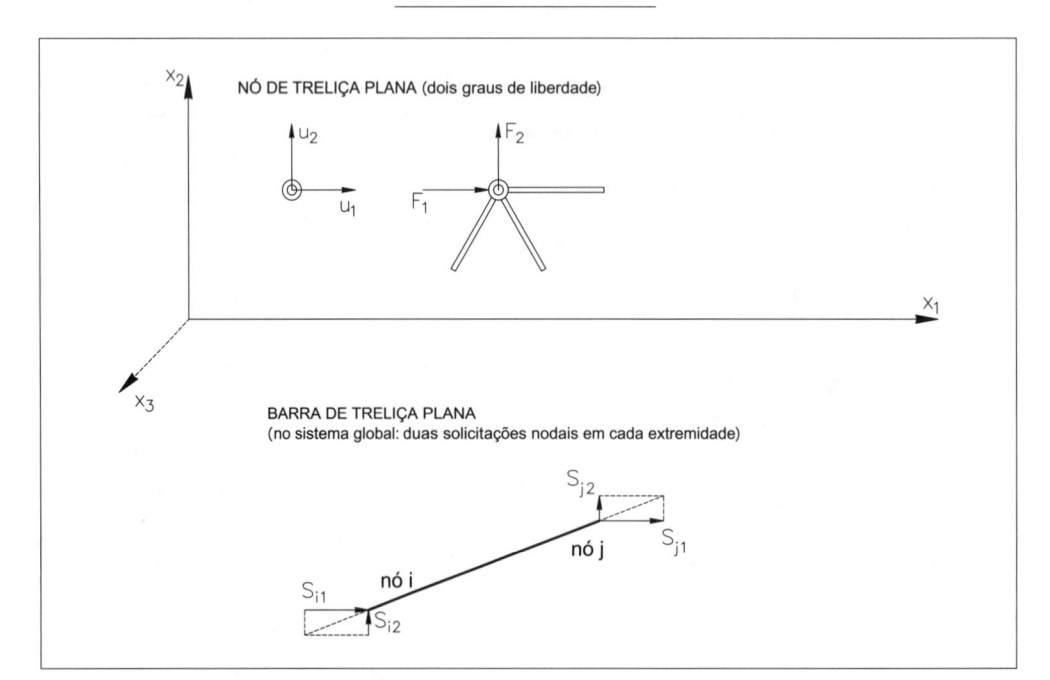

Figura 5.13 • Treliça plana

Exemplo 2: Treliça espacial

Figura 5.14 • Treliça espacial

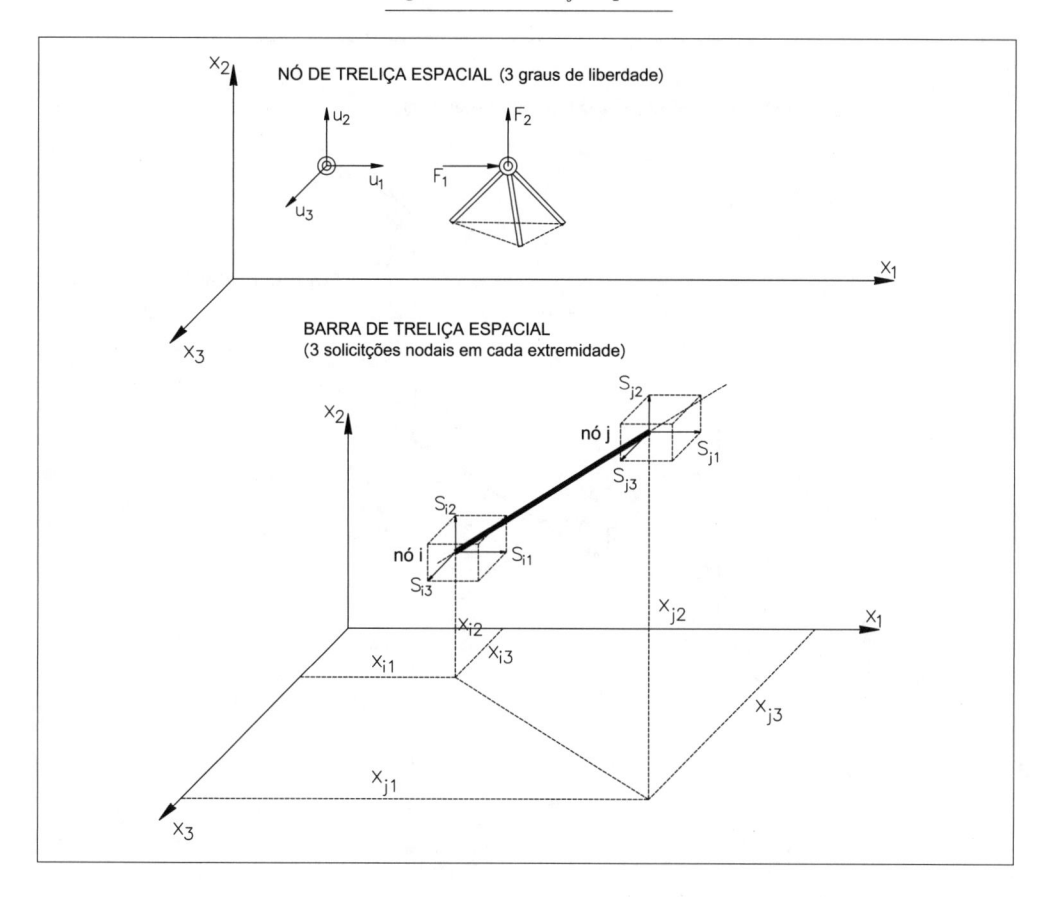

Exemplo 3: Pórtico plano

Figura 5.15 • Pórtico plano

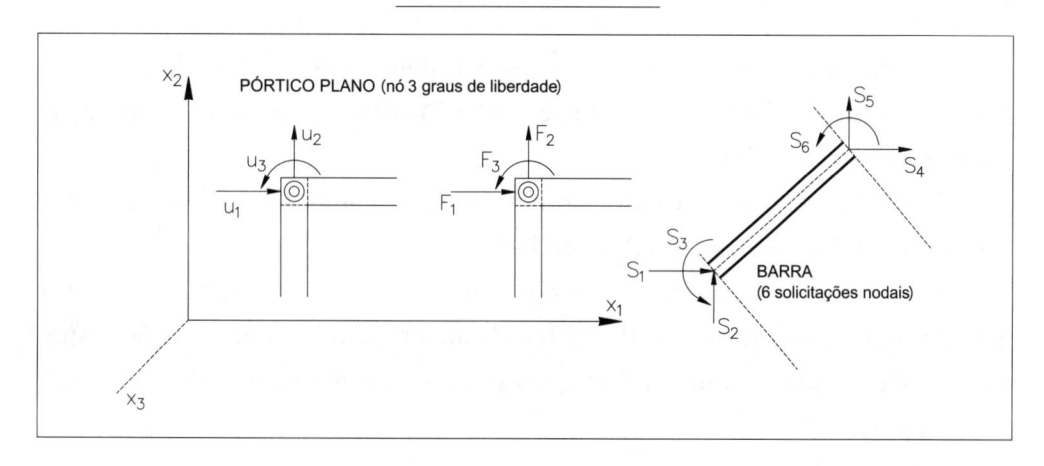

Exemplo 4: Pórtico espacial

Figura 5.16 • Pórtico espacial

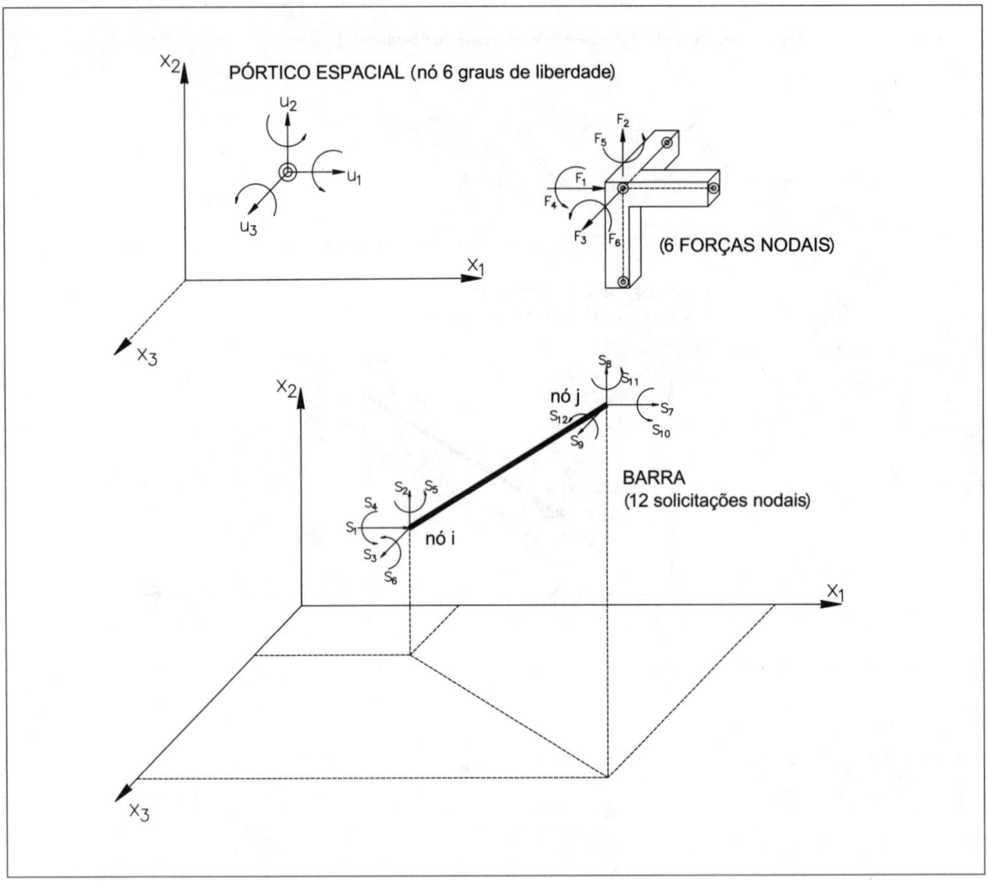

5.7 Deformabilidade e rigidez à flexão

Deformabilidade é a propriedade de a matéria deformar-se, isto é, de mudar de forma. A deformabilidade é medida pela relação entre a deformação e a correspondente ação aplicada.

Quando as deformações são essencialmente devidas a momentos fletores, a deformabilidade é chamada flexibilidade.

Diz-se que uma estrutura tem comportamento linear quando os efeitos que nela ocorrem (esforços solicitantes, deslocamentos ou deformações específicas) são obtidos como combinações lineares e homogêneas das ações externas aplicadas.

A Figura 5.17 mostra os efeitos de flexão devidos a binários aplicados em um dos apoios em duas estruturas de comportamento linear.

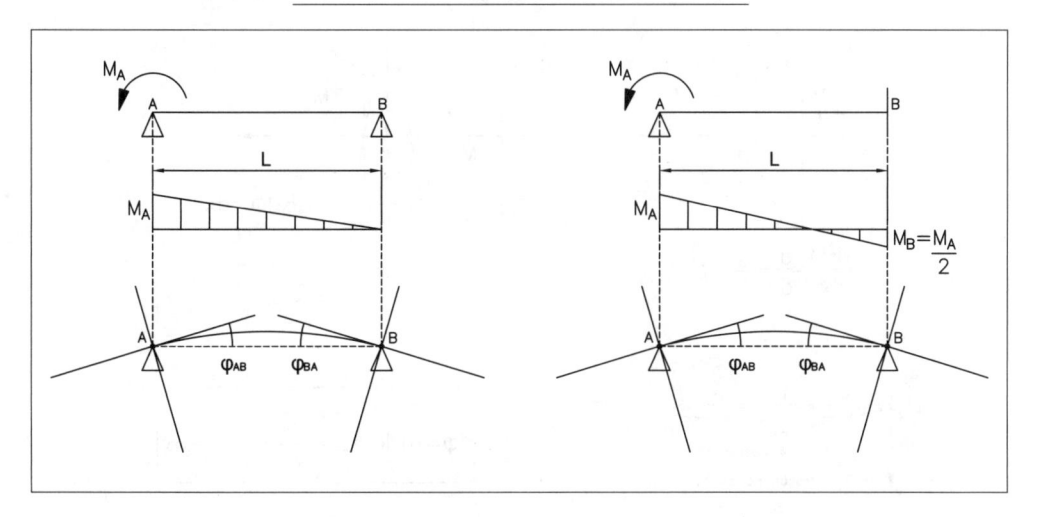

Figura 5.17 • Coeficientes de deformabilidade

Nela, a flexibilidade à rotação do nó A sob a ação de um binário de momento M_A é medida pelo coeficiente de deformabilidade $d_{AA} = \varphi_{AB}/M_A$, que pode ser entendido como a rotação da seção de apoio em decorrência da aplicação de um momento unitário $M_A = 1$ nessa mesma seção, uma vez que $\varphi_{AB} = d_{AA} M_A$.

O coeficiente de flexibilidade da barra isostática, à esquerda, relativo à rotação do nó B é dado por $d_{BA} = \varphi_{BA}/M_A$.

Na barra hiperestática, à direita, o coeficiente de deformabilidade $d_{AA} = \varphi_{AB}/M_A$ é diferente do coeficiente correspondente à viga isostática porque na viga hiperestática também age um ou binário de flexão devido à hiperestaticidade da estrutura.

Verifica-se, desse modo, que a deformabilidade, medida pela deformação provocada pela atuação de um esforço unitário, depende do esforço aplicado e também de todos os esforços que aparecem em virtude da hiperestaticidade do elemento estrutural considerado.

Para o cálculo de deformações de vigas simples com carregamentos básicos, é prático empregar a analogia de Mohr, ilustrada pela Figura 5.18.

De um lado dessa figura, mostra-se um segmento de viga isostática com comprimento dx submetido à carga transversal de intensidade unitária p, cujo equilíbrio de momentos e de forças transversais, a menos de infinitésimos de

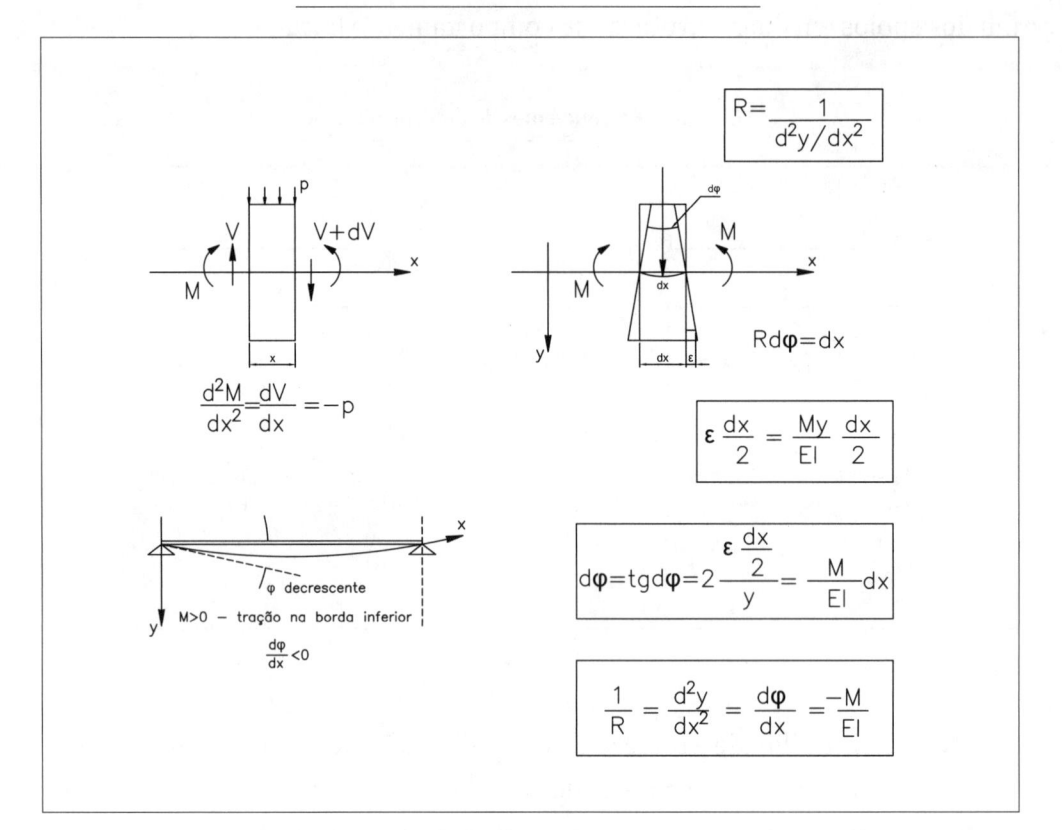

Figura 5.18 • Viga isostática. Analogia de Mohr

$$R = \frac{1}{d^2y/dx^2}$$

$$\frac{d^2M}{dx^2} = \frac{dV}{dx} = -p$$

$$Rd\varphi = dx$$

$$\varepsilon \frac{dx}{2} = \frac{My}{EI}\frac{dx}{2}$$

$$d\varphi = tgd\varphi = 2\frac{\varepsilon\frac{dx}{2}}{y} = \frac{M}{EI}dx$$

$$\frac{1}{R} = \frac{d^2y}{dx^2} = \frac{d\varphi}{dx} = \frac{-M}{EI}$$

φ decrescente
$M>0$ – tração na borda inferior
$\frac{d\varphi}{dx} < 0$

ordem superior, é dado pelas equações $\frac{dM}{dx} = V$ e $\frac{dV}{dx} = -p$, respectivamente. Essas duas equações podem ser unificadas pela expressão $\frac{d^2M}{dx^2} = \frac{dV}{dx} = -p$.

Note-se que uma viga isostática horizontal, submetida a cargas verticais de cima para baixo, deforma-se por flexão com o centro de curvatura acima da viga, isto é, com seu banzo inferior sendo tracionado e, como consequência, o ângulo de rotação $\varphi(x)$ é decrescente, desde uma extremidade até a outra, e sua derivada é, portanto, negativa ao longo de todo o comprimento da viga,

$$\frac{d\varphi(x)}{dx} < 0.$$

Do outro lado dessa mesma figura, mostra-se que, sendo $d\varphi = tgd\varphi = \frac{\varepsilon \cdot dx}{y} = \frac{Mdx}{EI}$, a curvatura $(1/R)$ do eixo deformado $y(x)$ da viga, dada pela expressão aproximada $\frac{1}{R} = \frac{d^2y}{dx^2} = \frac{d\varphi}{dx}$, pode ser escrita $\frac{d^2y}{dx^2} = \frac{d\varphi}{dx} = \frac{M}{EI}$.

Desse modo (Figura 5.18), em virtude da analogia existente entre a equação diferencial do equilíbrio de um elemento de viga submetido à flexão simples, $\frac{d^2M}{dx^2} = \frac{dV}{dx} = -p$, e a equação diferencial da linha elástica de barras retas submetidas à flexão, $\frac{d^2y}{dx^2} = \frac{d\varphi}{dx} = -\frac{M}{EI}$, obtém-se a analogia de Mohr.

Essa analogia permite considerar, de modo virtual, o diagrama de momentos reduzidos $\frac{M}{EI}$ como sendo o diagrama de cargas transversais (p) atuantes em uma viga auxiliar de mesmo comprimento e com condições de contorno de esforços equivalentes às condições de contorno de deformações da viga original. Desse modo (Figura 5.19), os momentos fletores da viga auxiliar representam as flechas da viga verdadeira e os esforços cortantes da viga auxiliar representam as rotações da viga verdadeira.

Figura 5.19 • Exemplo de aplicação da analogia de Mohr

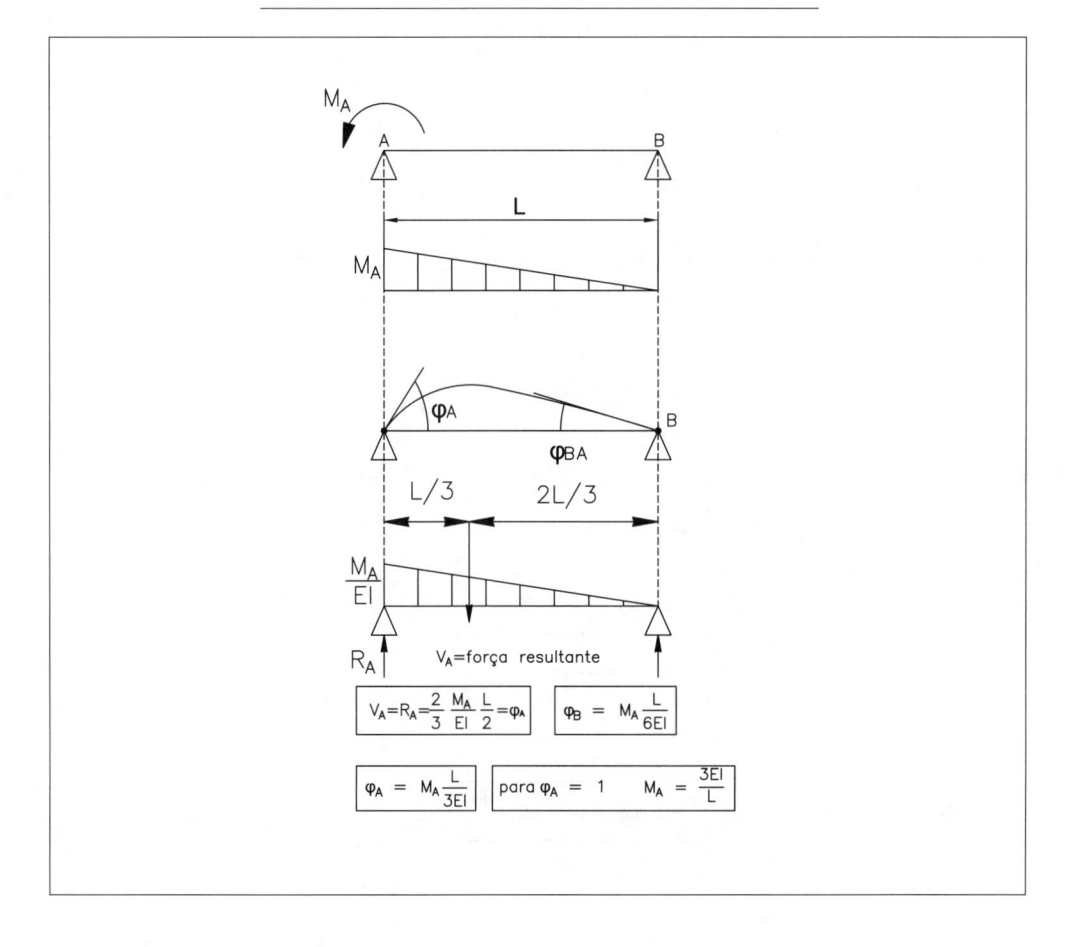

Note-se que a rotação do apoio B, dado por $\varphi_B = M_A \dfrac{L}{6EI}$, é igual à metade da rotação do apoio A. Para anular essa rotação do apoio B, basta aplicar nesse apoio um momento $M_B = M_A/2$ de sentido contrário ao de M_A.

De modo análogo, na Figura 5.20 mostra-se a determinação da rotação da seção de apoio articulado de uma viga hiperestática que, pelo resultado anterior, tem o diagrama de momentos mostrado nessa nova figura.

Figura 5.20

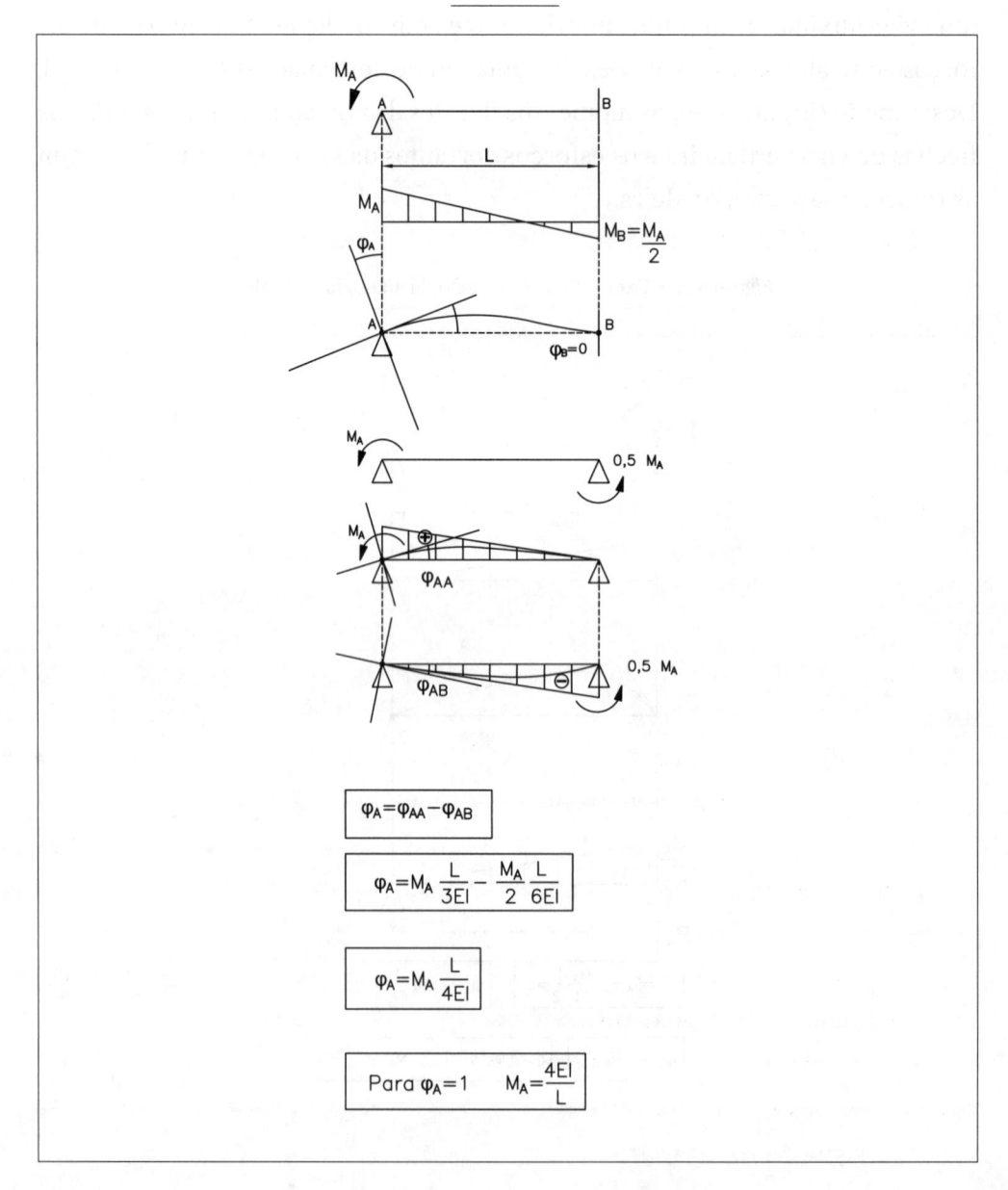

$$\varphi_A = \varphi_{AA} - \varphi_{AB}$$

$$\varphi_A = M_A \frac{L}{3EI} - \frac{M_A}{2} \frac{L}{6EI}$$

$$\varphi_A = M_A \frac{L}{4EI}$$

$$\text{Para } \varphi_A = 1 \quad M_A = \frac{4EI}{L}$$

A ideia oposta à deformabilidade é a de rigidez.

Rigidez é a propriedade de a matéria opor-se à mudança de forma. A rigidez é medida pelo esforço necessário para impor uma deformação predeterminada à estrutura.

Como foi mostrado na Figura 5.19, o coeficiente de rigidez à rotação do apoio A da viga nela mostrada é dado por $k_A = M_A/\varphi_A$, ou seja, $k_A = 3EI/L$. De maneira análoga, no caso da viga hiperestática mostrada na Figura 5.20, o coeficiente de rigidez à rotação do respectivo apoio A também é dado por $k_A = M_A/\varphi_A$, ou seja, $k_A = 4EI/L$.

Desse modo, em qualquer caso, entre coeficientes de rigidez e de deformabilidade existe a relação $d_A \times k_A = 1$, ou seja, tem-se a expressão geral:

$$k_A = \frac{1}{d_A}. \tag{5.1}$$

5.8 Rigidez transversal das barras fletidas

Na determinação dos esforços solicitantes das estruturas hiperestáticas, com a aplicação do método de deslocamentos, é preciso calcular os deslocamentos que serão provocados pela liberação dos bloqueios inicialmente aplicados a todos os nós da estrutura, e, para isso, é preciso conhecer os coeficientes de rigidez dos nós correspondentes a cada um de seus graus de liberdade.

No item anterior mostrou-se como determinar os coeficientes de deformabilidade e os coeficientes de rigidez à flexão de barras.

No caso de estruturas formadas por barras, também é necessário conhecer os coeficientes de deformabilidade e de rigidez correspondentes a deslocamentos lineares dos apoios externos, nas direções de seus graus de liberdade, que dependem das características de suas fundações.

Em princípio, a determinação dos coeficientes de deformabilidade de uma estrutura somente pode ser feita se forem conhecidos os diagramas de esforços solicitantes decorrentes de seus deslocamentos nodais. Para isso, a estrutura deve ser isostática.

Com isso, em função dos esforços solicitantes aplicados, é possível determinar um efeito correspondente a um deslocamento transversal imposto. Por exemplo, no lado esquerdo da Figura 5.21, mostra-se uma viga em balanço que, por ser isostática, permite a determinação direta do deslocamento transversal de sua extremidade livre.

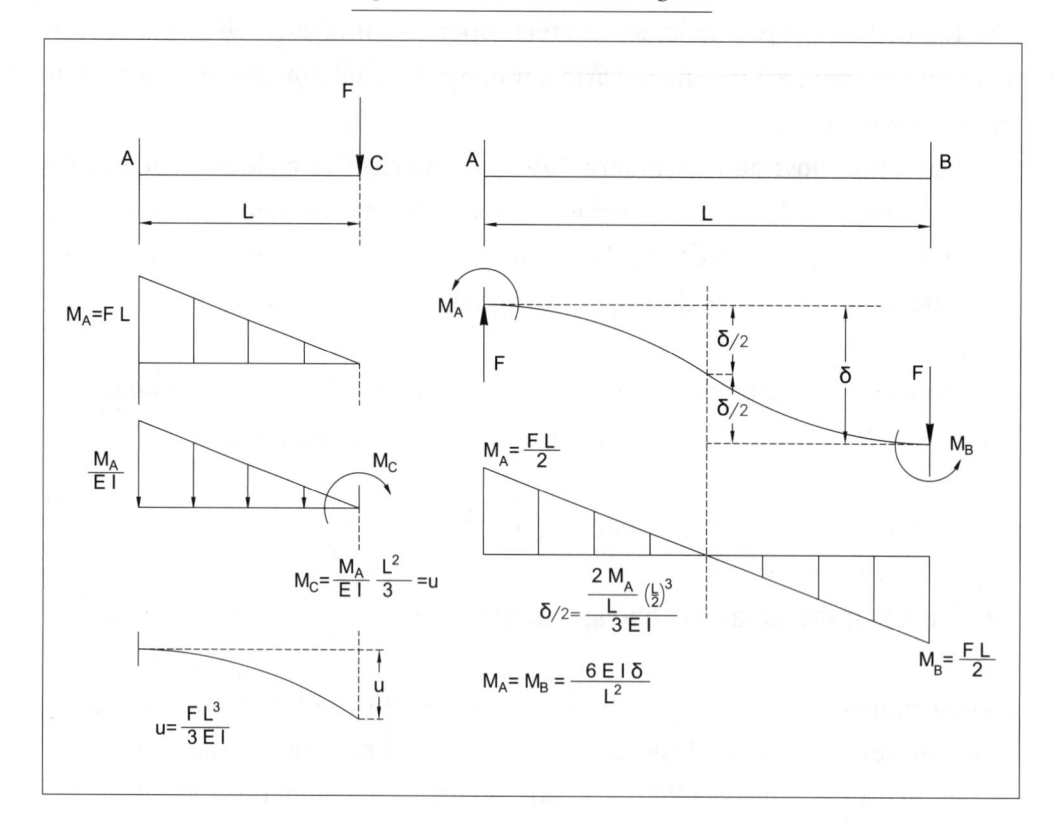

Figura 5.21 • Coeficientes de rigidez

Ao contrário do que se exige para a determinação direta dos coeficientes de deformabilidade de uma estrutura, isto é, que ela seja isostática, a determinação direta dos coeficientes de rigidez de uma estrutura somente pode ser feita se todos os seus nós estiverem totalmente bloqueados, isto é, bloqueados em relação a todos os seus graus de liberdade.

Desse modo, é possível determinar os esforços externos necessários para provocar o deslocamento unitário referente a um único grau de liberdade. A situação típica é a da barra reta biengastada mostrada na Figura 5.21.

No lado direito dessa figura tem-se uma viga biengastada de seção transversal constante. Em virtude da simetria da estrutura em relação a seu ponto médio e da antimetria do seu eixo deformado por um recalque δ de seu apoio direito, a analogia existente entre uma metade da viga biengastada e uma viga em balanço, mostrada na mesma figura, permite que sejam calculados os momentos fletores em seus engastamentos, resultando $M_A = M_B = \dfrac{6EI\delta}{L^2}$, do mesmo sentido.

Desse modo, admitindo-se que essa estrutura tenha um comportamento elástico, inclusive em relação ao recalque de seus apoios, os coeficientes de rigidez transversal correspondentes a esses recalques são dados por expressões do tipo $k_\delta = 6EI/L^2$, que representam a intensidade dos momentos atuantes nos engastamentos devidos a recalques transversais unitários.

5.9 Matriz de deformabilidade

Considere-se uma estrutura plana com apenas dois nós deslocáveis, que em conjunto têm um total de 6 graus de liberdade, como está mostrado na Figura 5.22, submetida a ações externas aplicadas apenas a seus nós.

Nessa figura, os deslocamentos são representados pelo vetor coluna $\{u\} = \{u_1 u_2 u_3 u_4 u_5 u_6\}$ e as ações externas pelo vetor coluna $\{F\} = \{F_1 F_2 F_3 F_4 F_5 F_6\}$, nos quais todos os deslocamentos têm o mesmo símbolo u e as ações o símbolo F, tendo sido empregado o símbolo $\{\}$ porque os vetores coluna foram escritos em linha.

Figura 5.22

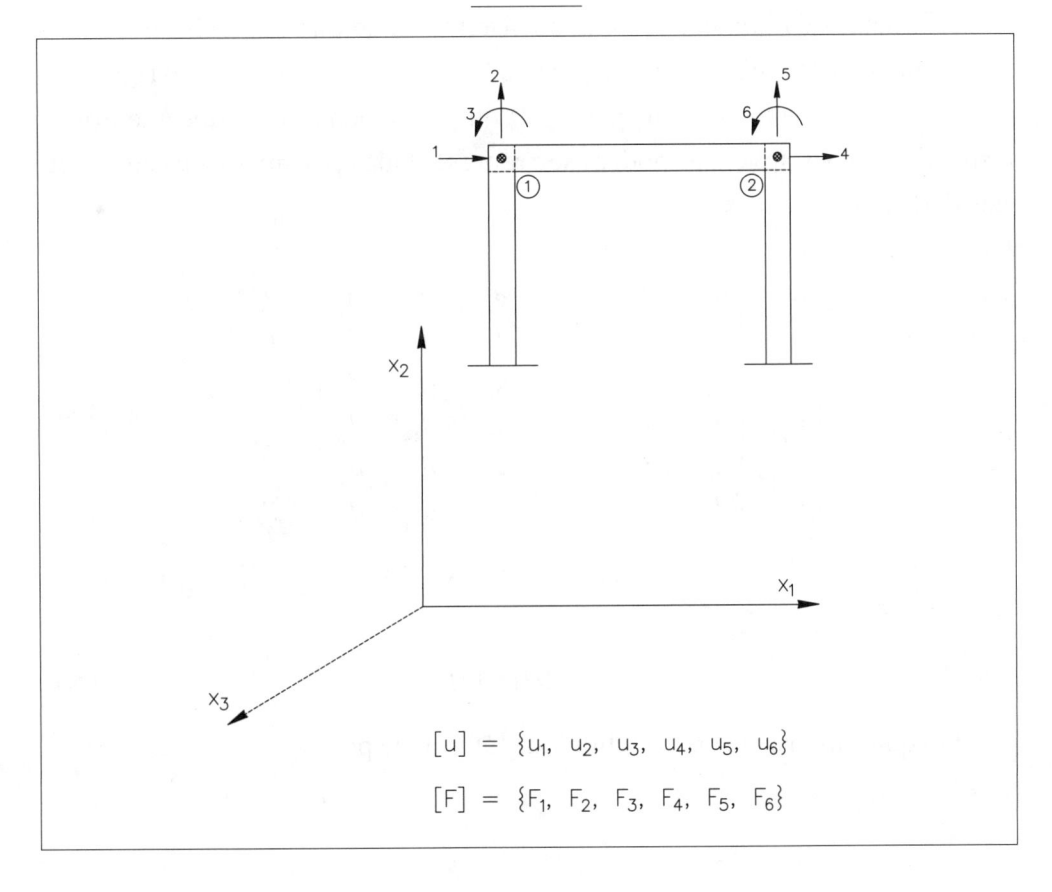

$$[u] = \{u_1, u_2, u_3, u_4, u_5, u_6\}$$
$$[F] = \{F_1, F_2, F_3, F_4, F_5, F_6\}$$

Admitindo-se que os vetores mostrados nessa figura representem os deslocamentos nodais u_i, com (i = 1...6), e os esforços nodais externos F_j, com (i = 1...6), os deslocamentos podem ser expressos da seguinte maneira, em que cada deslocamento u_i é afetado por todas as ações F_j:

$$\begin{aligned}
u_1 &= d_{11}F_1 + d_{12}F_2 + d_{13}F_3 + d_{14}F_4 + d_{15}F_5 + d_{16}F_6 \\
u_2 &= d_{21}F_1 + d_{22}F_2 + d_{23}F_3 + d_{24}F_4 + d_{25}F_5 + d_{26}F_6 \\
u_3 &= d_{31}F_1 + d_{32}F_2 + d_{33}F_3 + d_{34}F_4 + d_{35}F_5 + d_{36}F_6 \\
u_4 &= d_{41}F_1 + d_{42}F_2 + d_{43}F_3 + d_{44}F_4 + d_{45}F_5 + d_{46}F_6 \\
u_5 &= d_{51}F_1 + d_{52}F_2 + d_{53}F_3 + d_{54}F_4 + d_{55}F_5 + d_{56}F_6 \\
u_6 &= d_{61}F_1 + d_{62}F_2 + d_{63}F_3 + d_{64}F_4 + d_{65}F_5 + d_{66}F_6
\end{aligned} \quad (5.2)$$

O coeficiente de deformabilidade d_{ij} mede o deslocamento correspondente ao grau de liberdade i devido à ação F_j = 1, mantidas nulas todas as outras ações.

Observe-se que a hipótese de linearidade da deformabilidade exige que os deslocamentos u_i sejam obtidos por meio de uma combinação linear de funções do 1º grau das ações F_j.

A hipótese da homogeneidade do sistema exige que não existam termos independentes das ações, ou seja, que não haja movimentos de corpo rígido.

No caso presente, as equações (5.2) que relacionam os deslocamentos às respectivas ações aplicadas podem ser representadas por uma equação matricial, dada por

$$\begin{bmatrix} u_1 \\ u_2 \\ u_3 \\ u_4 \\ u_5 \\ u_6 \end{bmatrix} = \begin{bmatrix} d_{11} & d_{12} & d_{13} & d_{14} & d_{15} & d_{16} \\ d_{21} & d_{22} & d_{23} & d_{24} & d_{25} & d_{26} \\ d_{31} & d_{32} & d_{33} & d_{34} & d_{35} & d_{36} \\ d_{41} & d_{42} & d_{43} & d_{44} & d_{45} & d_{46} \\ d_{51} & d_{52} & d_{53} & d_{54} & d_{55} & d_{56} \\ d_{61} & d_{62} & d_{63} & d_{64} & d_{65} & d_{66} \end{bmatrix} \times \begin{bmatrix} F_1 \\ F_2 \\ F_3 \\ F_4 \\ F_5 \\ F_6 \end{bmatrix} \quad (5.3)$$

ou seja

$$[u] = [D] \times [F] \quad (5.4)$$

em que a matriz de deformabilidade [D] é dada por

$$[D] = \begin{bmatrix} d_{11} & d_{12} & d_{13} & d_{14} & d_{15} & d_{16} \\ d_{21} & d_{22} & d_{23} & d_{24} & d_{25} & d_{26} \\ d_{31} & d_{32} & d_{33} & d_{34} & d_{35} & d_{36} \\ d_{41} & d_{42} & d_{43} & d_{44} & d_{45} & d_{46} \\ d_{51} & d_{52} & d_{53} & d_{54} & d_{55} & d_{56} \\ d_{61} & d_{62} & d_{63} & d_{64} & d_{65} & d_{66} \end{bmatrix}. \tag{5.5}$$

Como será demonstrado adiante, a matriz de deformabilidade de qualquer estrutura de comportamento linear é obrigatoriamente simétrica, ou seja, os coeficientes da matriz [D] respeitam a condição

$$d_{ij} = d_{ji} \tag{5.6}$$

Desse modo, em virtude da relação expressa pela equação (5.1), ou seja, que $k_{AB} = \dfrac{1}{d_{AB}}$, conclui-se que também existe a relação

$$k_{ij} = k_{ji} \tag{5.7}$$

Essas duas propriedades, que foram deduzidas a partir de um exemplo particular, podem ser consideradas como sempre válidas, uma vez que a condição $d_{ij} = d_{ji}$ é demonstrada pelo Teorema de Maxwell-Betti, ilustrado pela Figura 5.23, na qual se mostra uma estrutura admitida como de comportamento linear submetida a dois carregamentos diferentes.

Figura 5.23

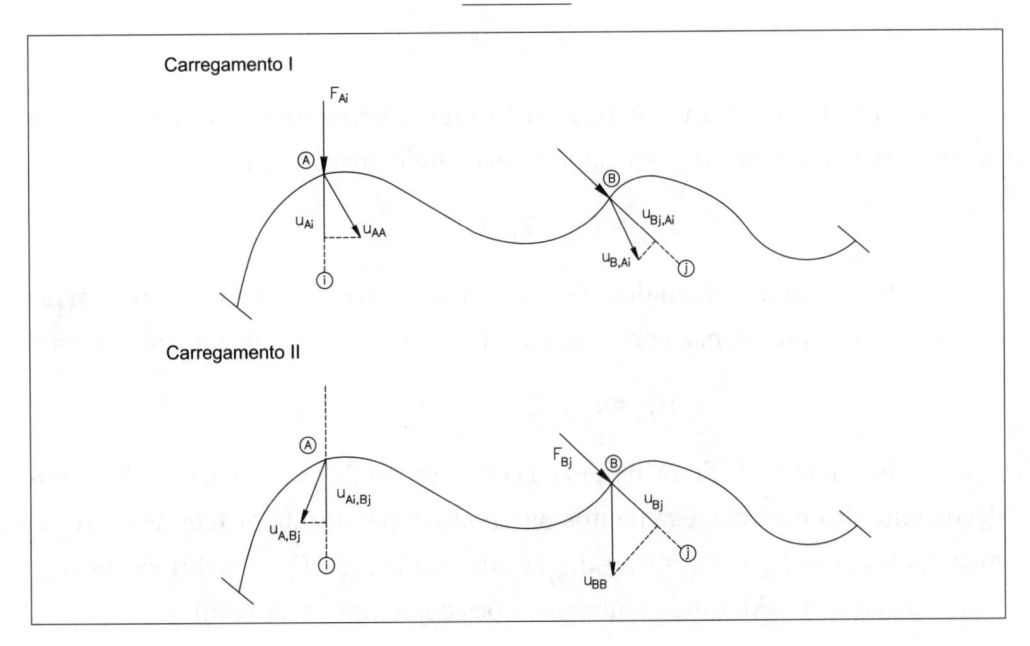

Como a estrutura mostrada na Figura 5.23 tem infinitos graus de liberdade, é preciso definir cuidadosamente as direções das ações e as direções de todas as componentes de deslocamento que intervêm no problema.

Carregamento I: Força F_{Ai} aplicada no ponto A, na direção i.

Com esse carregamento, o ponto A sofre o deslocamento u_{AA}, em uma direção que em princípio é diferente da direção i. Esse deslocamento u_{AA} tem a componente u_{Ai} na direção i. Com esse carregamento, F_{Ai} que tem a direção i e está aplicado no ponto A, o ponto B sofre o deslocamento $u_{B,Ai}$, que tem a componente $u_{Bj,Ai}$ na direção j.

Carregamento II: Força F_{Bj} aplicada no ponto B, na direção j.

Com esse carregamento, o ponto B sofre o deslocamento u_{BB} em uma direção que em princípio é diferente da direção j. Esse deslocamento u_{BB} tem a componente u_{Bj} na direção j. Com esse carregamento F_{Bj} com a direção j aplicado no ponto B, o ponto A sofre o deslocamento $u_{A,Bj}$, que tem a componente $u_{Ai,Bj}$ na direção i.

O trabalho de deformação T_{AA} devido ao carregamento I aplicado isoladamente vale

$$T_{AA} = \frac{F_{Ai} \times u_{Ai}}{2}.$$

O trabalho de deformação T_{BB} devido ao carregamento II aplicado isoladamente vale

$$T_{BB} = \frac{F_{Bj} \times u_{Bj}}{2}.$$

Realizando-se, agora, o carregamento total, primeiro o carregamento I e depois o carregamento II, o trabalho total de deformação vale

$$T_{I+II} = T_{AA} + T_{BB} + T_{Ai} \times u_{AiBj}.$$

Analogamente, realizando-se o carregamento total, primeiro com o carregamento II e depois com o carregamento I, o trabalho total de deformação vale

$$T_{II+I} = T_{BB} + T_{AA} + F_{Bj} \times u_{BjAi}.$$

Como, em virtude do princípio da conservação da energia, o trabalho total decorrente dos dois carregamentos não pode depender da ordem de carregamento, obtém-se $F_{Bj} \times u_{BjAi} = F_{Ai} \times u_{AiBj}$, e admitindo $F_{Ai} = F_{Bj}$, conclui-se que $u_{AiBj} = u_{BjAi}$, ou seja, considerando ambas as ações como unitárias, resulta:

$$d_{ij} = d_{ji}.\tag{5.8}$$

Na análise matricial de estruturas planas, em que as ações são aplicadas apenas em nós da estrutura, as quais são desdobradas em suas componentes segundo os graus de liberdade admitidos para cada nó, e, de modo análogo, os deslocamentos também são decompostos segundo esses mesmos graus de liberdade, o teorema de Betti assume uma expressão mais simples em virtude do número finito de graus de liberdade de toda a estrutura, como se mostra na Figura 5.24, para a qual resulta:

$$u_{AB} \times F_B = u_{BA} \times F_A.\tag{5.9}$$

Figura 5.24

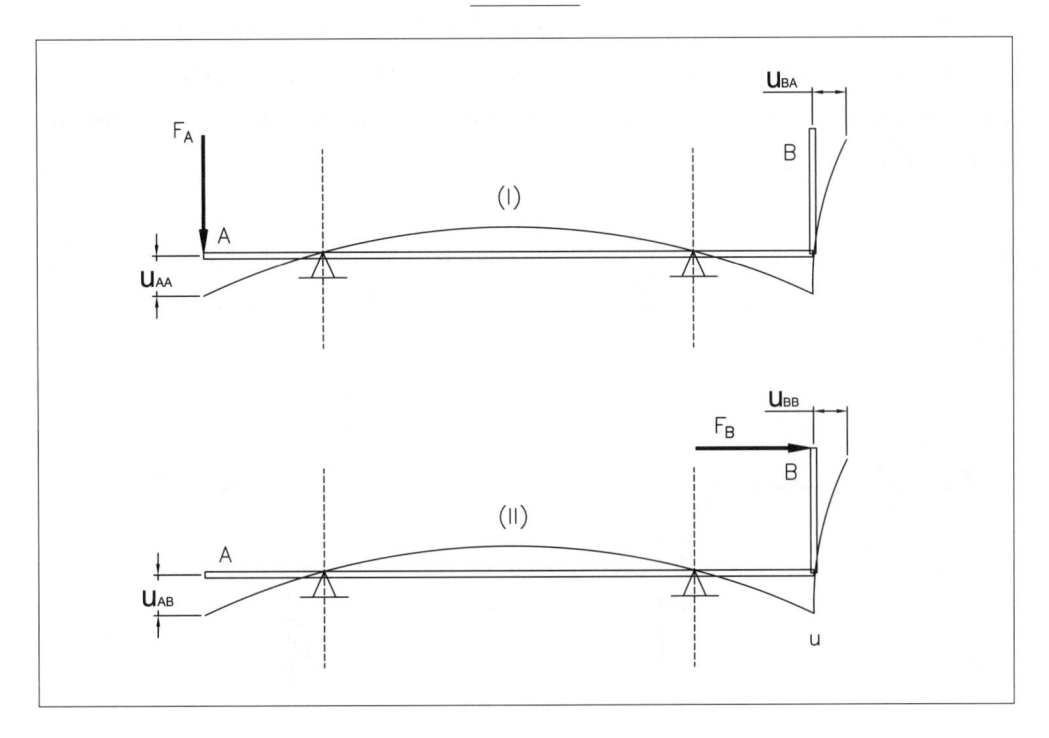

Observe-se, então, que existem as seguintes restrições sobre a matriz de deformabilidade das estruturas:

a) A determinação da matriz de deformabilidade exige que a estrutura esteja em equilíbrio, não podendo ser hipostática.

Introdução à engenharia de estruturas de concreto

b) Com uma vinculação isostática da estrutura, dos seus teóricos graus de liberdade, ficam eliminados aqueles correspondentes aos movimentos impedidos pelos nós de ligação com uma fundação imóvel.

c) Para realizar a determinação direta da matriz [D], a estrutura deve ser vinculada isostaticamente a uma infraestrutura de referência. Dessa forma, podem ser calculados os esforços solicitantes e, a partir deles, os correspondentes deslocamentos. Quando a estrutura for hiperestática, primeiro devem ser determinadas as incógnitas hiperestáticas e, a partir daí, a estrutura será tratada como se fosse isostática, na qual os esforços hiperestáticos, já determinados, serão tratados como se fossem ações externas à estrutura.

Na Figura 5.25 mostram-se exemplos de aplicação da numeração dos nós e das ações externas em função dos graus de liberdade da estrutura. Nos exemplos mostrados, os correspondentes coeficientes da matriz de deformabilidade são positivos.

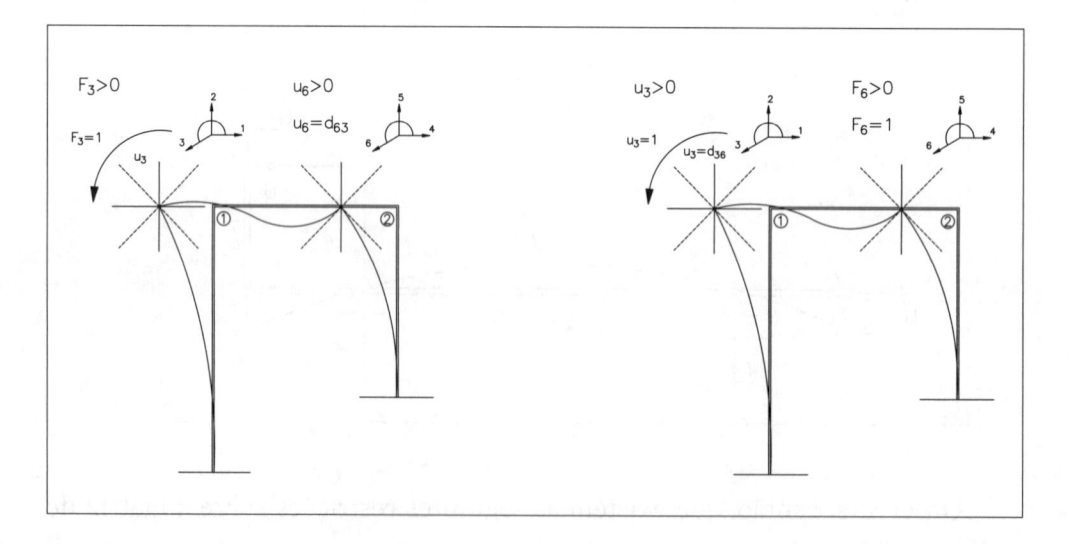

Figura 5.25 • Ações e deslocamentos de mesmos sinais

No exemplo da Figura 5.26, o coeficiente mostrado é negativo.

Note-se que para as estruturas analisadas admitiu-se que a flexão das barras produz uma variação desprezível do comprimento da projeção das barras deformadas em sua direção original, ou seja, as dimensões da estrutura deformada são consideradas com suas dimensões originais não deformadas.

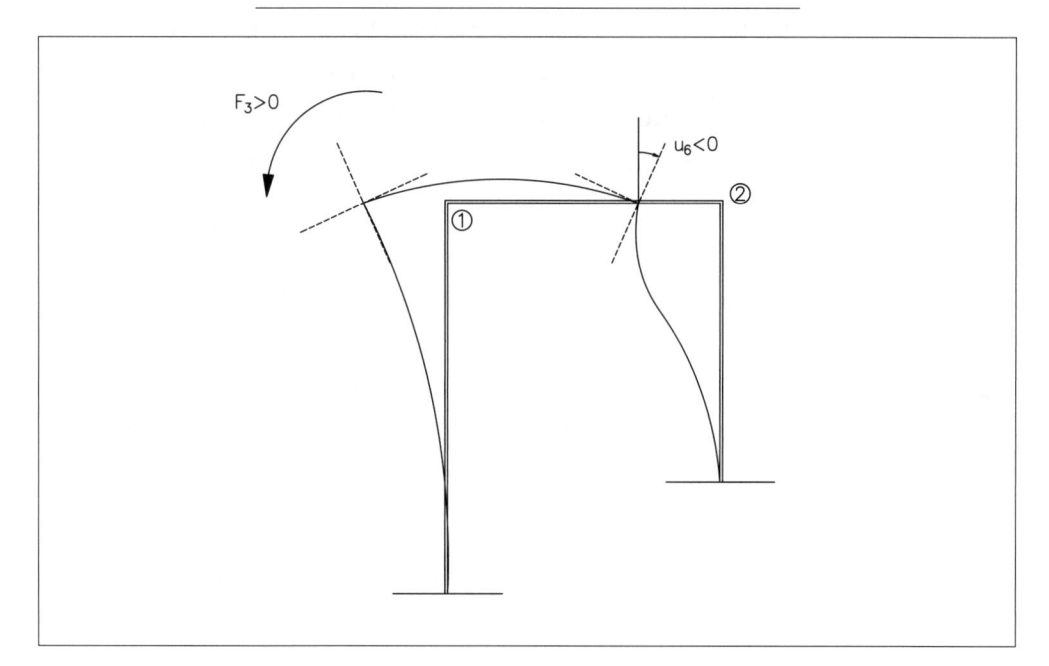

Figura 5.26 • Ação e deslocamento de sinais contrários

Desse modo, a diferença que existe entre o deslocamento horizontal d_{11} do nó A e o deslocamento d_{41} do nó B, a qual é exclusivamente devida ao encurtamento da barra AB por força normal, como se mostra na Figura 5.27, é frequentemente desprezada.

Figura 5.27

Observe-se, finalmente, que a determinação da matriz de deformabilidade segue o caminho de reduzir a estrutura dada a uma estrutura isostática, que é submetida a carregamentos externos unitários sucessivos, com os quais são calculados os esforços solicitantes e, a partir deles, são obtidos os deslocamentos de todos os nós da estrutura, que são os elementos da matriz procurada para cada um dos carregamentos considerados.

5.10 Matriz de rigidez

Rigidez é a propriedade de a matéria opor-se à mudança de forma. A rigidez é medida pelo esforço necessário à imposição de determinado deslocamento.

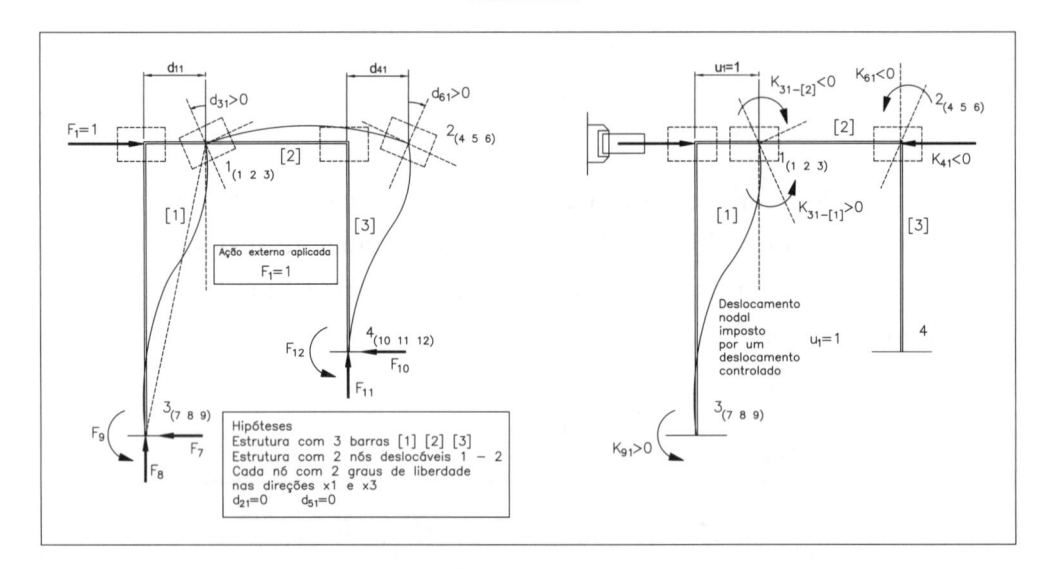

Figura 5.28

Na Figura 5.28 mostra-se uma estrutura cujos nós têm apenas 3 graus de liberdade. Do lado esquerdo mostram-se os deslocamentos decorrentes de uma força externa unitária $F_1 = 1$ aplicada ao nó 1.

Do lado direito mostram-se os esforços externos que devem ser aplicados aos nós da estrutura, inclusive ao próprio nó 1, para que ocorra apenas o deslocamento $u_1 = 1$ do nó 1, quando um equipamento externo de empurra aplicar o deslocamento horizontal unitário $u_1 = 1$ ao nó 1. Observe-se que, no exemplo acima, a rigidez correspondente ao deslocamento horizontal $u_1 = 1$ na direção x_1 decorre da rigidez à flexão das duas pernas verticais do pórtico, a qual é dada por

$$k_{11} = F_{1, u_1 = 1} = \frac{k_{91} + k_{91}}{L_1} + \frac{k_{61}}{L_3}.$$

Na Figura 5.29 mostra-se uma estrutura constituída por um pórtico plano múltiplo de vários andares, cujos nós também têm apenas três graus de liberdade, indicando-se os números dos nós, de 1 a 20, cujos graus de liberdade são numerados sequencialmente de 1 a 60.

Por meio de um dispositivo externo, aplica-se uma rotação unitária horária ao nó de número 10. De acordo com a numeração dos graus de liberdade, essa rotação deve ser indicada como sendo o deslocamento u_{30} que, de acordo com o sistema de coordenadas adotado, deve ser considerado como negativo, ou seja, $u_{30} = 1$.

Figura 5.29

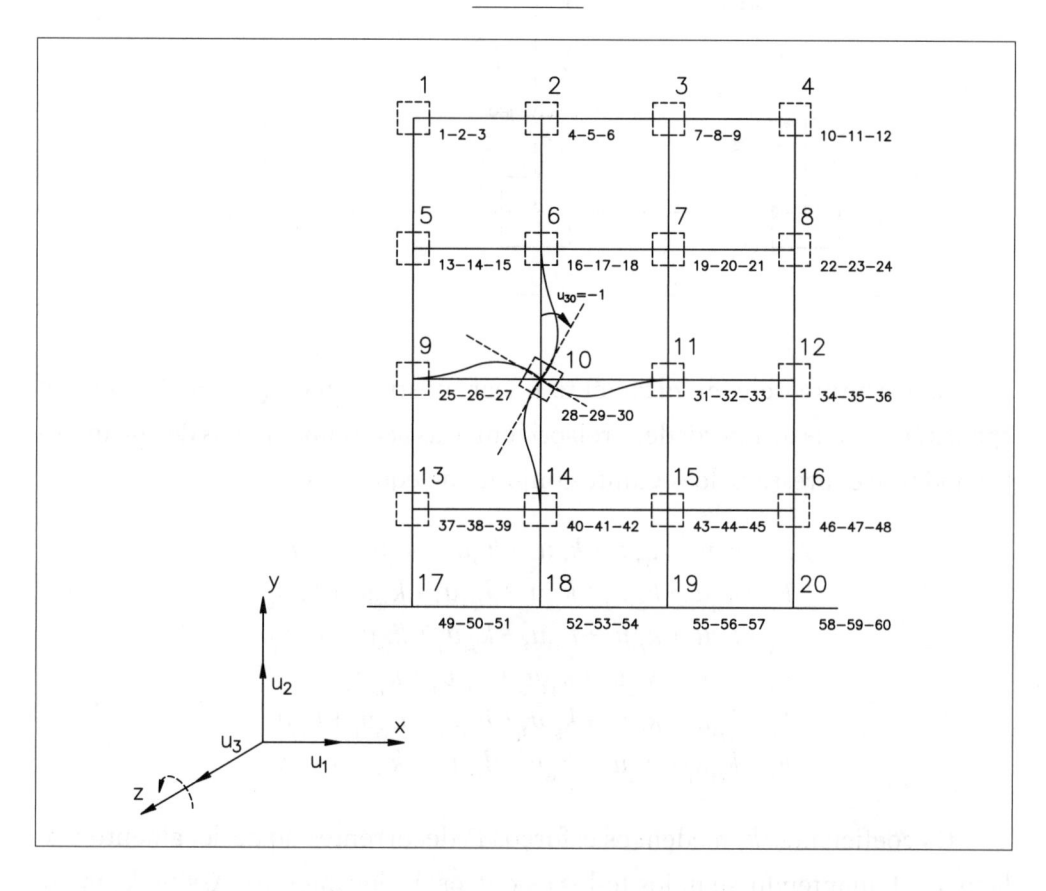

Observe-se na Figura 5.30 que a rotação u_{30} imposta ao nó 10 somente gera esforços de imobilização dos nós 6, 9, 11, 14, que são os únicos diretamente ligados ao nó 10. A influência exercida pela rotação u_{30} sobre os demais nós da estrutura somente será considerada na montagem final da matriz de rigidez.

Introdução à engenharia de estruturas de concreto

Figura 5.30

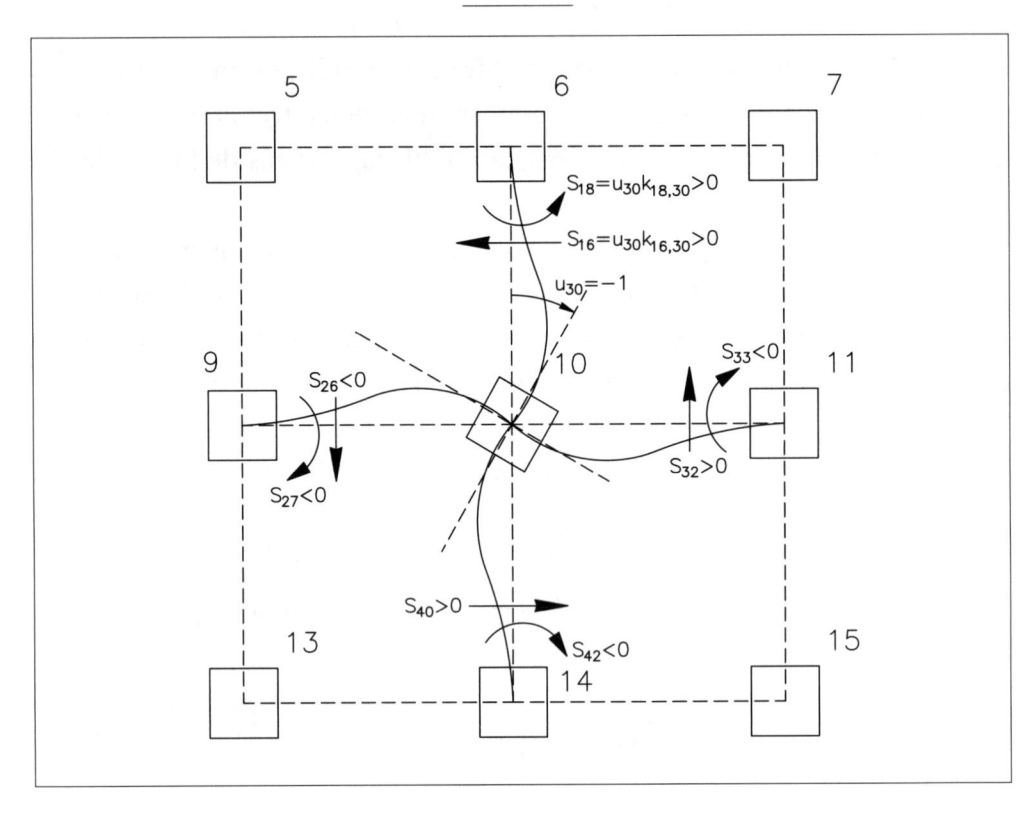

Na estrutura de comportamento linear mostrada na Figura 5.22, que tem apenas seis graus de liberdade, a relação entre as ações nodais e os deslocamentos nodais é expressa pelo seguinte conjunto de equações

$$F_1 = k_{11}u_1 + k_{12}u_2 + k_{13}u_3 + k_{14}u_4 + k_{15}u_5 + k_{16}u_6$$
$$F_2 = k_{21}u_1 + k_{22}u_2 + k_{23}u_3 + k_{24}u_4 + k_{25}u_5 + k_{26}u_6$$
$$F_3 = k_{31}u_1 + k_{32}u_2 + k_{33}u_3 + k_{34}u_4 + k_{35}u_5 + k_{36}u_6$$
$$F_4 = k_{41}u_1 + k_{42}u_2 + k_{43}u_3 + k_{44}u_4 + k_{45}u_5 + k_{46}u_6$$
$$F_5 = k_{51}u_1 + k_{52}u_2 + k_{53}u_3 + k_{54}u_4 + k_{55}u_5 + k_{56}u_6$$
$$F_6 = k_{61}u_1 + k_{62}u_2 + k_{63}u_3 + k_{64}u_4 + k_{65}u_5 + k_{66}u_6$$

Os coeficientes k_{ij} medem os esforços F_i decorrentes do deslocamento isolado $u_j = 1$, mantendo-se nulos todos os outros deslocamentos. Assim, k_{11} mede os esforços F_1 quando $u_1 = 1$, mantendo-se $u_2 = u_3 = u_4 = u_5 = u_6 = 0$.

A matriz de rigidez [K] da estrutura, formada pelos coeficientes de rigidez k_{ij}, é dada pela expressão:

$$[K] = \begin{bmatrix} k_{11} & k_{12} & k_{13} & k_{14} & k_{15} & k_{16} \\ k_{21} & k_{22} & k_{23} & k_{24} & k_{25} & k_{26} \\ k_{31} & k_{32} & k_{33} & k_{34} & k_{35} & k_{36} \\ k_{41} & k_{42} & k_{43} & k_{44} & k_{45} & k_{46} \\ k_{51} & k_{52} & k_{53} & k_{54} & k_{55} & k_{56} \\ k_{61} & k_{62} & k_{63} & k_{64} & k_{65} & k_{66} \end{bmatrix}. \quad (5.10)$$

Na forma matricial, a relação entre deslocamentos aplicados e esforços obtidos pode ser escrita:

$$[F] = [K][u], \quad (5.11)$$

ou seja

$$\begin{bmatrix} F_1 \\ F_2 \\ F_3 \\ F_4 \\ F_5 \\ F_6 \end{bmatrix} = \begin{bmatrix} k_{11} & k_{12} & k_{13} & k_{14} & k_{15} & k_{16} \\ k_{21} & k_{22} & k_{23} & k_{24} & k_{25} & k_{26} \\ k_{31} & k_{32} & k_{33} & k_{34} & k_{35} & k_{36} \\ k_{41} & k_{42} & k_{43} & k_{44} & k_{45} & k_{46} \\ k_{51} & k_{52} & k_{53} & k_{54} & k_{55} & k_{56} \\ k_{61} & k_{62} & k_{63} & k_{64} & k_{65} & k_{66} \end{bmatrix} \times \begin{bmatrix} u_1 \\ u_2 \\ u_3 \\ u_4 \\ u_5 \\ u_6 \end{bmatrix}. \quad (5.12)$$

Em princípio, a partir do conhecimento das matrizes de deformabilidade correspondentes à ação isolada de esforços unitários referentes a cada grau de liberdade dos nós da estrutura, é possível determinar a matriz global de deformabilidade da estrutura e, por sua inversão, obter a matriz de rigidez da estrutura.

5.11 Montagem direta da matriz de rigidez

Teoricamente, a matriz de rigidez poderia ser determinada diretamente, sem o recurso de inicialmente estabelecer a matriz de deformabilidade.

Embora apenas em casos muito simples seja possível realizar manualmente a determinação direta de coeficientes de rigidez, o entendimento desse procedimento é importante para a compreensão dos conceitos empregados com processos computacionais disponíveis em programas comerciais de cálculo estrutural.

Para isso, tome-se o exemplo da estrutura da Figura 5.31, em que o índice (i) indica a ação externa e (j) o deslocamento considerado.

Figura 5.31

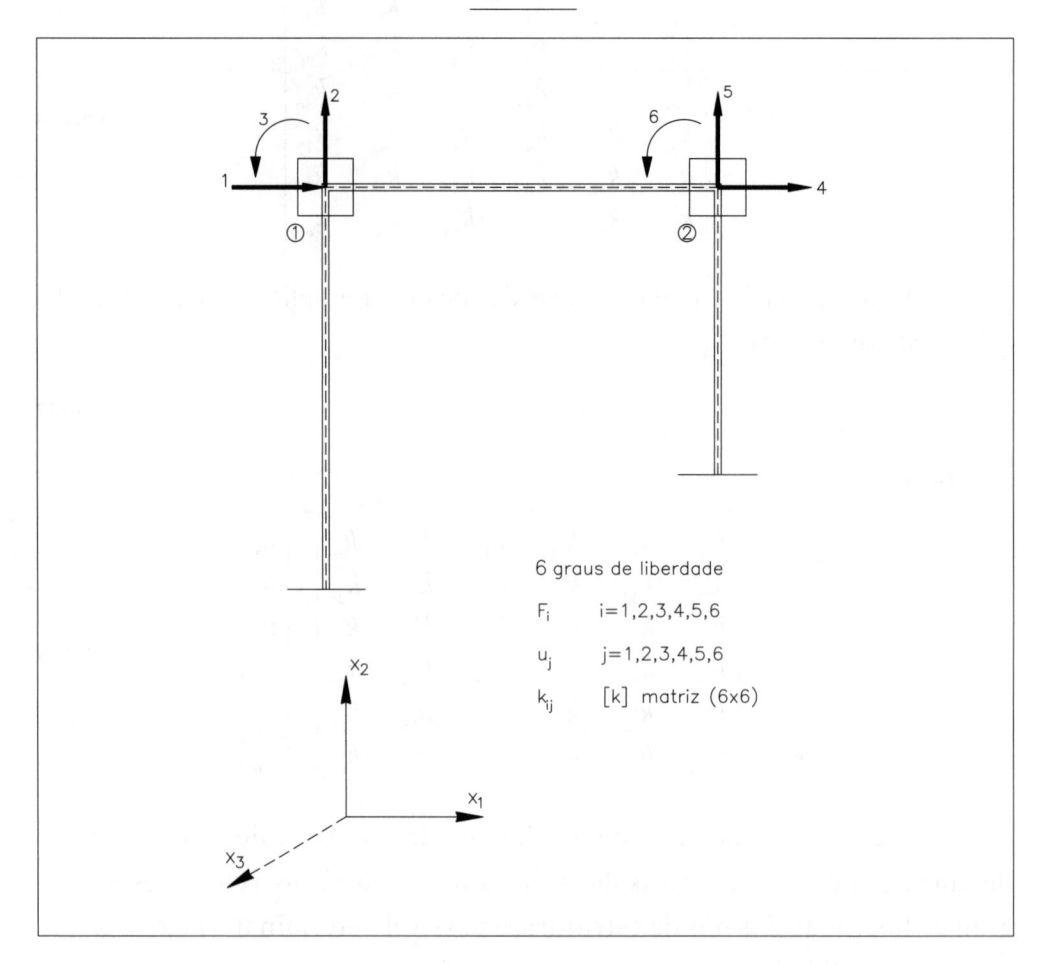

6 graus de liberdade

F_i $i=1,2,3,4,5,6$

u_j $j=1,2,3,4,5,6$

k_{ij} [k] matriz (6x6)

Observe-se inicialmente que estão numerados apenas os nós deslocáveis (1) e (2), isto é, os nós não vinculados ao sistema de referência, os quais podem sofrer deslocamentos pela deformação da estrutura.

Note-se que todos os deslocamentos são considerados como se pudessem ter os respectivos sentidos positivos.

Como se mostra na Figura 5.32, o procedimento para a determinação direta da matriz de rigidez consiste em se aplicar, isoladamente, deslocamentos unitários positivos, correspondentes a cada um dos graus de liberdade da estrutura, mantendo imobilizados todos os outros possíveis deslocamentos correspondentes aos demais graus de liberdade.

Figura 5.32

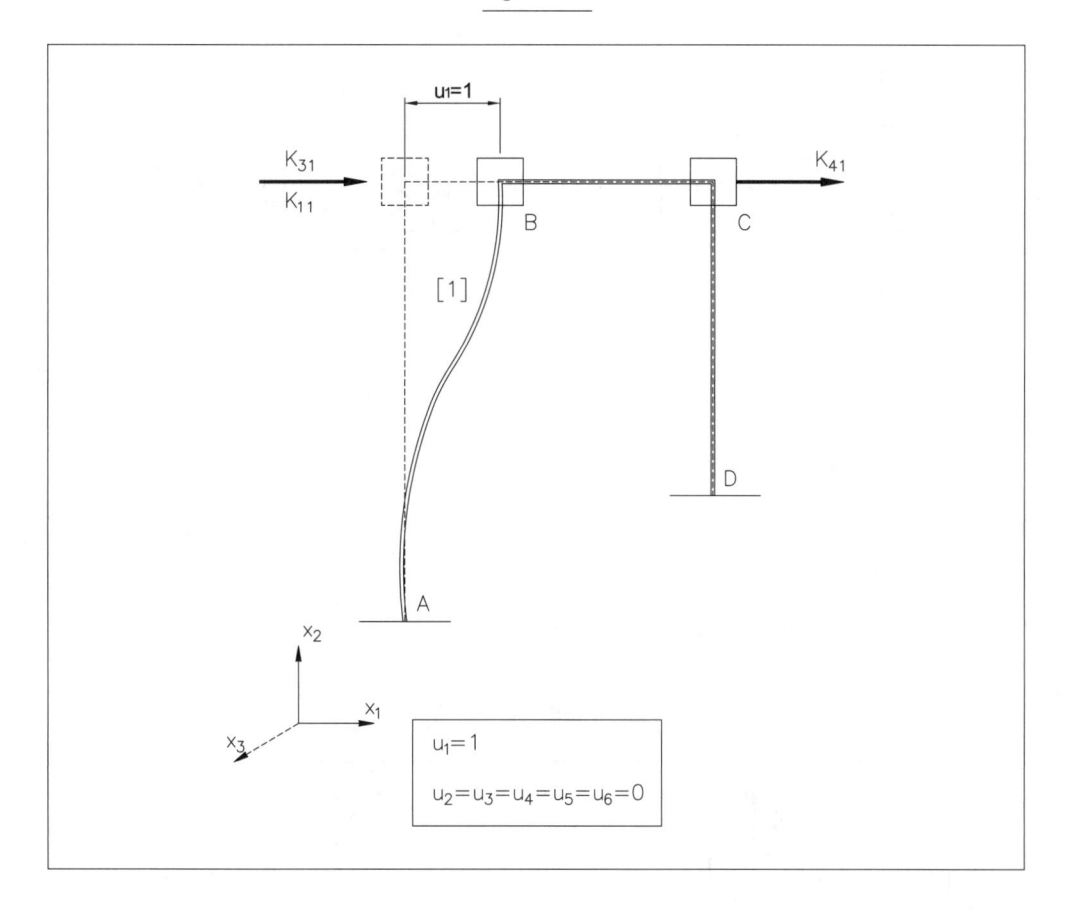

$u_1 = 1$
$u_2 = u_3 = u_4 = u_5 = u_6 = 0$

Para essa imobilização, nos outros graus de liberdade que permitiriam movimentos em virtude da deformação da estrutura, são aplicados esforços externos correspondentes às reações vinculares dos apoios externos que os bloqueiam. Assim, com a aplicação do deslocamento $u_1 = 1$, para evitar a rotação do nó A, é preciso aplicar simultaneamente o binário k_{31}.

Para os graus de liberdade que já estão imobilizados pelos reais vínculos externos da estrutura não há necessidade nem possibilidade de aplicação de esforços externos.

Nas figuras seguintes mostram-se, para os outros graus de liberdade, que os esforços são determinados em teoria de primeira ordem, isto é, admite-se que a flexão das barras não altere a projeção de seus comprimentos sobre direção de sua posição original indeformada, e que não apareçam forças axiais em decorrência da flexão das barras, nem de momentos fletores, em virtude de alongamentos de outras barras por forças normais.

Figura 5.33

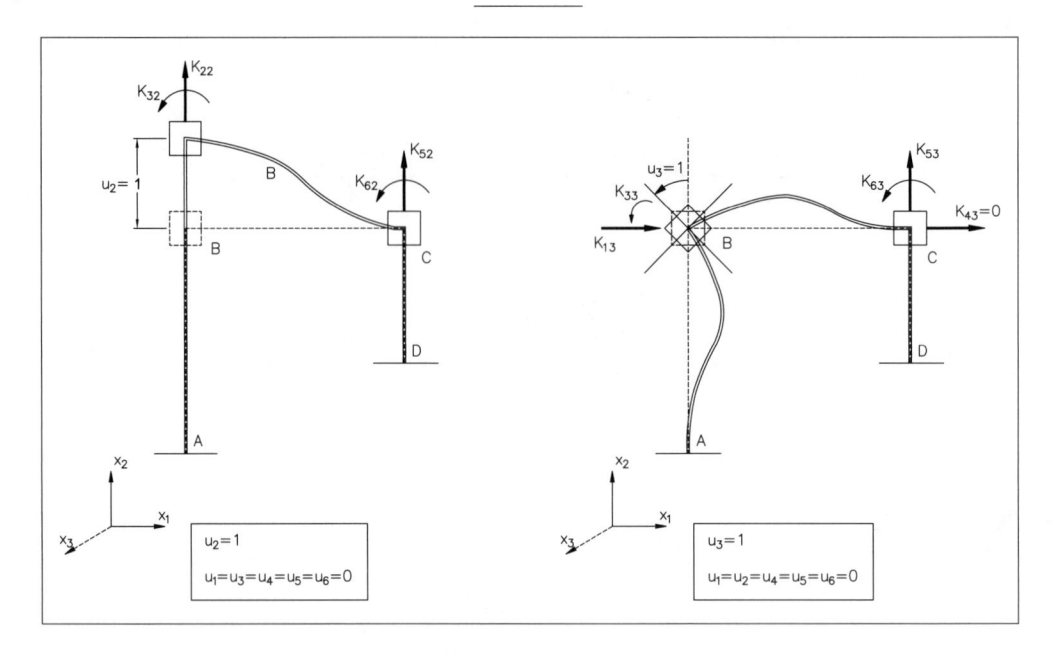

Figura 5.34

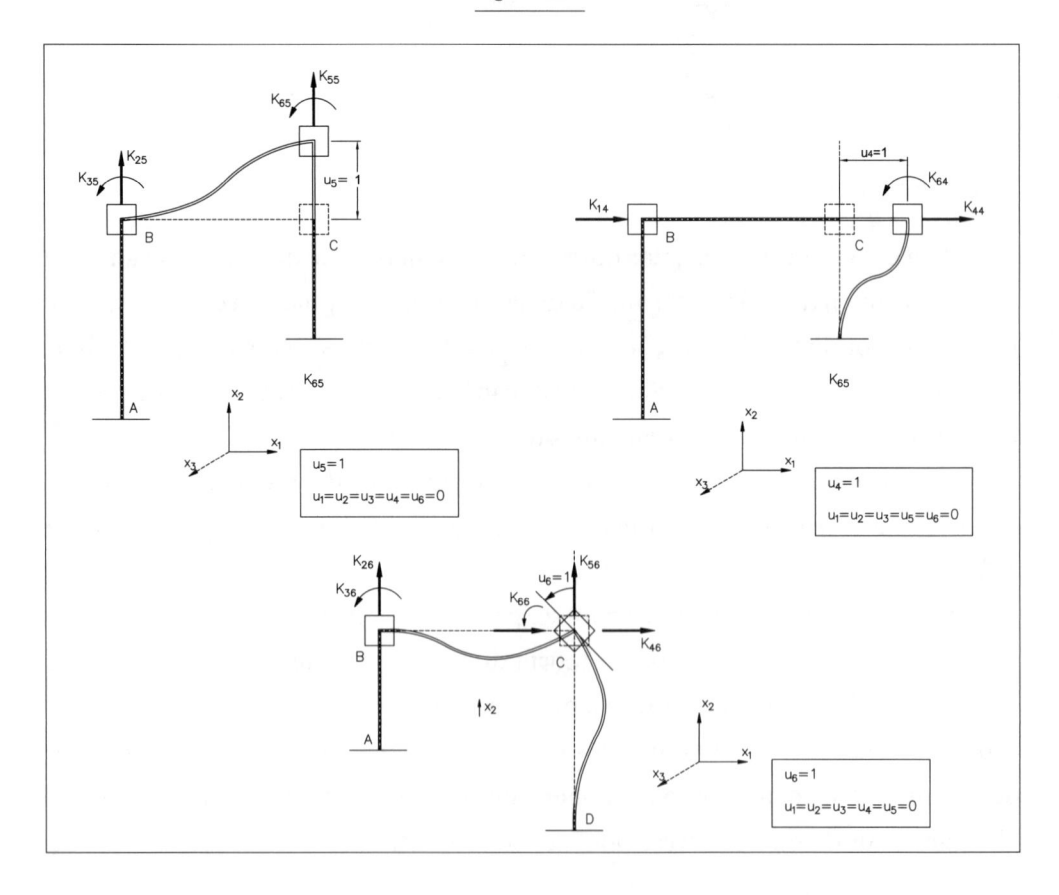

Como se pode observar, todos esses problemas isolados são de natureza hiperestática e, assim, não podem ser solucionados isoladamente de modo simplista, como ocorre com a determinação dos correspondentes coeficientes de deformabilidade.

5.12 Determinação dos esforços solicitantes

Como visto no item anterior, a determinação direta da matriz de rigidez somente é exequível em casos muito simples. No caso geral de estruturas compostas por muitas barras, é necessário estabelecer um procedimento sistemático de cálculo que permita a determinação da matriz de rigidez $[K]$ da estrutura, a partir do conhecimento das matrizes de rigidez $[k_{e,i}]$ de cada um dos elementos (barras) separadamente.

Da definição de rigidez para a estrutura como um todo, tem-se a relação entre esforços externos aplicados $[F]$ e os correspondentes deslocamentos $[u]$ das seções nodais que definem todos os graus de liberdade da estrutura

$$[F] = [K][u] \tag{5.13}$$

Quando a estrutura está vinculada de modo não hipostático, a matriz de rigidez $[K]$ da estrutura existe, ou seja, não é singular, e pode então ser invertida, obtendo-se a sua inversa $[K]^{-1}$, tal que

$$[K]^{-1} \cdot [K] = [K] \cdot [K]^{-1} = [I] \tag{5.14}$$

Nessas condições, das expressões anteriores obtém-se

$$[K]^{-1} \cdot [F] = [K]^{-1} \cdot [K] \cdot [u] = [u]$$

Por outro lado, da definição de deformabilidade, tem-se

$$[u] = [D] \cdot [F]$$

daí resultando $[D] = [K]^{-1}$ \hfill (5.15)

e, consequentemente, como

$$[D]^{-1} \cdot [u] = [D]^{-1} \cdot [D] \cdot [F] = [F]$$

e, sendo

$$[F] = [K] \cdot [u], \text{ resulta } [K] = [D]^{-1} \tag{5.16}$$

Desse modo, a matriz de rigidez $[K]$ pode ser obtida por inversão da matriz de deformabilidade $[D]$, desde que a matriz de deformabilidade seja não singular.

Se a matriz $[D]$ for determinada considerando-se uma vinculação isostática da estrutura, então $[K]$ poderá ser obtida por inversão de $[D]$, pois $[D]$ existirá e não será singular.

Observe-se, finalmente, que para a determinação dos coeficientes de rigidez não interessam as reais condições de vínculo da estrutura. Para a determinação de cada coeficiente de rigidez, bloqueiam-se todos os nós, exceto o nó correspondente ao coeficiente que vai ser determinado, e nesse nó permite-se apenas o deslocamento unitário correspondente ao grau de liberdade considerado.

Desse modo, conhecida a matriz de rigidez da estrutura, considerando-se a ação de um carregamento externo $\{F_1 F_2 \dots F_i \dots F_n\}$, podem ser calculados os deslocamentos $\{u_1 u_2 \dots u_j \dots u_m\}$ de todos os nós não vinculados da estrutura. Conhecendo-se em cada nó os coeficientes de rigidez correspondentes aos deslocamentos das extremidades de todas as barras concorrentes a esse nó, referentes a cada um de seus graus de liberdade, podem ser obtidos todos os esforços solicitantes atuantes nas extremidades dessas barras.

Em estruturas simples a análise estrutural pode ser realizada manualmente pelos métodos dos deslocamentos. Todavia, com sistemas estruturais um pouco menos simples que os desses exemplos, é necessário usar o método dos deslocamentos por processos computacionais, para o que existem inúmeros programas comerciais disponíveis.

Exercício

1) Em relação a este capítulo de muitas deduções analíticas, os exercícios recomendados constituem-se na tentativa de o estudante explicar o texto para si mesmo, com todos os detalhes possíveis.

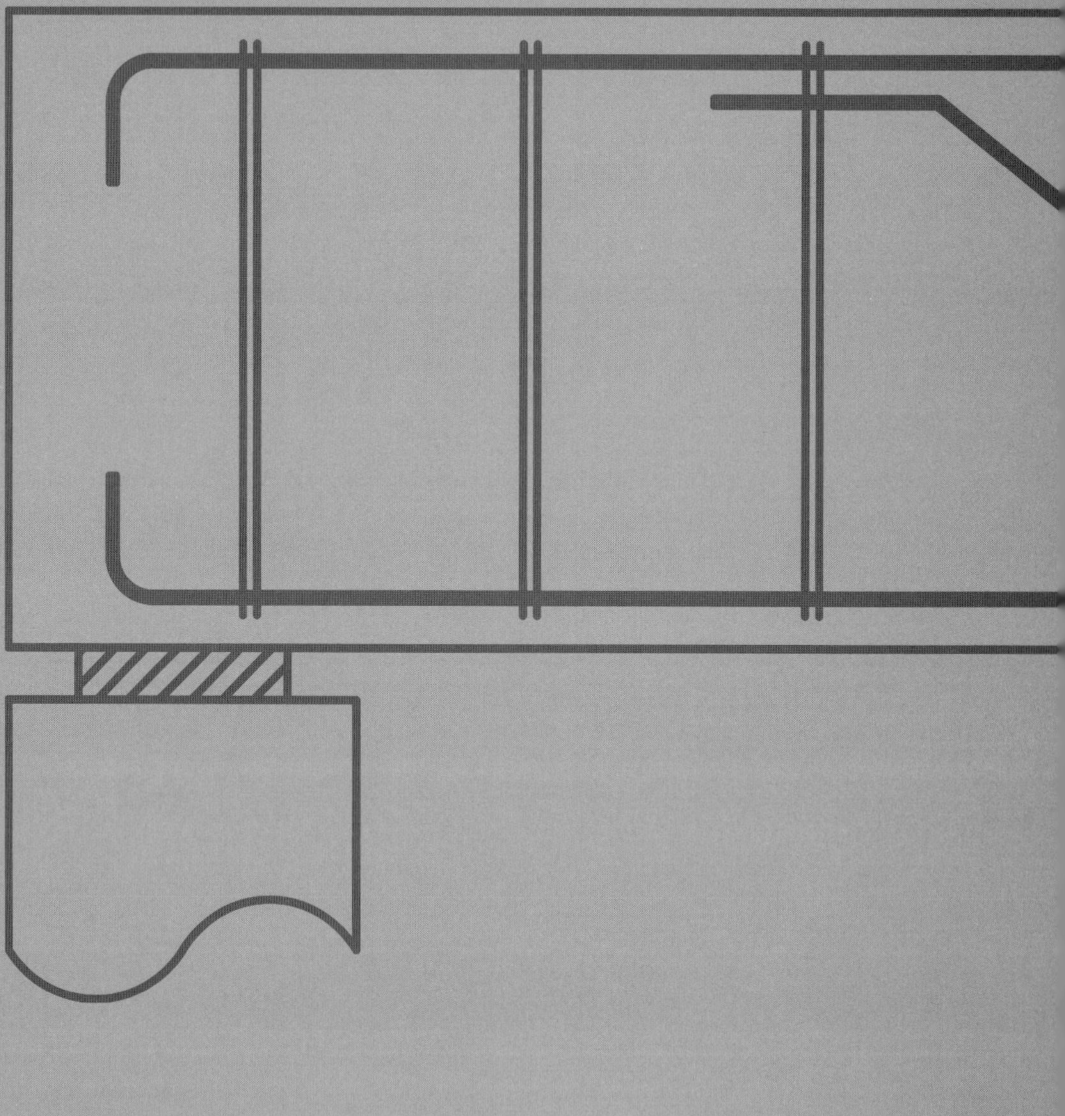

CAPÍTULO 6

INTRODUÇÃO AO DIMENSIONAMENTO DAS ESTRUTURAS DE CONCRETO

6.1 Critérios de classificação das ações

De modo geral, as ações que atuam nas estruturas podem ser classificadas de acordo com diferentes critérios, como indicado na Tabela 6.1.

Tabela 6.1

CRITÉRIOS DE CLASSIFICAÇÃO	TIPOS DE AÇÕES
VARIAÇÃO NO TEMPO	AÇÕES PERMANENTES AÇÕES VARIÁVEIS AÇÕES EXCEPCIONAIS
VARIAÇÃO NO ESPAÇO	AÇÕES FIXAS AÇÕES LIVRES (móveis ou removíveis)
NATUREZA MECÂNICA	AÇÕES ESTÁTICAS (acelerações desprezíveis) AÇÕES DINÂMICAS (acelerações significativas)

Para projeto, também se consideram como permanentes as ações cujas variações sejam desprezíveis em relação ao seu valor médio ao longo da vida da construção.

Tabela 6.2

CRITÉRIOS DE CLASSIFICAÇÃO DAS AÇÕES VARIÁVEIS	TIPOS DE AÇÕES VARIÁVEIS
TEMPO DE PERMANÊNCIA	AÇÕES DE LONGA DURAÇÃO AÇÕES DE CURTA DURAÇÃO
FREQUÊNCIA DE ATUAÇÃO	AÇÕES REPETIDAS AÇÕES NÃO REPETIDAS

A aleatoriedade das ações variáveis é considerada em relação ao tempo de utilização da construção.

Em face da multiplicidade de condições de carregamento que podem ocorrer durante a vida útil das construções, torna-se necessário convencionar as situações de carregamento a considerar na verificação da segurança das estruturas da seguinte maneira:

a) Situações permanentes

Entendem-se como permanentes as situações de carregamento correspondentes à utilização normal da construção. As situações permanentes englobam as ações permanentes, e as ações variáveis usuais têm duração da mesma ordem de grandeza que o período de referência admitido para a vida útil da construção.

b) Situações temporárias

Entendem-se como temporárias as situações cuja duração é muito menor que o período de referência da vida útil da construção. A situação temporária é considerada transitória quando nela ocorrem ações variáveis especiais, como é a situação de construção. A situação temporária será extraordinária quando ocorrerem cargas extraordinárias que até podem levar a estrutura à ruína.

Na elaboração da análise estrutural, para as ações são adotados determinados valores considerados representativos (F_{rep}) para o caso em questão. Esses valores representativos podem ser determinados com os seguintes critérios:

I) Ações permanentes

Em princípio, as ações permanentes podem ser consideradas com dois valores diferentes: um valor característico superior $G_{k,sup}$, correspondente ao quantil de 95% da distribuição de valores associados à população de estruturas semelhantes, e um valor característico inferior, $G_{k,inf}$, correspondente ao quantil de 5% dessa distribuição.

Usualmente, esses dois valores característicos são substituídos por valores representativos nominais, fixados de modo convencional da seguinte maneira:

1 – Peso próprio das estruturas
Em virtude da pequena variabilidade do peso próprio, adota-se um único valor nominal, G_k, calculado a partir dos desenhos de projeto e dos pesos específicos médios dos materiais.

2 – Peso dos elementos não estruturais
Em princípio, são adotados dois valores nominais, um máximo e um mínimo, levando-se em conta todas as variações que possam ser razoavelmente previstas. Usualmente o valor mínimo é considerado igual a zero.

3 – Empuxos de terra
Adota-se o valor máximo para o empuxo ativo e o valor mínimo para o empuxo passivo.

4 – Forças de protensão
Os efeitos da protensão são determinados a partir de dois valores característicos da força de protensão, um valor máximo $P_{k,max}$ e um valor mínimo $P_{k,min}$ ou, em muitos casos, a partir de um valor médio P_m.

5 – Outras ações
As deformações impostas pelo método construtivo, por recalques de apoio, por diferenças de temperatura e pela retração, bem como as forças decorrentes de um nível d'água praticamente constante são representados por valores nominais únicos.

II) Ações variáveis
Para as ações variáveis são considerados os seguintes valores representativos:

1 – Valor característico (F_k)
É o valor básico de referência estabelecido pelos regulamentos normalizadores.

2 – Valor reduzido de combinação ($\psi_0 F_k$)
É o valor de uma ação secundária, que acompanha outra ação variável considerada principal na verificação da segurança em relação a estados limites últimos.

3 – Valor reduzido frequente ($\psi_1 F_k$)
É o valor significativo para a consideração da ocorrência repetida da ação, ou ações de média duração, na verificação da segurança em relação a estados limites de serviço.

4 – Valor reduzido de longa duração ($\psi_2 F_k$)
É o valor da ação variável quase-permanente, que pode atuar durante períodos de tempo suficientemente longos para que sejam considerados os efeitos da permanência ao longo do tempo na verificação da segurança em relação a estados limites de serviço. Os valores usuais dos fatores de combinação (ψ_0) e dos fatores de redução (ψ_1 e ψ_2) especificados por normas brasileiras são os indicados na Tabela 6.3.

Tabela 6.3 • Fatores de combinação e de redução

AÇÕES EM ESTRUTURAS CORRENTES	ψ_0	ψ_1	ψ_2
Variações uniformes de temperatura em relação à média anual local	0,6	0,5	0,3
Pressão dinâmica do vento	0,6	0,3	0

CARGAS ACIDENTAIS EM EDIFÍCIOS	ψ_0	ψ_1	ψ_2
Locais em que não há predominância de equipamentos fixos nem de elevadas concentrações de pessoas	0,5	0,4	0,3
Locais onde há predominância de pesos de equipamentos fixos ou de elevadas concentrações de pessoas	0,7	0,6	0,4
Bibliotecas, arquivos, oficinas e garagens	0,8	0,7	0,6

CARGAS MÓVEIS E SEUS EFEITOS DINÂMICOS	ψ_0	ψ_1	ψ_2
Pontes de pedestres	0,6	0,4	0,3
Pontes rodoviárias	0,7	0,5	0,3
Pontes ferroviárias (ferrovias não especializadas)	0,8	0,7	0,5
Pontes ferroviárias especializadas	1,0	1,0	0,6
Vigas de rolamento de pontes rolantes	1,0	0,8	0,5

6.2 Combinações de cálculo e critérios de segurança

a) Estados limites últimos

I) Combinações últimas normais: $F_d = \sum_{i=1}^{m} \gamma_{Gi} F_{Gi,k} + \gamma_Q \left[F_{Q1,k} + \sum_{j=2}^{n} \psi_{0,j} F_{Qj,k} \right]$.

II) Combinações últimas especiais ou de construção:
$$F_d = \sum_{i=1}^{m} \gamma_{Gi} F_{Gi,k} + \gamma_Q \left[F_{Q1,k} + \sum_{j=2}^{n} \psi_{0j,ef} F_{Qj,k} \right].$$

III) Combinações últimas excepcionais: $F_d = \sum_{i=1}^{m} \gamma_{Gi} F_{Gi,k} + F_{Q,exc} + \gamma_Q \sum_{j=1}^{n} \psi_{0j,ef} F_{Qj,k}$.

b) Estados limites de utilização

I) Combinações de longa duração: $F_{d,uti} = \sum_{i=1}^{m} F_{Gi,k} + \sum_{j=1}^{n} \psi_{2j} F_{Qj,k}$.

II) Combinações frequentes: $F_{d,uti} = \sum_{i=1}^{m} F_{Gi,k} + \psi_1 F_{Q1,k} + \sum_{j=2}^{n} \psi_{2j} F_{Qj,k}$.

c) Coeficientes de ponderação

Tabela 6.4 • Ações permanentes diretas de pequena variabilidade

COMBINAÇÕES	γ_g PARA EFEITOS*	
	Desfavoráveis	Favoráveis
Normais	γ_g = 1,25 a 1,35	γ_g = 1,0
Especiais ou de construção	γ_g = 1,15 a 1,25	γ_g = 1,0
Excepcionais	γ_g = 1,10 a 1,15	γ_g = 1,0

* Podem ser usados indiferentemente os símbolos γ_g ou γ_G.
Fonte: Tabela 1 da NBR 8681: 2003 para diversos tipos de ações.

Tabela 6.5 • Ações permanentes diretas de grande variabilidade

COMBINAÇÕES	γ_g PARA EFEITOS*	
	Desfavoráveis	Favoráveis
Normais	γ_g = 1,35 a 1,50	γ_g = 1,0
Especiais ou de construção	γ_g = 1,25 a 1,40	γ_g = 1,0
Excepcionais	γ_g = 1,15 a 1,30	γ_g = 1,0

* Podem ser usados indiferentemente os símbolos γ_g ou γ_G.
Fonte: Tabela 1 da NBR 8681: 2003 para diversos tipos de ações.

Tabela 6.6 • Ações permanentes diretas agrupadas

COMBINAÇÕES	TIPO DE ESTRUTURA	EFEITOS	
		Desfavoráveis	Favoráveis
Normais	Grandes pontes[1]	1,30	1,0
	Edificações tipo 1 e pontes em geral[2]	1,35	1,0
	Edificações tipo 2[3]	1,40	1,0
Especiais ou de Construção	Grandes pontes[1]	1,20	1,0
	Edificações tipo 1 e pontes em geral[2]	1,25	1,0
	Edificações tipo 2[3]	1,30	1,0
Excepcionais	Grandes pontes[1]	1,10	1,0
	Edificações tipo 1 e pontes em geral[2]	1,15	1,0
	Edificações tipo 2[3]	1,20	1,0

1. Grandes pontes: peso próprio da estrutura maior que 75% da totalidade das ações.
2. Edificações tipo 1: cargas acidentais maiores que 5 kN/m².
3. Edificações tipo 2: cargas acidentais menores ou iguais a 5 kN/m².
Fonte: NBR 8681:2003.

Tabela 6.7 • Ações permanentes indiretas

COMBINAÇÕES	γ_g PARA EFEITOS*	
	DESFAVORÁVEIS	FAVORÁVEIS
Normais	$\gamma_g = 1,2$	$\gamma_g = 0$
Especiais ou de Construção	$\gamma_g = 1,2$	$\gamma_g = 0$
Excepcionais	$\gamma_g = 0$	$\gamma_g = 0$

* Podem ser usados indiferentemente os símbolos γ_g ou γ_G.

Tabela 6.8 • Ações variáveis consideradas conjuntamente

COMBINAÇÕES	TIPOS DE ESTRUTURAS	EFEITOS DA TEMPERATURA
Normais	Pontes e edificações tipo 1: $\gamma_q = 1,5$ Edificações tipo 2: $\gamma_q = 1,4$	$\gamma_\varepsilon = 1,2$
Especiais ou de Construção	Pontes e edificações tipo 1: $\gamma_q = 1,3$ Edificações tipo 2: $\gamma_q = 1,2$	$\gamma_\varepsilon = 1,0$
Excepcionais	Estruturas em geral: $\gamma_q = 1,0$	$\gamma_\varepsilon = 0$

6.3 Exemplo de determinação de esforços solicitantes

Exemplo: Viga isostática de seção constante. Flexão simples devida a ações permanentes de grande variabilidade e ações variáveis com carregamento alternado.

Figura 6.1 • Viga isostática de seção cortante

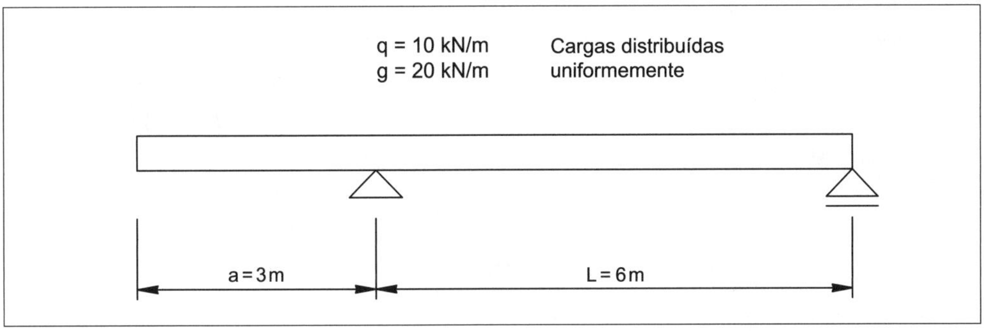

q = 10 kN/m   Cargas distribuídas
g = 20 kN/m   uniformemente

a = 3 m   L = 6 m

UNIDADES (kN, m)   (1 kN = 0,1 tf)

			g	q_{AB}	q_{BC}	min	max
	ESFORÇOS		\multicolumn{3}{c}{}	VALORES CORRESPONDENTES A		
ANÁLISE ESTRUTURAL	Ações características		10	20	20	-	-
	Forças cortantes características	$V_{Besq,k}$	-30	-60	-	-30	-90
		$V_{Bdir,k}$	37,5	15	60	37,5	112,5
		V_{Ck}	-22,5	15	-60	-7,5	-82,5
	Momentos fletores característicos	M_{Bk}	45	90	0	45	135
	Reações de apoio	R_{Bk}	67,5	75	60	67,5	202,5
		R_{Ck}	22,5	-15	60	7,5	82,5
$\gamma_{g,desf} = 1,4$ $\gamma_{g,favorável} = 0,9$ $\gamma_q = 1,4$	1,4 $V_{Besq,k}$		-42	-84	-	-	-
	0,9 $V_{Besq,k}$		-27	-	-	-	-
	1,4 $V_{Bdir,k}$		52,5	21	84	-	-
	0,9 $V_{Bdir,k}$		33,75	-	-	-	-
	1,4 V_{Ck}		-31,5	21	-84	-	-
	0,9 V_{Ck}		-20,25	-	-	-	-
Vd (1ª Comb.) (G_{desf}) $S_d = 1,4 S_{gk} + 1,4 S_{qk}$	$V_{Besq,d}$		-42	-84	-	-42	-126
	$V_{Bdir,d}$		52,5	21	84	52,5	157,5
	V_{Cd}		-31,5	21	-84	-10,5	

Vd (2ª Comb.) (G_{fav}) $S_d = 0,9S_{gk} + 1,4S_{qk}$	$V_{Besq,d}$	-27	-84	-	-27	-111
	$V_{Bdir,d}$	33,75	21	84	33,75	138,75
	V_{Cd}	-20,25	21	-84	0,75	-104,25
Md	$1,4 M_{Bk}$	63	126	-	-	-
	$0,9 M_{Bk}$	40,5	-	-	-	-
	1ª Comb. M_{Bd}	63	126	-	63	189
	2ª Comb. M_{Bd}	40,5	126	-	40,5	166,5
Est. Lim. Util. $S_{uti} = S_{gk} + \psi_1 S_{qk}$ $\psi_1 = 0,7$ Comb. Freq.	$V_{B,esq,uti}$	-30	-42	-	-30	-72
	$V_{B,dir,uti}$	37,5	10,5	42	37,5	90
	$V_{C,uti}$	-22,5	10,5	-42	-22,5	-64,5
	$M_{B,uti}$	45	63	-	45	108

Figura 6.2 • Forças cortantes e momentos fletores

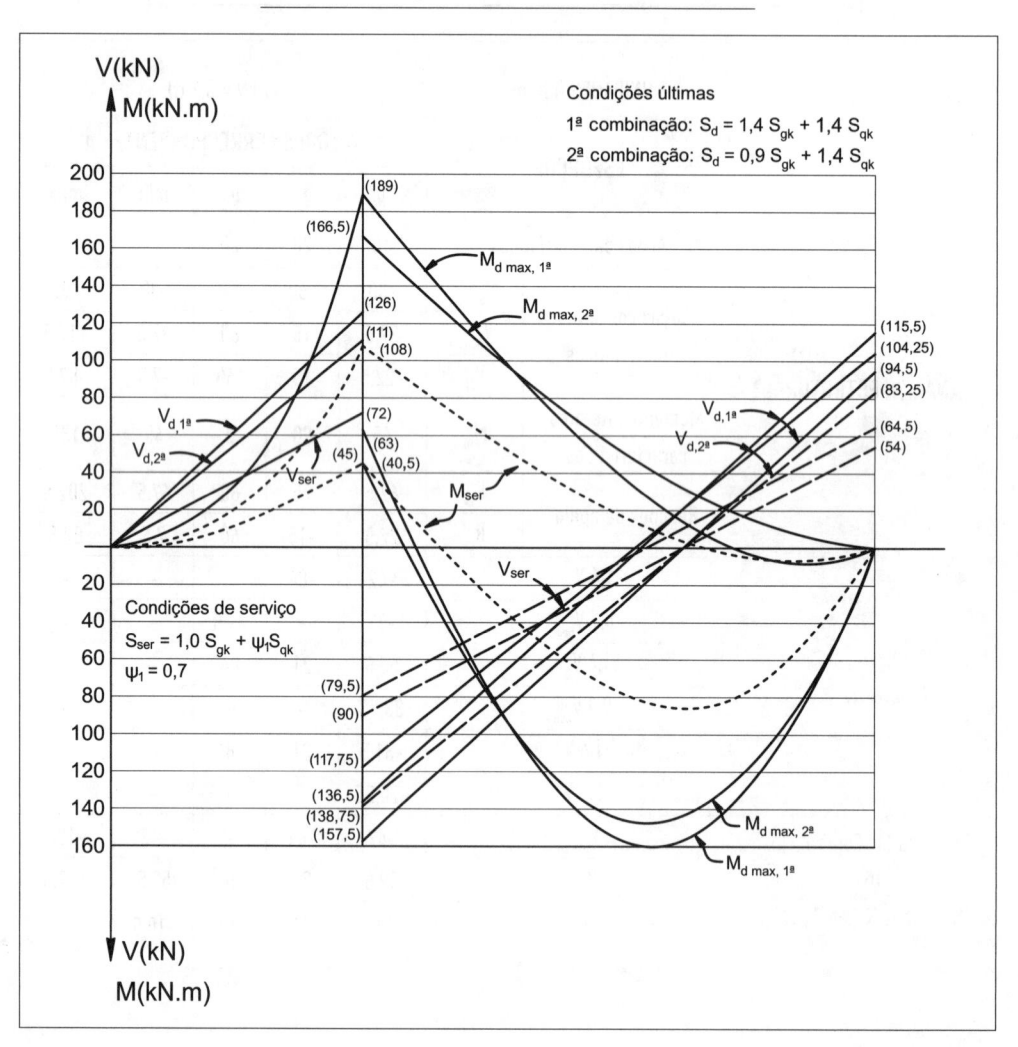

6.4 Introdução à teoria geral de flexão das estruturas de concreto

A flexão de uma peça estrutural pode constituir-se em flexão pura, que significa a ausência simultânea de força normal, ou em flexão simples, que significa a ausência de força cortante simultaneamente à flexão.

Desde que se admitiu o cálculo de flexão do concreto armado em regime de ruptura, ficaram definidos os três estádios de funcionamento concreto, baseados nas tensões normais do plano das seções transversais das peças em flexão simples ou composta (Figura 6.3). O cálculo no estádio 3 é o que agora se denomina dimensionamento em regime de ruptura.

Figura 6.3

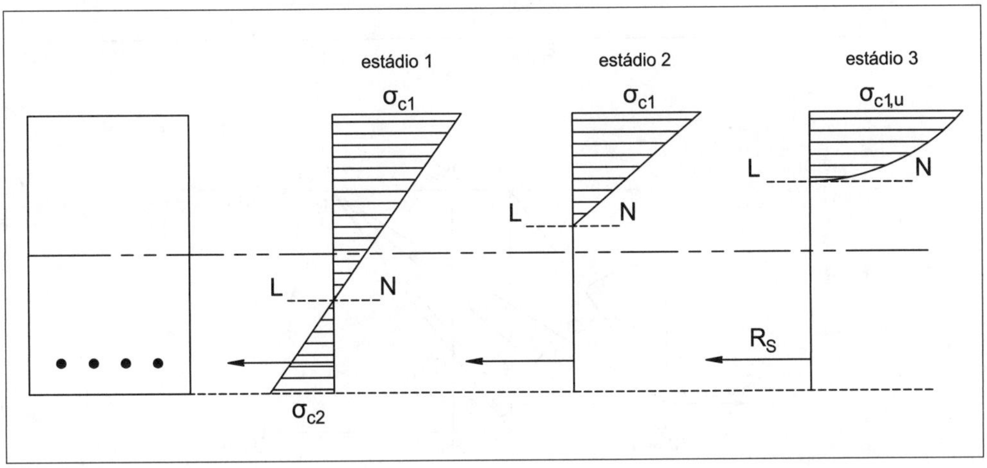

Para definir a segurança das estruturas, deve-se considerar que a ruptura das peças de concreto armado somente ocorre com a ruptura do concreto por compressão.

O fenômeno de ruptura de um material é caracterizado pela solução de continuidade da matéria. A organização interna do concreto, como a de outros materiais sólidos que se formam por agregação sucessiva de diferentes partículas, tem uma estrutura em forma de mosaico, que justifica o modo como ocorre o processo de ruptura do concreto por compressão.

A teoria geral da flexão no concreto estrutural é válida para seções transversais de forma qualquer submetidas a quaisquer combinações de solicitações normais. Ela continua sendo admitida como válida, mesmo na presença de solicitações combinadas, solicitações normais e solicitações tangenciais.

Introdução à engenharia de estruturas de concreto

Desse modo, a Figura 6.2 mostra todas as posições possíveis do diagrama de deformações do concreto ao longo da seção transversal da peça estrutural, até atingir um dos estados limites últimos de resistência, as quais passam necessariamente por um dos três pontos, **A**, **B** ou **C**.

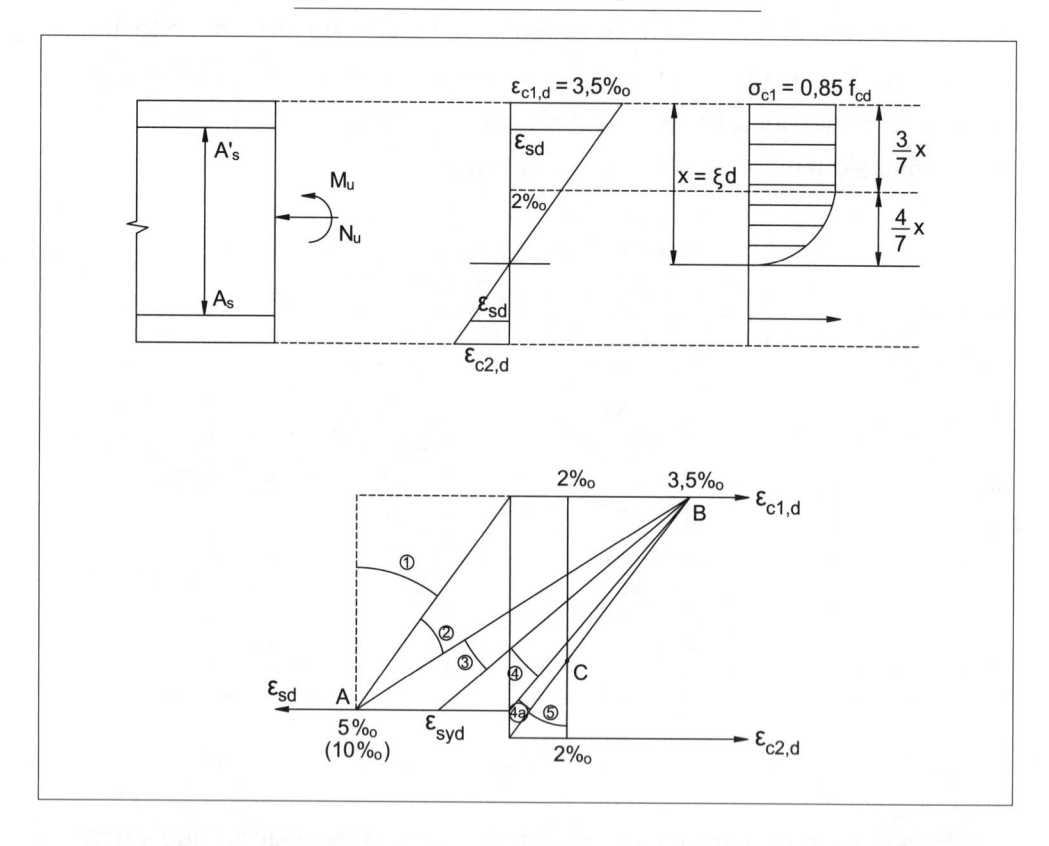

Figura 6.4 • Hipóteses da teoria geral de flexão

O ponto **A** corresponde a uma deformação de alongamento de $\varepsilon_{su} = 5 \times 10^{-3}$ a $\varepsilon_{su} = 10 \times 10^{-3}$. Esse alongamento, que é comum ao concreto e à armadura que lhe é solidária na posição extrema do banzo tracionado da peça, define o estado limite último de alongamento plástico excessivo, não importando qual é o encurtamento máximo do concreto na posição extrema do banzo comprimido.

A ideia de que o alongamento $\varepsilon_{su} = 10 \times 10^{-3}$ caracterize uma situação última corresponde à definição de um estado limite último de fissuração exagerada pois, nesse caso, praticamente todo alongamento da armadura se transforma em abertura de fissuras do concreto.

Esse alongamento último é convencional, não havendo precisão em sua definição. Para essa finalidade, o valor de 10×10^{-3} é tão bom quanto o de 5×10^{-3}, pois a sensação de iminência de colapso é praticamente a mesma, quer existam 10 ou 5 fissuras de 1 mm de abertura por metro linear da peça.

O ponto **B** do diagrama de estados de deformação do concreto, correspondente ao encurtamento último $\varepsilon_{c1,u} = 3{,}5 \times 10^{-3}$, define o estado limite último de ruptura do concreto comprimido quando a linha neutra da flexão corta a seção transversal da peça fletida.

O chamado estado limite último de ruptura do concreto comprimido é, de fato, um estado limite último de encurtamento último convencional. O valor limite do encurtamento não decorreu de medidas diretamente obtidas em ensaios de ruptura de peças fletidas. Em um ensaio de flexão, nem é possível determinar o que seria o valor do encurtamento correspondente à ruptura, pois, nas proximidades da ruptura da peça, existem fenômenos de intensa microfissuração e de rápida fluência do concreto. Os valores adotados $\varepsilon_{c1,u} = 3{,}5 \times 10^{-3}$ e $\varepsilon_{c1,u} = 2{,}0 \times 10^{-3}$ representam apenas valores médios razoáveis.

O ponto **C** do diagrama anterior, que corresponde ao encurtamento último $\varepsilon_{c1,u} = 2{,}0 \times 10^{-3}$, define o estado limite último de ruptura do concreto quando a linha neutra não corta a seção transversal, isto é, quando toda a seção está comprimida.

O diagrama de tensões de compressão na seção transversal da peça fletida é formado por uma parábola com vértice correspondente à deformação de $\varepsilon_{CC} = 2{,}0 \times 10^{-3}$, e por um retângulo para as deformações que superem este último valor.

O diagrama admitido para as tensões de compressão não decorre do diagrama tensão-deformação do concreto. Não existe uma relação entre a inclinação da tangente do ramo parabólico em sua origem e o módulo de deformação longitudinal do concreto. O diagrama parábola-retângulo não define a lei constitutiva do concreto comprimido.

Para efeito de verificação da segurança, admite-se que, na ruptura, a máxima tensão de compressão $\sigma_{c1,u}$ atuante na seção transversal seja igual a 0,85 da resistência de cálculo do concreto.

O coeficiente de redução 0,85 leva em conta o tamanho do corpo de prova de controle, o crescimento da resistência com a idade e o efeito deletério das cargas de longa duração. Este coeficiente 0,85 não deve, portanto, ser interpretado como um novo coeficiente parcial de segurança, da mesma natureza que o coeficiente γ_c de minoração da resistência do concreto. Ele é um simples coeficiente de modificação (k_{mod}), que corrige certas imprecisões existentes na avaliação da resistência das peças fletidas.

Essa teoria é aceita como válida para seções transversais de forma qualquer submetidas a quaisquer combinações de solicitações normais. Ela continua sendo admitida como válida, mesmo na presença de solicitações combinadas de solicitações normais e de solicitações tangenciais.

6.5 Comportamento de vigas em flexão simples

O estado de flexão simples corresponde à ação simultânea de momento fletor com força cortante.

Nas vigas de concreto armado submetidas à flexão simples, as armaduras devem obedecer simultaneamente aos requisitos devidos aos momentos fletores e também às forças cortantes. Os tipos básicos de armaduras empregadas nas vigas simplesmente apoiadas estão representados na Figura 6.5.

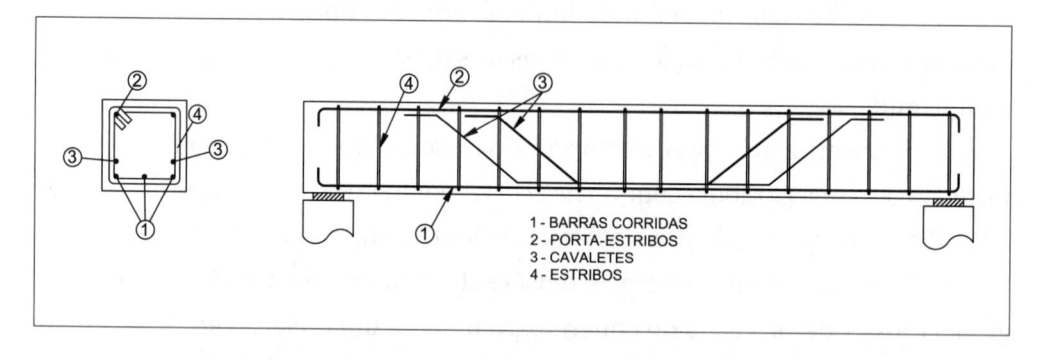

Figura 6.5 • Tipos básicos de armaduras de vigas

1 - BARRAS CORRIDAS
2 - PORTA-ESTRIBOS
3 - CAVALETES
4 - ESTRIBOS

As barras corridas absorvem os esforços de tração devidos à flexão, estendendo-se de ponta a ponta da viga.

Os cavaletes são barras dobradas. Quando eles estão presentes, seus trechos inclinados formam parte da armadura transversal resistente aos esforços de tração decorrentes do cisalhamento, e seus trechos longitudinais fazem parte da armadura de flexão. O uso de cavaletes nas vigas de concreto armado está ficando cada vez menos comum.

Os estribos são a principal armadura transversal resistente aos esforços de tração decorrentes do cisalhamento e, para sua ancoragem no banzo comprimido da viga são empregados os porta-estribos.

Admitindo que a viga mostrada na Figura 6.5 seja submetida a uma carga transversal suficientemente elevada para que se chegue às proximidades do estado limite último de solicitações normais, ela apresenta uma intensa fissuração, como se mostra na Figura 6.6.

Figura 6.6 • Tipo de fissuração nas proximidades do estado limite último de solicitações normais

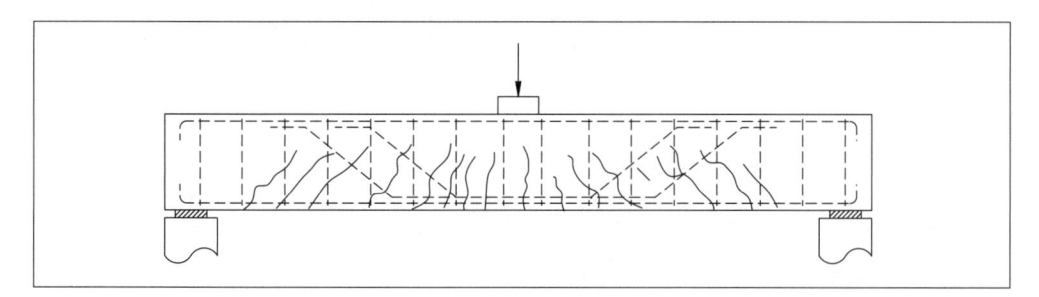

No estado fissurado, as vigas de concreto armado funcionam como treliças. As bielas diagonais delimitadas pelas fissuras formam as diagonais comprimidas e as armaduras transversais formam os tirantes que ligam os banzos da treliça.

Na Figura 6.7 está esquematizada a treliça resistente da viga com armadura transversal formada apenas por estribos perpendiculares ao eixo da peça.

Figura 6.7 • Analogia da treliça

O comportamento de treliça não existe nas vigas fletidas desde o início de seu carregamento. No começo do carregamento, o comportamento das vigas de concreto armado é muito semelhante ao das vigas de material homogêneo resistente à tração.

Somente à medida que o carregamento aumenta ocorre uma mudança de comportamento em decorrência da fissuração da alma da viga, passando-se do comportamento de viga para o de treliça, como se mostra na Figura 6.8.

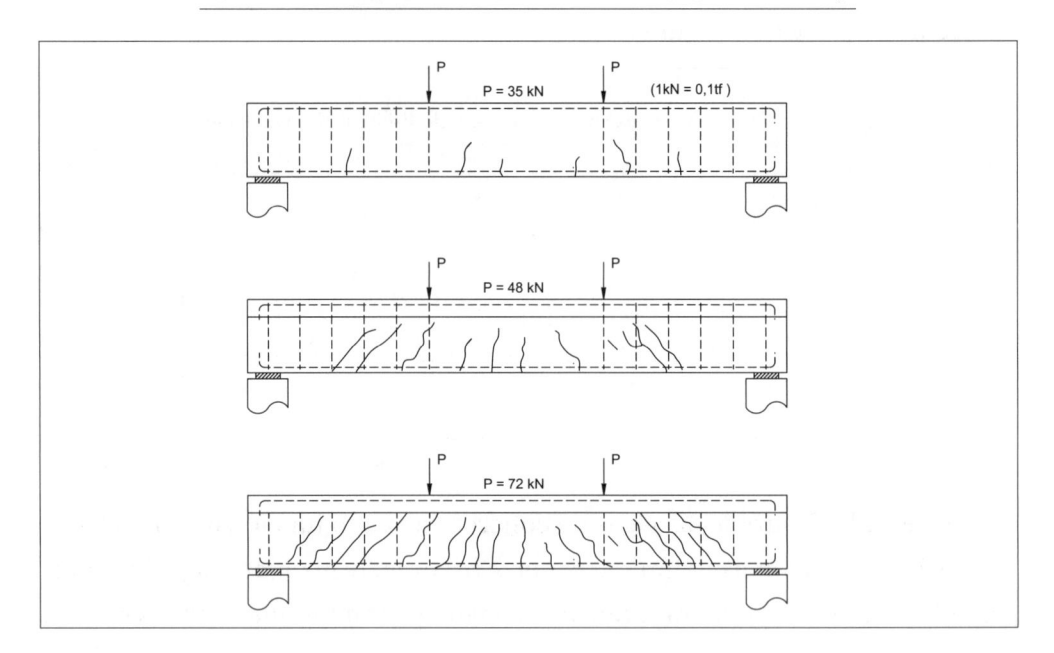

Figura 6.8 • Passagem do comportamento de viga para o de treliça

Na verificação da segurança das vigas submetidas a forças cortantes essa mudança de comportamento deve ser considerada na limitação das tensões de compressão das bielas diagonais de concreto, pois, nas proximidades do estado limite último decorrente dessa compressão, a integridade das bielas diagonais já ficou bastante comprometida pela fissuração provocada pela flexão, como se mostra na Figura 6.8.

A fixação dos limites a serem respeitados pela compressão diagonal do concreto leva em conta o verdadeiro panorama de fissuração das vigas fletidas quando elas se aproximam do estado limite último de ruptura ou de alongamento plástico excessivo decorrente dos momentos fletores que atuam simultaneamente com as forças cortantes.

É importante salientar, conforme se observa na Figura 6.9, que a intensa fissuração da alma da viga reduz significativamente a resistência à compressão das bielas diagonais.

Essa redução deve ser analisada ao serem discutidos os valores limites das tensões de cisalhamento.

No entanto, desde já é preciso salientar que a fissuração da alma das vigas não deve acarretar a ruptura das bielas diagonais antes que ocorra o estado limite último de solicitações normais, pois toda ruína estrutural decorrente da ruptura do concreto comprimido é de natureza frágil, isto é, não avisada.

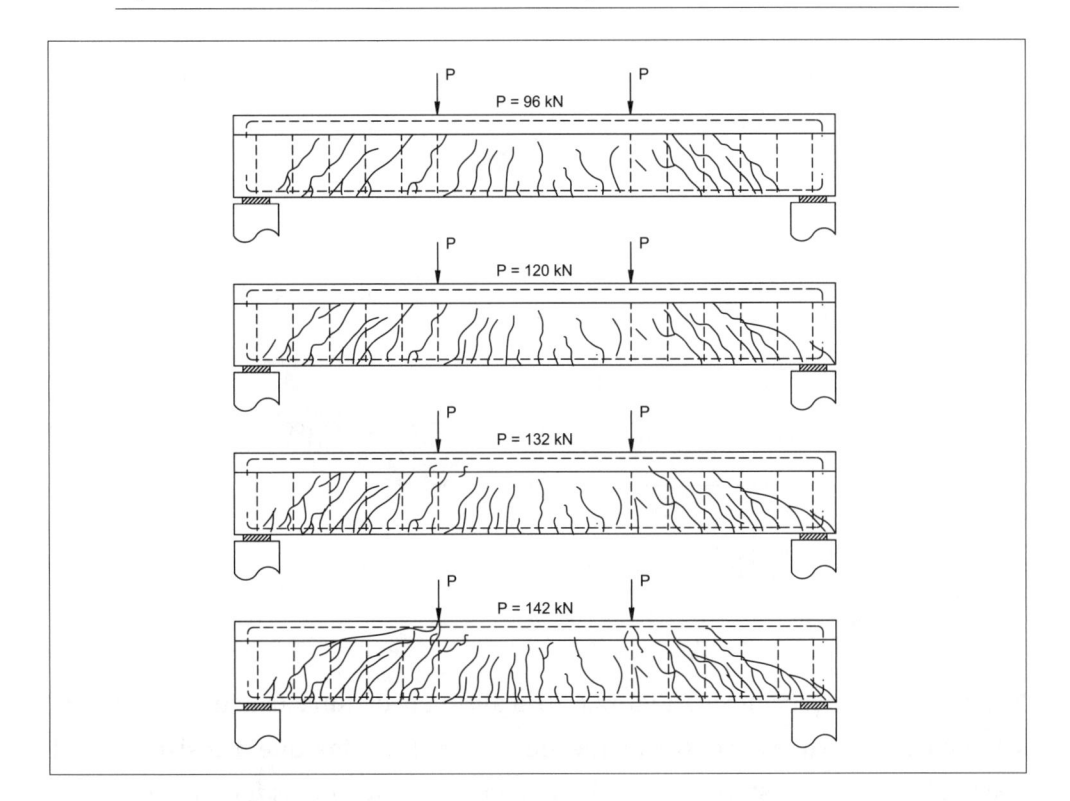

Figura 6.9 • Fissuração diagonal da alma até as proximidades do estado limite último

Todavia, note-se que o comportamento de treliça das vigas fletidas de concreto armado é admitido apenas como uma simplificação do comportamento real. Na realidade, além do comportamento de treliça, existem outros fenômenos que contribuem para a resistência às forças cortantes, que somente podem ser explicitados por meio de modelos de comportamento alternativos ao de treliça.

6.6 Modos de ruptura

Os modos de ruptura das vigas de concreto armado submetidas a forças cortantes podem ser classificados da forma descrita adiante.

Note-se que os modos de ruptura descrevem as diferentes formas como pode ocorrer a ruptura física da peça estrutural. Como, em geral, é impraticável a quantificação das variáveis estruturais nesses estados de ruptura, para projeto, é preciso definir a segurança em relação a estados limites últimos anteriores a esses reais estados de ruína. Os estados limites últimos de solicitações tangenciais serão posteriormente definidos.

a) Ruptura na ausência de armaduras transversais eficazes

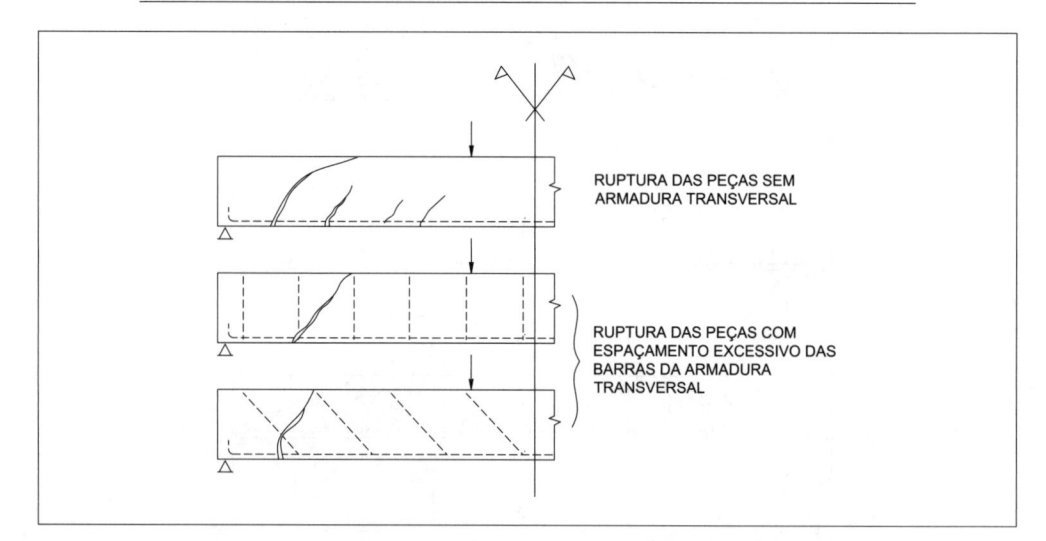

Figura 6.10 • Modo de ruptura na ausência de armaduras transversais eficazes

Nos três casos mostrados na Figura 6.10, a ausência de uma armadura transversal eficaz, que cruze a possível superfície de fratura, faz que a resistência da peça dependa da resistência à tração do concreto e de outros fenômenos resistentes associados à sua estrutura interna.

A ausência de uma armadura transversal é permitida apenas em vigas de dimensões muito pequenas e nas peças estruturais de superfície, como lajes e cascas. Nesses casos, a segurança depende apenas da manutenção dos outros comportamentos resistentes que não o de treliça.

Esse modo de ruptura, devido à falta de uma armadura transversal eficaz, quando é decorrente de espaçamentos excessivos das barras transversais, corresponde a *arranjos defeituosos* das armaduras.

Note-se que, nesse caso, a segurança quanto à ruptura frágil, não avisada, não pode ser obtida com o aumento da seção transversal das barras das armaduras. A única maneira de garantir a segurança nesse modo de ruptura é respeitar os afastamentos máximos permitidos para as barras da armadura transversal.

b) Modos de ruptura na presença de armaduras transversais eficazes

Esses modos de ruptura podem ocorrer mesmo com a mobilização da resistência de armaduras transversais eficazes. Esses modos são consequência de armaduras com resistência insuficiente ou da ruptura do concreto.

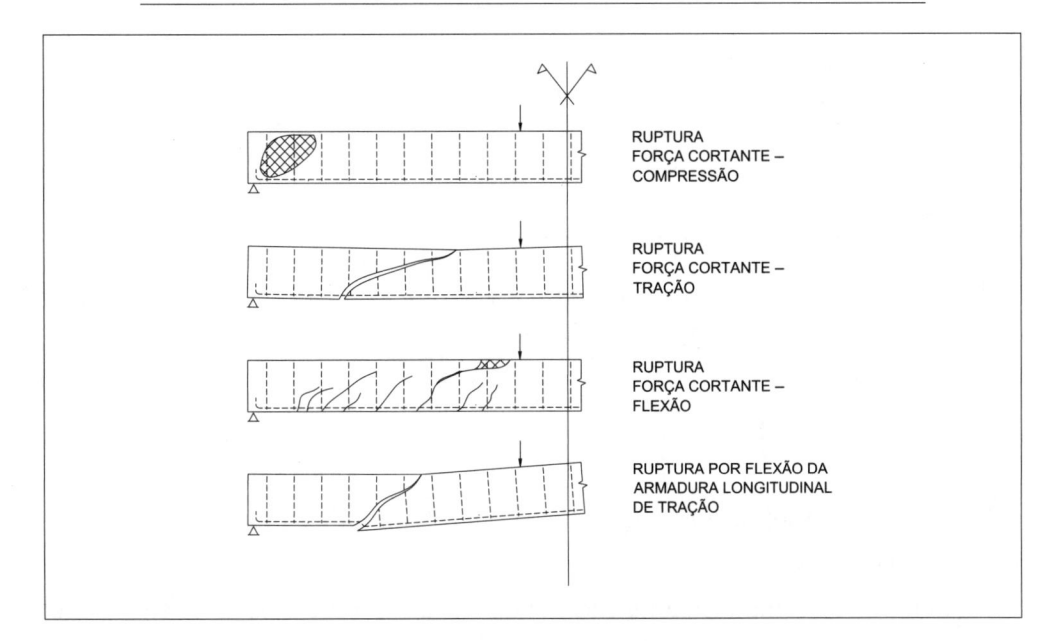

Figura 6.11 • Modos de ruptura na presença de armaduras transversais eficazes

A *ruptura força cortante-compressão* corresponde à ruptura por compressão das bielas diagonais de concreto junto aos apoios da viga. A segurança quanto a esse modo de ruptura é garantida pela limitação do valor convencional da tensão tangencial atuante.

A ruptura *força cortante-tração* sobrevém quando é vencida a resistência da armadura transversal, ocorrendo sua ruptura por tração. A segurança quanto a esse modo de ruptura é garantida utilizando uma quantidade suficiente de armadura transversal.

A *ruptura força cortante-flexão* decorre da interação da força cortante com o momento fletor, usualmente nas proximidades de cargas concentradas elevadas. Esse modo de ruptura sobrevém quando as fissuras diagonais de cisalhamento cortam uma parte da região que formaria o banzo comprimido da peça fletida. A diminuição da espessura do banzo comprimido pode então provocar a ruptura por compressão do concreto.

A *ruptura por flexão da armadura longitudinal de tração* pode ocorrer quando as bielas diagonais de concreto, que se apoiam no banzo tracionado sobre as barras da armadura longitudinal, provocam tensões de flexão localizada muito elevadas nessas armaduras, em virtude de espaçamentos excessivos dos estribos ou até mesmo de ancoragem deficiente dos estribos quando eles estão deficientemente ancorados em um dos banzos da viga.

c) Modos de ruptura por deficiência das ancoragens

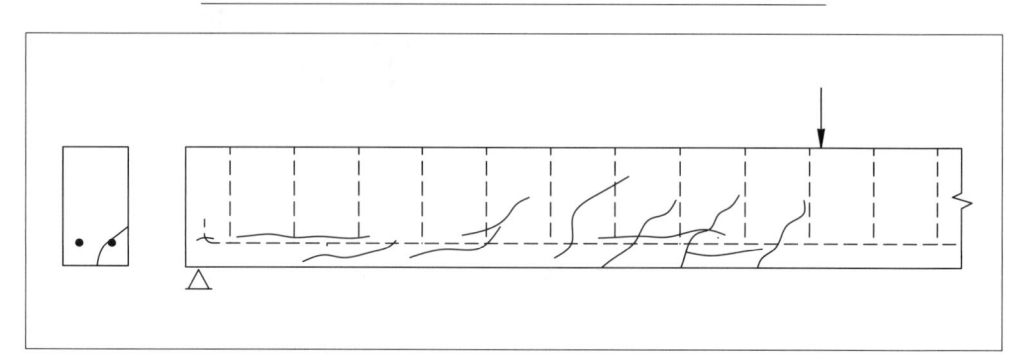

Figura 6.12 • Modos de ruptura por deficiência das ancoragens

O funcionamento solidário do aço com o concreto mobiliza tensões na interface dos dois materiais.

Ao longo da armadura longitudinal de tração, nos trechos retos em que há variações bruscas do momento fletor e também nas ancoragens de extremidade, as barras de aço da armadura tendem a escorregar em relação ao concreto que as envolve, com o aparecimento de tensões longitudinais de cisalhamento na interface dos dois materiais. Essas tensões podem provocar o fendilhamento longitudinal do concreto, com o desligamento significativo dos materiais. Isso pode implicar no desaparecimento do concreto armado como material composto de funcionamento solidário do aço com o concreto.

Esse modo de ruptura é particularmente perigoso nas ancoragens de extremidade em que um detalhamento defeituoso da extremidade da armadura longitudinal possa facilitar o escorregamento dessa armadura.

Tendo em vista a multiplicidade de modos de ruptura decorrentes das forças cortantes e considerando que muitos desses modos podem acarretar o colapso não avisado das estruturas, no dimensionamento das peças de concreto estrutural *sempre* deverão ser tomadas todas as cautelas necessárias a fim de que as solicitações tangenciais *não sejam* condicionantes da ruína e, portanto, que não diminuam a resistência das peças calculadas em função das solicitações normais.

Desse modo, adota-se como princípio fundamental de segurança que as peças de concreto estrutural possuam dimensões e armaduras tais que, na eventualidade de efetivamente sobrevir a ruína, por ato de força maior ou por ação humana, ela decorra dos efeitos das solicitações normais, pois, nessas condições, a ruína quase sempre poderá ser de natureza avisada, sem que haja risco de perda de vidas humanas.

6.7 Estados limites últimos de solicitações tangenciais

Para a verificação da segurança das peças submetidas a forças cortantes, consideram-se estados limites últimos, reais ou convencionais, a partir dos quais é dada como esgotada a resistência da peça.

Nesse sentido, como nas peças submetidas a forças cortantes sempre pode ocorrer uma fissuração diagonal que identifica as bielas que por compressão diagonal transmitem as forças cortantes, é preciso definir os valores que definem a resistência dessas bielas à compressão.

A efetiva resistência à compressão, nesses casos, toma os valores

$$f_{cd,eff} = v f_{1cd},$$

em que o coeficiente de modificação v assume os seguintes valores:

1) Em bielas prismáticas, quando se admite um campo de compressão uniforme, ou no banzo comprimido de peças fletidas quando se admite distribuição uniforme de tensões: $v_1 = (1 - f_{ck} / 250)$, sendo f_{ck} em MPa.
2) Em bielas prismáticas não fissuradas, com distribuição uniforme de deformações: $v_2 = 1,00$.
3) Em bielas paralelas ao campo de fissuração com armaduras atravessando as fissuras: $v_2 = 0,80$.
4) Em bielas comprimidas que atravessam campos usuais de fissuração, como na alma das vigas: $v_2 = 0,60$.
5) Em bielas comprimidas que atravessam campos muito fissurados, como nas peças submetidas a tração axial ou nas abas tracionadas das vigas: $v_2 = 0,45$.

a) Lajes sem armadura transversal

Nas lajes sem armadura transversal, considera-se que o risco de ruptura decorra da presença das tensões diagonais de tração. Nesse caso, será admitida a existência de um estado limite último convencional quando a tensão de cisalhamento τ_{wd}, calculada convencionalmente, atingir um certo valor τ_{wu1}, previamente especificado.

B – Peças com armadura transversal

Nas peças armadas transversalmente, admite-se que todas as armaduras estejam corretamente detalhadas, considerando-se, para a verificação da segurança, os seguintes estados limites últimos:

I) Estado limite último força cortante-compressão

A existência convencional desse estado limite último será admitida quando o valor de cálculo da tensão de cisalhamento τ_{wd} atingir um certo valor τ_{wu} convencionalmente adotado. A condição de segurança é então expressa por $\tau_{wd} \leq \tau_{wu}$.

II) Estado limite último força cortante-tração

O estado limite último ocorre convencionalmente quando na armadura transversal as tensões de tração atingem o valor de sua resistência de cálculo à tração f_{ywd}. Ele é, portanto, anterior ao aparecimento da ruptura força cortante-tração, na qual existe a ruptura real da armadura transversal. A condição de segurança em relação a esse estado limite é garantida, em cada trecho de comprimento Δx da viga, pela efetiva existência de armadura de cisalhamento com seção transversal $\Delta A_{sw,ef}$ que possa suportar, com tensões não superiores à sua resistência de cálculo f_{ywd}, os correspondentes esforços de cálculo decorrentes das forças cortantes.

III) Estados limites últimos de escorregamento das ancoragens e de perda de aderência

Esses estados limites últimos ocorrem convencionalmente quando, nos locais em que há possibilidade de escorregamento das armaduras tracionadas, o valor de cálculo τ_{bd} das tensões de aderência atingem o valor de cálculo da resistência de aderência f_{bd}.

6.8 Flexão no concreto protendido

Os fenômenos de ruptura das peças de concreto protendido submetidas a estados de solicitações normais são da mesma natureza dos que ocorrem com as peças de concreto armado não protendido.

Para o dimensionamento das peças fletidas de concreto protendido são necessários os conceitos explicitados na Figura 6.13.

A ideia de que a protensão corresponda a uma flexão composta é válida apenas quando se exclui a própria armadura de protensão da seção transversal.

6 • *Introdução ao dimensionamento das estruturas de concreto*

Quando se considera a totalidade da seção transversal da peça, formada pelo concreto e pelas armaduras passivas e de protensão, os esforços solicitantes não dependem da protensão, exceto nas estruturas hiperestáticas, nas quais podem surgir os chamados esforços hiperestáticos de protensão, decorrentes da inibição de deslocamentos provocados pela própria protensão.

Desse modo, tanto nas peças de concreto protendido quanto nas peças de qualquer outro material, somente haverá flexão composta se realmente houver força normal externa atuante, a qual somente poderá existir em decorrência de ações externas aplicadas à estrutura ou de esforços hiperestáticos de protensão.

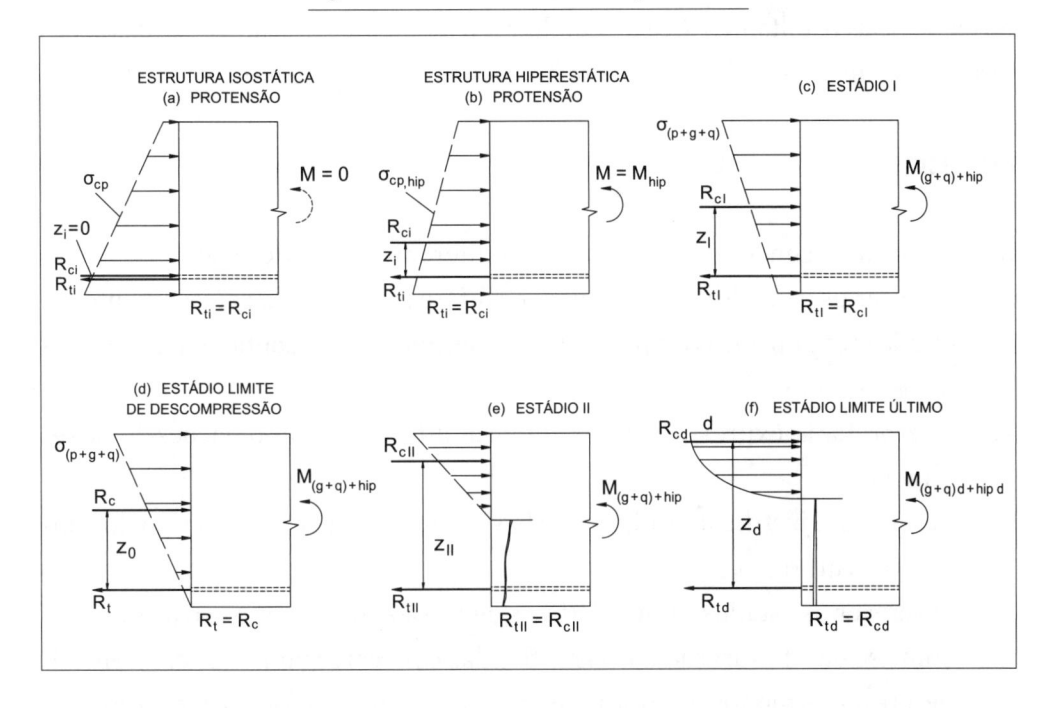

Figura 6.13 • Flexão no concreto protendido

Observe-se que, de início, no ato da protensão, admitindo que não seja mobilizada nenhuma parcela do peso próprio, os esforços internos são autoequilibrados e não dependem das ações diretas g e q, que ainda não atuam na estrutura. Nesse estágio, as resultantes de tensões R_{ci} e R_{ti} são iguais em módulo e, nas estruturas isostáticas, elas atuam segundo a mesma linha de ação, pois R_{ci} e R_{ti} devem formar um binário de momento nulo.

Nas estruturas hiperestáticas, no estado inicial de protensão, R_{ci} e R_{ti} estarão afastadas entre si de uma distância Z_i tal que elas formem um binário de momento igual ao valor $M_{p,hip}$ do momento fletor que é mobilizado no ato da protensão pelas deformações provocadas pela própria operação de protensão.

Carregando-se a estrutura progressivamente, a seção transversal passa pelo estádio I, até o carregamento correspondente ao estado de descompressão da borda junto à armadura de protensão, entrando no estádio II, que prossegue enquanto as tensões de compressão no concreto permanecem em regime elástico.

Finalmente, prosseguindo no carregamento, atinge-se o estado limite último de solicitações normais por ruptura do concreto comprimido ou por alongamento plástico excessivo da armadura de protensão, neste caso, não se considerando o alongamento inicial de protensão.

A partir do estado de descompressão, o funcionamento do concreto protendido é exatamente o mesmo que o do concreto armado comum, devendo o binário formado pelas resultantes R_{cd} e R_{td} equilibrar o momento externo $M_{(g+q)d}$ das ações diretas, somando-se a ele o momento hiperestático $M_{p,hip}$, quando ele existir.

Exercícios

1) Explicar os conceitos que definem os diferentes tipos de ações.
2) Explicar os conceitos que definem os diferentes tipos de carregamentos.
3) Explicar os conceitos empregados nas definições dos coeficientes de redução ψ_0, ψ_1, ψ_2.
4) Interpretar as expressões que definem as diferentes combinações de carregamentos.
5) Descrever e justificar as hipóteses básicas da teoria geral de flexão do concreto estrutural.
6) Descrever os estados limites últimos de flexão do concreto estrutural.
7) Como se dá a fissuração das vigas fletidas com carregamentos crescentes?
8) Descrever os modos de ruptura na flexão associada a forças cortantes.
9) Descrever o estado limite último de escorregamento da armadura de flexão.
10) Analisar a ruptura do concreto protendido.

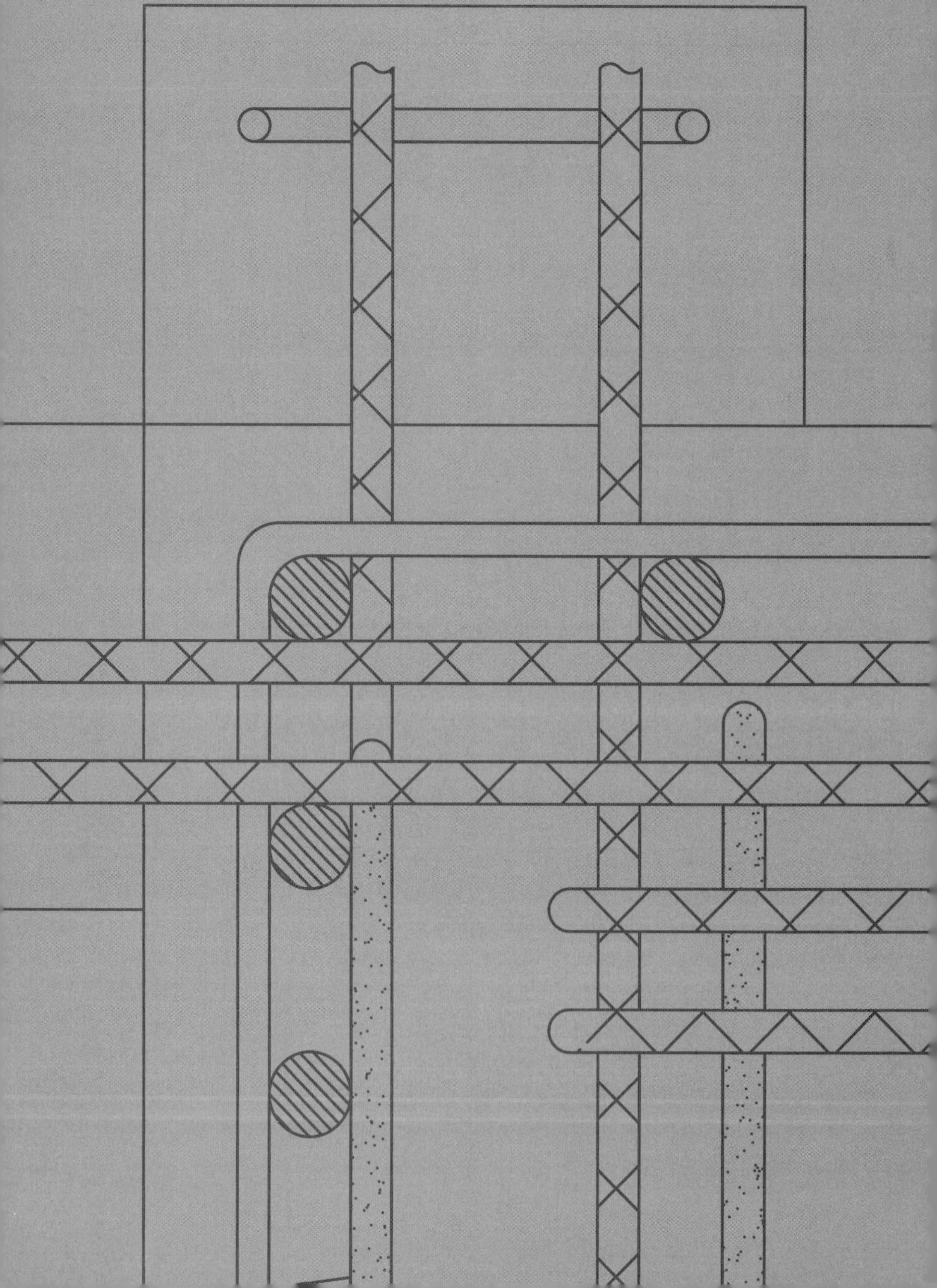

CAPÍTULO 7

INTRODUÇÃO À TECNOLOGIA DO CONCRETO ESTRUTURAL

7.1 O concreto estrutural

Vale recordar aqui que, desde a antiguidade, a pedra e o tijolo foram os materiais mais importantes para as construções humanas.

A arquitetura grega foi consequência do emprego de vigas e placas de pedra. A baixa resistência à tração da pedra obrigou a utilização de pequenos vãos, daí decorrendo as colunatas típicas dessa arquitetura.

A civilização romana desenvolveu o tijolo cerâmico e, com isso, escapou das formas retas, criando os arcos de alvenaria. Todavia, a construção romana de obras portuárias exigiu solução diferente, com a fabricação de um verdadeiro concreto, cujo cimento era constituído por pozolanas, materiais ricos em sílica ativa, naturais ou obtidas pela moagem de tijolos calcinados.

As pozolanas são materiais finamente divididos, constituídos por componentes ricos em sílica ativa, isto é, ricos em SiO_2 capaz de reagir a frio com outros componentes na massa de concreto, ainda fluida ou já endurecida.

A cal, também chamada de cal aérea, por endurecer com o gás carbônico do ar, com a adição de pozolanas é chamada de cal hidráulica, por sofrer endurecimento por reação com a água.

Com a queda do império romano, o mundo ocidental voltou a ser uma civilização rural. As cidades renasceram somente em fins da Idade Média. Com a Revolução Industrial, que trouxe à luz o cimento Portland e o aço laminado, surge o concreto armado em meados do século XIX.

O concreto tem uma grande durabilidade natural, em virtude de suas propriedades físico-químicas, que o assemelham às rochas naturais, embora ele seja um material essencialmente poroso, que precisa ser adequadamente entendido para que de fato possa ser garantida a sua durabilidade. Em particular, as agressões por sulfatos ao concreto e por cloretos aos aços, além da ação da poluição ambiental, devem ser cuidadosamente consideradas desde a fase de projeto, de acordo com o que é analisado nesta introdução ao concreto estrutural.

As estruturas de concreto têm maior resistência a choques e vibrações que suas similares de outros materiais, e a sua resistência ao fogo é bastante conhecida.

O concreto estrutural é um material de construção composto por concreto simples e armaduras de aço.

A mistura do cimento com a água forma a pasta de cimento. Adicionando o agregado miúdo, como a areia, obtém-se a argamassa de cimento. Juntando o agregado graúdo, como a pedra britada ou seixos rolados, tem-se o concreto simples.

O concreto simples caracteriza-se por sua razoável resistência à compressão, usualmente entre 20 e 40 MPa, e por uma reduzida resistência à tração, usualmente menor que 1/10 de sua resistência à compressão. Hoje em dia podem ser normalmente empregados concretos com resistências de até 50 MPa e, excepcionalmente, até 70 MPa.

Nas estruturas de concreto armado, a baixa resistência à tração do concreto simples é contornada pela existência de armaduras de aço adequadamente dispostas ao longo das peças estruturais. Desse modo obtém-se o chamado concreto estrutural, embora também existam alguns tipos de estruturas de concreto simples.

O tipo de armadura empregada caracteriza o concreto estrutural. Usualmente, chama-se de concreto armado comum, ou simplesmente de concreto armado, o concreto estrutural em que as armaduras não são alongadas durante a construção da estrutura. Quando esse alongamento é realizado e depois mantido de modo permanente, o concreto estrutural ganha o nome de concreto protendido.

No concreto armado corrente, em que se empregam aços com resistências de escoamento de até 500 ou 600 MPa, os esforços atuantes nas armaduras são decorrentes das ações aplicadas à superfície externa da estrutura, após a sua construção. As armaduras são solicitadas em consequência das deformações do concreto da própria estrutura. Elas acompanham passivamente as deformações da estrutura e, por isso, são chamadas de armaduras passivas. Quando o concreto endurece, formando a peça estrutural, o concreto e suas armaduras passam a trabalhar solidariamente, isto é, não existe escorregamento relativo entre os dois materiais. Essa é a hipótese fundamental da teoria do concreto armado. Ela admite a solidariedade perfeita dos dois materiais até a ruptura do concreto por compressão.

No concreto protendido, em que se empregam aços com resistências de escoamento de até 1500 MPa, as armaduras de protensão são tracionadas durante a construção da estrutura, por meio de dispositivos adequados, guardando tensões residuais permanentes. As armaduras de protensão também têm seus esforços alterados pelas ações que agem sobre a estrutura depois de ela ter sido construída. Todavia, essas alterações são relativamente pequenas quando comparadas aos esforços iniciais introduzidos pelos aparelhos de protensão. As armaduras de protensão têm, portanto, um papel ativo na distribuição dos esforços internos das peças estruturais protendidas. Por essa razão, elas também são chamadas de armaduras ativas.

O correto tratamento das estruturas de concreto exige que elas sejam consideradas como formadas por dois materiais diferentes, o concreto e o aço, trabalhando solidariamente. Para o trabalho solidário desses dois materiais, devem ser respeitadas as condições de compatibilidade de seu emprego conjunto, inclusive para que possa ser feita uma concretagem adequada. A Figura 7.1 ilustra um exemplo das minúcias que devem ser respeitadas para o arranjo correto das armaduras de concreto.

A ideia de que o concreto armado é um material composto sempre deve estar presente, a fim de se garantir o perfeito funcionamento solidário do concreto, material frágil, de baixa resistência e de menor rigidez, com o aço, material dúctil, de grande resistência e de maior rigidez.

O concreto armado não deve ser imaginado como um material unitário, no qual as armaduras de aço se constituem em simples fibras resistentes à tração. Para isso, devem ser respeitadas as dimensões limites das peças de concreto e das barras de aço empregadas em suas armaduras. Além disso, como proteção das armaduras, devem ser respeitados os limites mínimos dos cobrimentos das armaduras e, como condição para a solidarização adequada dos dois materiais, devem ser observados os limites dos afastamentos entre as barras de aço para que seja possível sua adequada compactação envolvendo as armaduras.

Figura 7.1

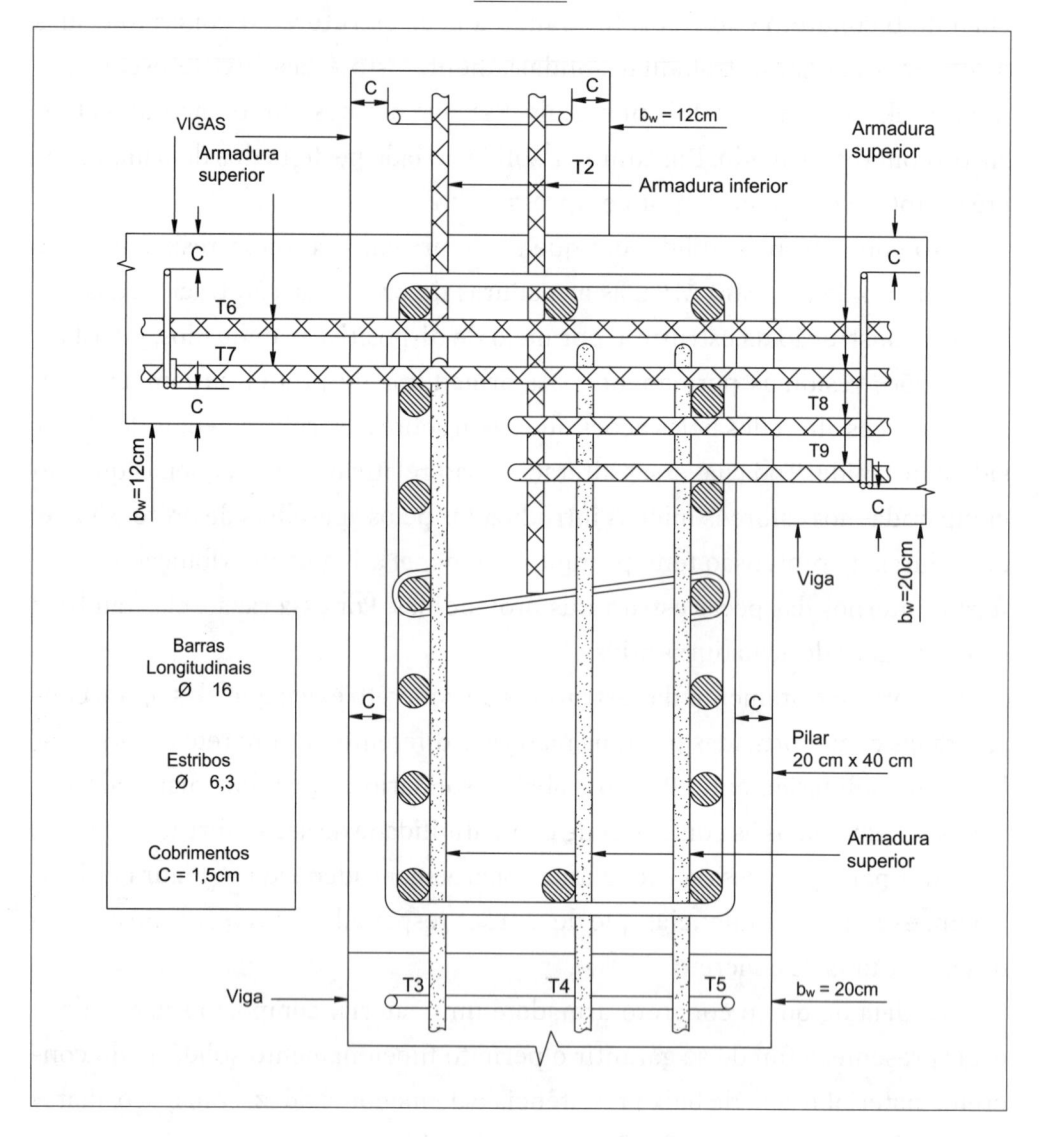

7.2 Componentes do concreto simples

I – Cimentos

Os componentes básicos dos cimentos são sempre os mesmos, variando, para cada tipo, a proporção em que esses componentes comparecem.

Os componentes básicos dos cimentos são a cal (CaO), a sílica (SiO_2), a alumina (Al_2O_3) e o óxido de ferro (Fe_2O_3). Esses componentes são aglutinados por sinterização, isto é, por aquecimento da mistura até uma fusão incipiente, sendo posteriormente moídos com uma finura adequada.

Para o cimento Portland comum, admite-se que a finura Blaine, medida pelo ensaio de permeabilidade ao ar, deva ser no mínimo de 2.600 cm^2/g.

As normas brasileiras consideram a aplicação dos seguintes cimentos na construção das estruturas de concreto:

Cimentos de endurecimento lento:
Cimento de alto-forno AF-25, AF-32
Cimento pozolânico POZ-25, POZ-32
Cimento de moderada resistência a sulfatos MRS
Cimento de alta resistência a sulfatos ARS

Cimentos de endurecimento normal (cimento Portland comum):
Cimento Portland CP-25, CP-32, CP-40

Cimentos de endurecimento rápido:
Cimento de alta resistência inicial ARI

Os números indicativos, como CP-25 ou CP-32, correspondem às resistências médias dos cimentos, em MPa, determinadas de acordo com o método brasileiro MB-1 da ABNT. Esses valores correspondem à resistência média à compressão, obtida pelo ensaio de 6 corpos de provas de argamassa normal com 5 × 10 cm, aos 28 dias de idade.

II – Agregados

Os agregados do concreto podem ser divididos em graúdos e miúdos, conforme sua composição granulométrica.

De acordo com a especificação brasileira EB-4, o agregado miúdo é a areia natural quartzosa, ou a artificial, resultante do britamento de rochas estáveis, de diâmetro máximo igual ou inferior a 4,8 mm.

Pela mesma especificação, o agregado graúdo é o pedregulho natural, ou a pedra britada proveniente do britamento de rochas estáveis, de diâmetro característico superior a 4,8 mm.

O diâmetro máximo de 4,8 mm dos agregados miúdos referido pela EB-4 é, na verdade, o diâmetro característico superior dk do agregado. Esse diâmetro é ultrapassado por apenas 5% da quantidade considerada.

Para se conhecer a composição granulométrica do agregado miúdo faz-se o ensaio de peneiramento. Nesse ensaio são usadas sete peneiras de malha quadrada, cujas percentagens acumuladas, em peso, são especificadas pela EB-4.

Para os agregados graúdos, as exigências referentes à composição granulométrica são menos exigentes do que para os agregados miúdos.

De modo geral, no comércio são consideradas as seguintes categorias de brita, em função da faixa de tamanhos predominantes de seus grãos e os diâmetros característicos (máximos) de cada categoria:

Tabela 7.1 • Categorias de brita

CATEGORIA	DIMENSÕES (mm)	MÁXIMO DIÂMETRO CARACTERÍSTICO (mm)
BRITA 0	4,8 – 9,5	9,5
BRITA 1	9,5 – 19	19
BRITA 2	19 – 25	25
BRITA 3	25 – 50	50
BRITA 4	50 – 76	76
BRITA 5	76 – 100	100

É preciso salientar que, para se obter um concreto mais resistente, a compacidade da mistura deve ser aumentada. Para isso, é preciso aumentar a quantidade de diâmetros menores.

No caso particular de concretos de altíssima resistência, é necessário empregar praticamente apenas a brita 0.

Deve-se notar, também, que o diâmetro característico do agregado graúdo condiciona o espaçamento das barras da armadura e é condicionado pelas espessuras das peças estruturais a serem construídas.

Assim, por exemplo, de acordo com a NBR 6118, nas vigas, o espaço livre entre as barras da armadura nas camadas horizontais deve ser maior que 1,2 vez o diâmetro máximo do agregado e, no plano vertical, maior que 0,5 vez aquele valor (Figura 7.2).

De modo análogo, ainda de acordo com a NBR 6118, a dimensão característica superior do agregado graúdo deve ser menor que 1/4 da menor distância entre faces internas das formas ou 1/3 da espessura das lajes (Figura 7.3).

Desse modo, para se concretar uma laje com 7 cm de espessura ou uma viga com alma de 8 cm de largura, é preciso empregar, no máximo, a brita 1, cujo diâmetro característico superior é de 19 mm.

Figura 7.2

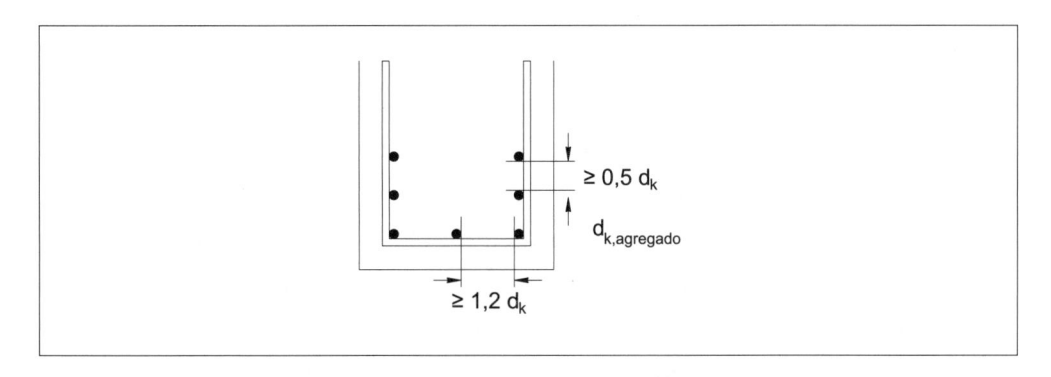

[espaçamento vertical ≥ 0,5 d_k; espaçamento horizontal ≥ 1,2 d_k; $d_{k,agregado}$]

Figura 7.3

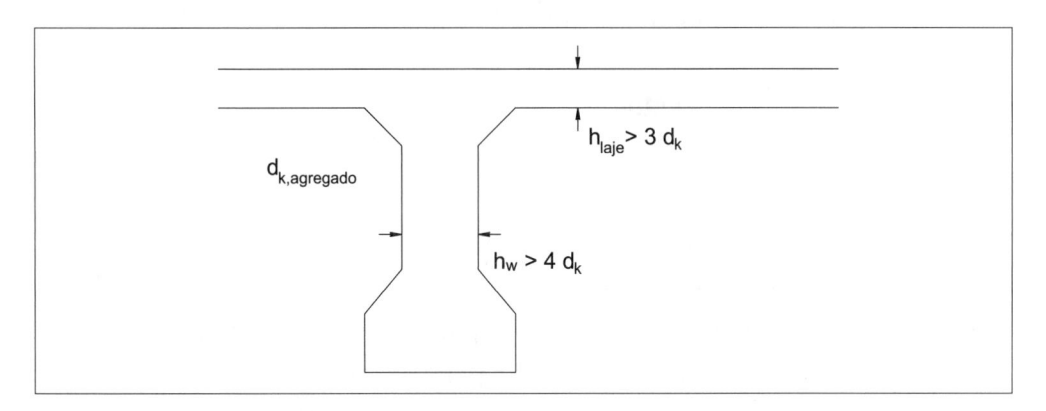

[$d_{k,agregado}$; $h_{laje} > 3\ d_k$; $h_w > 4\ d_k$]

III – Água e aditivos

A água destinada ao amassamento do concreto deve ser isenta de teores prejudiciais de substâncias estranhas. De acordo com a NBR 6118, presumem-se satisfatórias as águas potáveis.

No caso de águas não potáveis, é necessário controlar o conteúdo de matéria orgânica e os resíduos sólidos existentes, bem como os teores de sulfatos (expressos em íons SO, 4) e de cloretos (expressos em íons Cl-).

É preciso notar que os agentes agressivos contidos na água de amassamento, quando mantidos abaixo de certos limites, têm ação muito menos prejudicial do que a mesma água agindo sobre o concreto endurecido. De fato, a maioria dos agentes agressivos contidos na água de amassamento é neutralizada pelas próprias reações de hidratação do cimento e, com isso, termina seu efeito destruidor, mas essa neutralização pode não ocorrer com os íons Cl- da água de amassamento, quando os teores estiverem acima de certos limites. Por outro lado, a neutralização dos agentes agressivos não acontece com a renovação da água que age sobre o concreto endurecido.

Um dado muito importante a ser considerado é o controle rigoroso da composição química de aditivos eventualmente empregados para a obtenção de efeitos particulares, tais como os aceleradores de pega, os de endurecimento, os de incorporação de ar etc.

Um composto químico particularmente perigoso para a corrosão das armaduras é constituído pelos cloretos, pois a reação química de corrosão das armaduras em virtude do íon Cl- é regeneradora desse elemento agressivo. Deve ser terminantemente proibida a aplicação no concreto de aditivos que contenham cloretos em sua composição, os quais podem acelerar o endurecimento do concreto, mas também decretar a sua destruição.

7.3 Componentes dos cimentos

I – Cal (CaO)

Tendo em vista o entendimento das propriedades do concreto endurecido, estudam-se a seguir os componentes básicos dos cimentos, dos quais a cal, isto é, o óxido de cálcio, é o primeiro deles. A importância desse estudo cresce quando é lembrado que a cal é um aglomerante por si mesma.

As reações químicas envolvidas nos processos de fabricação e emprego da cal são as seguintes:

Fase de calcinação: $CaCO_3 \rightarrow CaO + CO_2$
Fase de extinção: $CaO + H_2O \rightarrow Ca(OH)_2$
Fase de endurecimento: $Ca(OH)_2 + CO_2 \rightarrow CaCO_3 + H_2O$

Desse modo, com o endurecimento da cal extinta, por reação com o gás carbônico do ar, obtém-se a reconstituição do carbonato de cálcio empregado originalmente em sua fabricação. O fato de o endurecimento ocorrer por reação com o gás carbônico do ar leva a cal a ser chamada de aglomerante aéreo.

Na reação de extinção, a hidratação do CaO ocorre com um aumento volumétrico de aproximadamente 20% do volume original. O fenômeno expansivo de hidratação da cal virgem desintegra o material e torna desnecessária qualquer operação de moagem para a fabricação ou emprego desse aglomerante, com o que os custos de fabricação ficam muito reduzidos. Nesse caso, o efeito expansivo é um fenômeno benéfico.

O mesmo fenômeno é, porém, deletério no caso da cal livre eventualmente existente nos cimentos. Nesse caso, o fenômeno de expansão somente ocorre após o endurecimento de outros componentes do cimento, o que pode acarretar a destruição do efeito aglomerante desses outros aglomerantes se a quantidade de cal livre for significativa.

II – Sílica

Bióxido de silício, SiO_2, usualmente designado por sílica, é o constituinte básico de muitas rochas naturais, tais como arenitos, quartzitos, areias e argilas.

Na sua forma natural cristalizada, a sílica é material praticamente inerte. Durante a fabricação do cimento, a sílica reage com a cal, formando silicatos de cálcio. São esses silicatos que, por hidratação, conferem o efeito aglomerante ao cimento.

Além de sua forma cristalina usualmente inerte, a sílica também pode ser encontrada em forma ativa, capaz de reagir quimicamente a frio. A reatividade a frio da sílica existe na sílica cristalina em que seus cristais tenham sido deformados a frio por razões geológicas. De modo análogo, a sílica também é reativa a frio em sua forma amorfa.

Essas condições ocorrem, por exemplo, com certas argilas especiais, genericamente chamadas de pozolanas, e com produtos amorfos, como o vidro pirex, e também com certas variedades de quartzo deformado.

Em geral, admite-se que a reatividade da sílica a frio exige uma finura Blaine de no mínimo 6.000 cm^2/g para que a reação se processe em prazos razoavelmente curtos. Observe-se que a finura da sílica capaz de reagir a frio deve ser muito maior que os 2.600 cm^2/g do cimento Portland comum.

III – Alumina

A alumina, Al_2O_3, também reage com a cal, formando aluminatos de cálcio, os quais, ao serem hidratados, também formam coloides rígidos. A hidratação dos aluminatos é muito mais rápida que a dos silicatos. Sua quantidade deve ser controlada para evitar um endurecimento prematuro do concreto, que impediria a própria moldagem das peças estruturais.

Exceto nos cimentos aluminosos, que são usados quando se quer o endurecimento muito rápido, como em obras submarinas, a contribuição da alumina para a resistência dos cimentos é baixa. A presença da alumina na fabricação dos cimentos decorre de sua existência nas argilas, as quais constituem a matéria-prima para a obtenção da sílica.

O emprego de sílica a partir de areias de quartzo exigiria temperaturas muito altas no processo de fabricação do cimento. Desse modo, em seu lugar são empregadas argilas, cujo composto básico é a caulinita ($Al_2O_3 \cdot 2SiO_2 \cdot 2H_2O$), que se decompõe a temperaturas mais baixas, libertando a sílica necessária ao processo.

IV – Óxido de ferro

O óxido de ferro também comparece como componente básico dos cimentos em virtude de sua presença nas argilas empregadas em sua fabricação.

O óxido de ferro não deve estar presente na fabricação dos cimentos brancos. Esse óxido confere ao cimento uma coloração escura, com a tonalidade de café. A coloração típica, cinza-esverdeada, do cimento Portland é conferida pela magnésia, MgO, composto usualmente presente nos calcários empregados na fabricação dos cimentos.

Para a fabricação do cimento, as reações de obtenção dos silicatos de cálcio ficam grandemente facilitadas se houver fusão dos materiais. Em lugar de uma fusão total, de custo elevado e prejudicial à formação do trissilicato de cálcio, emprega-se um processo de sinterização, isto é, o aquecimento produz apenas uma fusão incipiente dos materiais que vão reagir. Nesse caso, o óxido de ferro faz o papel de fundente, possibilitando o emprego de temperaturas mais baixas. Isso explica o alto custo dos cimentos brancos, decorrentes do emprego de argilas especiais isentas de óxido de ferro e da ausência desse fundente no processo de sinterização. Os produtos sinterizados são moídos formando o chamado clínquer de cimento.

7.4 Endurecimento do cimento

Para simplificar a notação, na química do cimento são empregados os seguintes símbolos convencionais para os diversos compostos presentes nos cimentos:

Cal:	CaO	=	C
Sílica:	SiO_2	=	S
Alumina:	Al_2O_3	=	A
Óxido de ferro:	Fe_2O_3	=	F

Com os cimentos nacionais, a composição média do cimento Portland pode ser considerada a seguinte (PETRUCCI, 1970):

$C_3S = 3CaO \times SiO_2$ = Silicato tricálcico – (42% a 60%)
$C_2S = 2CaO \times SiO_2$ = Silicato dicálcico – (14% a 35%)
$C_3A = 3CaO \times Al_2O_3$ = Aluminato tricálcico – (6% a 13%)
$C_4AF = 4CaO \times Al_2O_3 \times Fe_2O_3$ = Ferro aluminato tetracálcico – (5% a 10%)

Como elementos secundários, encontram-se pequenas percentagens de cal livre (CaO), de magnésia (MgO) e de gesso ($CaSO_4$). Além deles, como impurezas, há sempre a presença de pequenas frações de Na_2O e de K_2O.

No caso dos cimentos correntes, o endurecimento hidráulico é basicamente obtido pela formação de um mesmo silicato de cálcio hidratado, o dissilicato tricálcico hidratado, cuja composição é dada pela fórmula: $3CaO.2SiO_2.3H_2O$.

Esse composto é obtido a partir de diferentes silicatos de cálcio anidros, qualquer que tenha sido o processo empregado na fabricação deles.

Desse modo, os aglomerantes hidráulicos devem fundamentalmente ter constituição capaz de permitir o endurecimento hidráulico pela formação do dissilicato tricálcico hidratado.

Na realidade, além dos silicatos de cálcio, também os aluminatos e os ferro-aluminatos de cálcio reagem com a água, resultando em compostos hidratados que manifestam um endurecimento hidráulico. No entanto, no caso do cimento Portland, a colaboração desses outros compostos é desprezível, como mostrado na Figura 7.4. O endurecimento hidráulico é principalmente decorrente da hidratação dos silicatos dicálcico e tricálcico, segundo as reações abaixo:

$2(2CaO \times SiO_2) + 4H_2O \rightarrow 3CaO \times 2SiO_2 \times 3H_3O + Ca(OH)_2$
$2(3CaO \times SiO_2) + 6H_2O \rightarrow 3CaO \times 2SiO_2 \times 3H_3O + 3Ca(OH)_2.$

Desse modo, como a hidratação do silicato tricálcico ocorre rapidamente, o cimento permite a fabricação de peças estruturais de concreto com características monolíticas depois de apenas algumas horas de seu preparo, atingindo resistência adequada aos processos de construção já com poucos dias de idade.

No processo de hidratação do cimento, como o clínquer é obtido por sinterização, havendo uma fusão incipiente dos materiais, principalmente do óxido de ferro que serve de fundente, há a formação parcial de uma massa vítrea que impede a rápida hidratação da cal livre. Desse modo, a hidratação da cal livre residual do clínquer pode ocorrer após a formação do gel rígido de silicatos. Nesse caso, a estrutura resistente dos silicatos pode ser destruída pelo efeito expansivo da hidratação da cal livre.

Figura 7.4

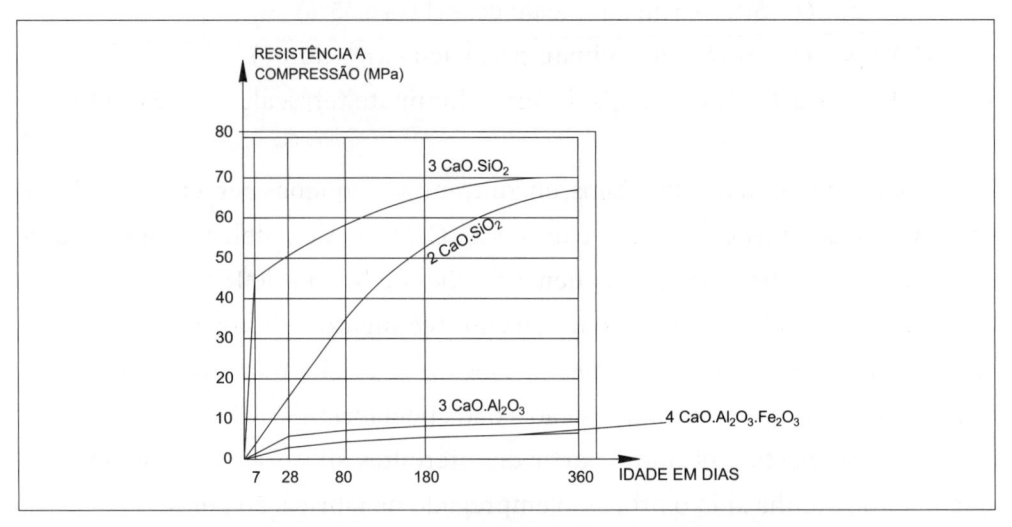

[Gráfico: Resistência à compressão (MPa) vs. Idade em dias, mostrando curvas para $3CaO \cdot SiO_2$, $2CaO \cdot SiO_2$, $3CaO \cdot Al_2O_3$ e $4CaO \cdot Al_2O_3 \cdot Fe_2O_3$]

Fonte: W. Czernin. *La química del cemento*. São Paulo: Ediciones Palestra, 1962.

A presença da magnésia produz efeitos semelhantes aos da cal, já que a hidratação do MgO também se dá com efeito expansivo. No entanto, a expansão da magnésia tem características mais perigosas do que as da cal, pois a reação de hidratação da magnésia é muito lenta, processando-se através dos anos.

Como um terceiro elemento expansivo, deve-se também considerar o gesso, $CaSO_4$, que é adicionado ao clínquer para o controle do tempo de "início de pega".

Com os cimentos nacionais, pode-se considerar a seguinte classificação para os tempos de início de pega:

Pega rápida: < 30 minutos
Pega semirrápida: entre 30 e 60 minutos
Pega normal: > 60 minutos

O tempo de fim de pega é de 5 a 10 horas para os cimentos usuais, podendo ser muito reduzido para os cimentos de pega rápida.

Embora se tenha a impressão macroscópica de que o início de pega se realiza somente após certo intervalo de tempo depois da mistura do cimento com a água, as reações químicas de hidratação são iniciadas imediatamente depois da mistura.

Embora não se tenha esclarecido completamente o papel desempenhado pelo gesso, uma de suas funções principais é a de reagir com o aluminato tricálcico, formando o sulfoaluminato de cálcio, $3CaO \cdot AlO_2 \cdot 3CaSO \cdot 31H_2O$, que se apresenta na forma cristalina. Desse modo, impede-se parcialmente que o C_3A forme um gel rígido. Com isso, se retarda o início de pega, pois a grande velocidade de hidratação do aluminato tricálcico é um dos fatores essenciais da pega prematura.

No entanto, como a formação dos cristais de sulfoaluminato de cálcio se dá com efeito expansivo, a quantidade de gesso deve ser limitada a cerca de 3% do peso do cimento. Com essa limitação, a maior parte do gesso já terá reagido antes do início da pega convencional do cimento, a qual vai se processar principalmente pelas reações de hidratação dos silicatos de cálcio.

A formação do gel rígido pelos silicatos de cálcio constitui-se em um elemento retardador das reações químicas dos próprios silicatos. À medida que se formam as partículas de dimensões coloidais, vai sendo diminuída a capacidade de reação da água adsorvida por essas partículas com a parte não hidratada dos grãos de cimento. Durante certo tempo os silicatos conseguem se solubilizar e, por difusão, através do gel, reagir com a água adsorvida pelas partículas coloidais já formadas e com a água capilar restante.

De qualquer modo, uma parte dos grãos de cimento pode permanecer intacta, sem possibilidade de participar das reações de hidratação. Essa parte não é perdida, pois é ela que permite a colmatação das fissuras formadas por esforços mecânicos, impedindo a penetração de agentes agressivos do meio ambiente no interior da massa de concreto.

As pozolanas são materiais naturais ou artificiais contendo sílica (SiO_2) ativa, isto é, sílica capaz de participar a frio da reação:

$$2SiO_2 + 3Ca(OH)_2 \rightarrow 3CaO \times 2SiO_2 \times 3H_2O,$$

que é a mesma reação que no cimento Portland conduz à formação do gel rígido de silicato de cálcio hidratado.

As pozolanas podem ser naturais, como as cinzas vulcânicas, ou artificiais, formadas por argilas calcinadas ou por cinzas volantes.

Para que se manifeste o efeito pozolânico, é preciso que o material seja moído com finura Blaine da ordem de 6.000 cm^2/g.

O emprego da pozolana é recomendado na presença de agentes quimicamente agressivos ao concreto e, também, quando se quer reduzir o calor de hidratação do cimento. A pozolana também é essencialmente necessária quando houver suspeita da presença de agregados reativos, como ocorre sempre que seixos rolados são utilizados, o que será analisado posteriormente.

A ação da pozolana pode ser interpretada como decorrente de dois fenômenos. De início, a pozolana exerce uma ação física, como se fosse um agregado ultrafino, provocando a impermeabilização dos capilares do gel rígido formado pelos produtos de hidratação do cimento. Ao longo do tempo, da ordem de 90 dias, desenrola-se um efeito químico que forma o silicato hidratado, o que produz um novo efeito impermeabilizante, pois ele se dá dentro dos poros do gel formado inicialmente pela hidratação do cimento.

A dificuldade em se usar as pozolanas decorre da variabilidade intrínseca de suas propriedades. Por essa razão, esse material deve ser usado na forma de cimentos pozolânicos, como o especificado pela NBR 5736, fabricados industrialmente, e jamais por adição direta da pozolana na betoneira.

Com propriedades semelhantes às de um cimento pozolânico, têm-se os cimentos de alto-forno, regulamentados pela NBR 5735. Esses cimentos são compostos por clínquer de cimento Portland e escória granulada de alto-forno, em até 65% de seu peso.

A escória granulada é formada principalmente por sílica ativa, que confere aos cimentos de alto-forno as características de endurecimento lento. Note-se, porém, que esses cimentos não apresentam o efeito inicial impermeabilizante como acontece quando se tem um verdadeiro cimento pozolânico.

7.5 Modos de ruptura do concreto comprimido

Do ponto de vista de sua estrutura interna, o concreto pode ser imaginado como constituído pelos grãos do agregado graúdo, embebidos em uma matriz rígida de argamassa (Figura 7.5).

Nos concretos de baixa ou média resistência, isto é, com resistências à compressão da ordem de até 40 MPa, o mecanismo de ruptura à compressão está mostrado na Figura 7.5. A verdadeira ruptura por compressão longitudinal do concreto ocorre por ruptura transversal de tração na microestrutura.

Sendo os grãos do agregado graúdo mais rígidos e mais resistentes que a matriz de argamassa, no entorno deles surgem tensões transversais de tração, perpendiculares ao campo de compressão longitudinal aplicado externamente. O resultado é uma fissuração generalizada, com fissuras orientadas segundo a direção do campo de compressão, com tendência ao esboroamento da estrutura interna do corpo de prova.

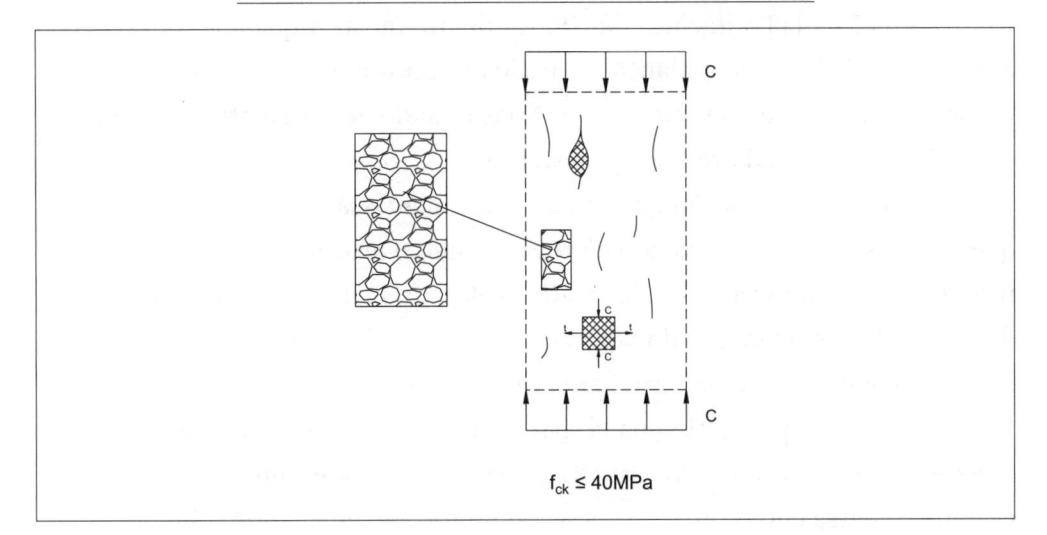

Figura 7.5 • Ruptura de concretos de até média resistência

$f_{ck} \leq 40\text{MPa}$

Todavia, esse modo de ruptura decorre da influência do atrito entre o corpo de prova e os pratos metálicos da máquina de ensaio. O verdadeiro modo de ruptura ocorre com fraturas em planos paralelos ao campo de compressão (Figura 7.6).

Nas peças estruturais em que ocorrem fenômenos de ruptura por compressão, a zona de ruptura pode não estar confinada, como ocorre com as diagonais comprimidas das vigas sujeitas a forças cortantes elevadas. Essas rupturas frequentemente simulam uma fissuração por tração diagonal, embora na verdade sejam rupturas por compressão diagonal.

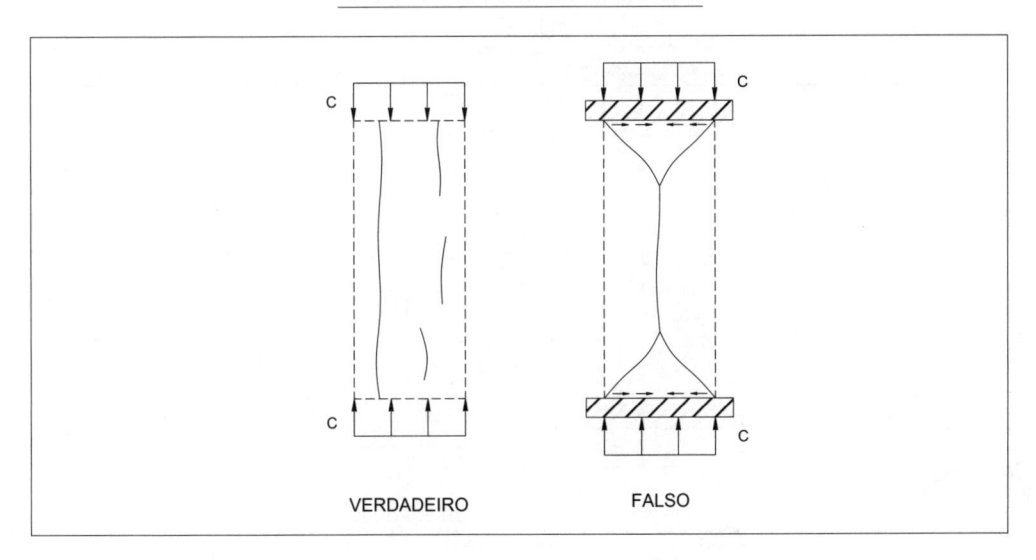

Figura 7.6 • Ruptura por compressão

VERDADEIRO   FALSO

Em várias pesquisas realizadas no laboratório de estruturas e materiais estruturais da Escola Politécnica da USP, pudemos mostrar que nos concretos de alta resistência há uma mudança no modo de ruptura por compressão, particularmente para valores superiores a 50 MPa, quando então a matriz de argamassa vai se tornando cada vez mais resistente.

A partir do instante em que a matriz de argamassa se torna mais resistente que os grãos do agregado graúdo não ocorre mais o processo de microfissuração progressiva. A ruptura se dá de modo explosivo, inclusive com fraturamento dos grãos de agregado graúdo por tração transversal em sua microestrutura. O concreto passa a ser um material nitidamente frágil.

Nos concretos de altíssima resistência, com valores acima de 70 MPa, o fenômeno de ruptura transversal do agregado já se dá até com os grãos de areia. O material passa então a ter um comportamento extremamente frágil.

Com concretos de alta resistência, na faixa de 60 a 70 MPa, investigações mais recentes mostraram que a ruptura do concreto comprimido tende a ocorrer de forma explosiva, por mecanismo diferente dos anteriormente analisados.

O modo de ruptura mostrado na Figura 7.7, que nitidamente se organiza ao longo de todo o corpo de prova, decorre da capacidade de acomodação pseudo-plástica da massa de concreto em um processo de microfissuração progressiva.

Nos concretos de resistência muito alta, a rigidez da pasta de envolvimento dos grãos de agregado graúdo e dos grãos de areia faz que o processo de endurecimento do corpo de prova, desde as primeiras idades, ocorra em diferentes blocos a partir de diversos pontos de nucleação, como está ilustrado na Figura 7.7.

Figura 7.7

No fim do endurecimento de concretos dessa natureza, o corpo de prova não é formado por um bloco homogêneo, mas sim por um agregado de diferentes blocos rígidos, iniciados em diferentes pontos do corpo de prova, os quais, por coalescência, ficam interligados entre si pelas reações químicas de endurecimento que ocorrem em suas interfaces.

Sob ação da compressão aplicada pelos pratos rígidos da máquina de ensaio o conjunto se comporta como um sistema hiperestático, em que as tensões são distribuídas em função da compatibilidade de deformações de compressão impostas pelos pratos rígidos da prensa de ensaio.

Nessas condições, as transferências de esforços entre os diferentes blocos adjacentes ocorrem em grande parte por tensões de cisalhamento nessas interfaces, justificando-se, assim, as características de ruptura frágil desses corpos de prova.

7.6 Perda do excesso da água de amassamento

Estudos experimentais mostram que a resistência do concreto pode ser estimada pela lei de Abrams, expressa por: $X = \dfrac{a}{b^w}$, em que X é a resistência à compressão do concreto e $W = A/C$ é o fator água/cimento, sendo a e b duas constantes dependentes dos tipos de materiais empregados.

Para valores usuais do fator água/cimento, a equação de Abrams dá uma relação praticamente linear, como se mostra na Figura 7.8, para um concreto moldado com o fator $W = A/C = 0{,}40$.

O estudo das reações químicas de hidratação mostra que, para os mais variados tipos de cimento, a água quimicamente combinada corresponde, no máximo, a um fator água/cimento = $0{,}28 \pm 1\%$.

Todavia, a trabalhabilidade da mistura exige que o amassamento seja feito com fatores água/cimento significativamente superiores a esse mínimo quimicamente necessário.

Com o endurecimento do concreto, o excesso de água de amassamento forma uma rede capilar de poros. Uma parte dessa água vai evaporar, até que se estabeleça o equilíbrio entre a umidade do meio externo e a existente nos poros capilares.

Durante o processo de endurecimento do concreto, uma parte do excesso de água de amassamento tende a exsudar para a parte superior da massa fluida, e os finos da mistura, particularmente o cimento, tendem a sedimentar em sua parte inferior. Com isso, há a tendência à heterogeidade da massa de concreto, obtendo-se um concreto menos resistente na parte superior, em que existe um fator água/cimento efetivo maior que o valor médio previsto.

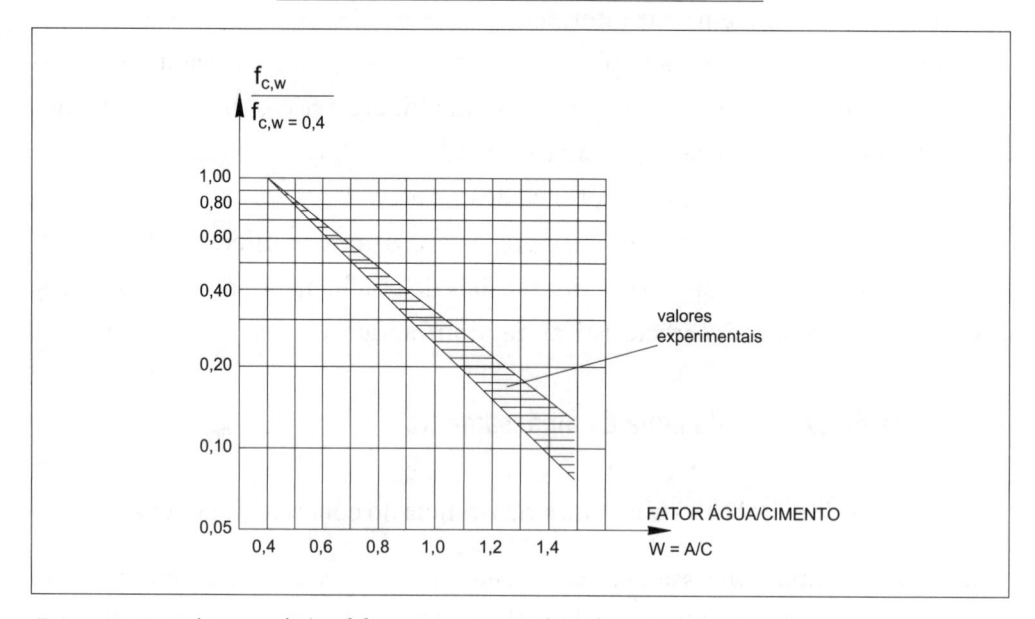

Figura 7.8 • Variação da resistência à compressão

Fonte: W. Czernin. *La química del cemento*. São Paulo: Ediciones Palestra, 1962.

Além disso, a percolação ascensional do excesso de água de amassamento encontra barreiras que dificultam o movimento. Essas barreiras são formadas pelos grãos do agregado graúdo e pelas barras das armaduras. Como resultado, na região superior da massa endurecida há uma tendência à formação de películas de água na face inferior desses obstáculos, como mostrado na Figura 7.9.

O maior fator água/cimento e a presença das películas de água na região superior da massa de concreto tendem a diminuir a resistência dessa região.

Nas estruturas de concreto armado esses fenômenos criam o conceito de regiões de boa ou de má aderência das armaduras ao concreto.

Admitindo que em termos práticos não seja possível distinguir as eventuais heterogeneidades dentro de um corpo de prova de controle da resistência do concreto, que tem 30 cm de altura, a NBR 6118 adotou as regras mostradas na Figura 7.7 para a consideração das zonas de má aderência.

Na região superior das peças de concreto estrutural, na qual o fenômeno de exsudação do excesso da água de amassamento pode ter efeito significativo, exigem-se comprimentos de aderência 50% maiores do que nas zonas de boa aderência.

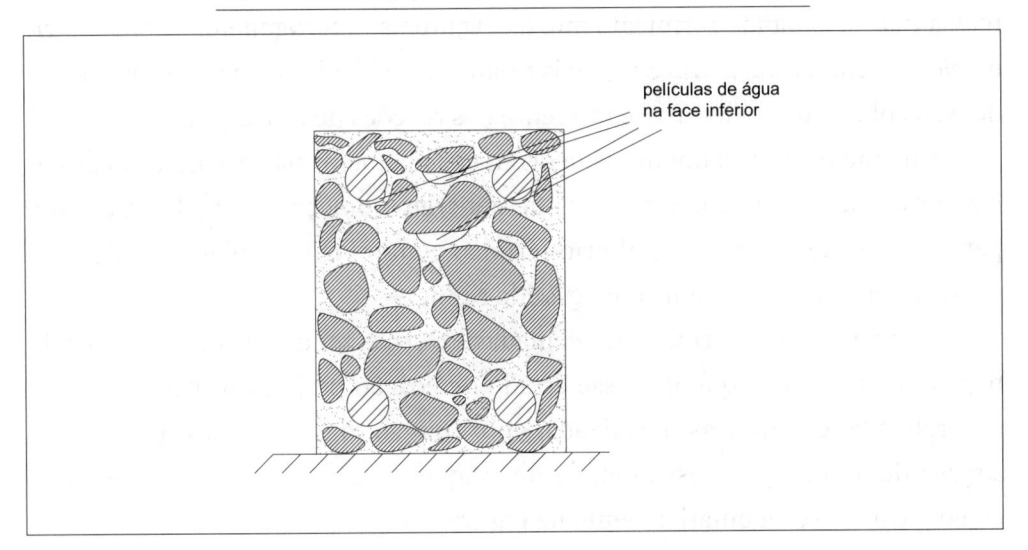

Figura 7.9 • Exsudação do excesso de água de amassamento

Figura 7.10 • Zonas de boa ou má aderência para barras de aço
com inclinação inferior a 45° em relação à horizontal

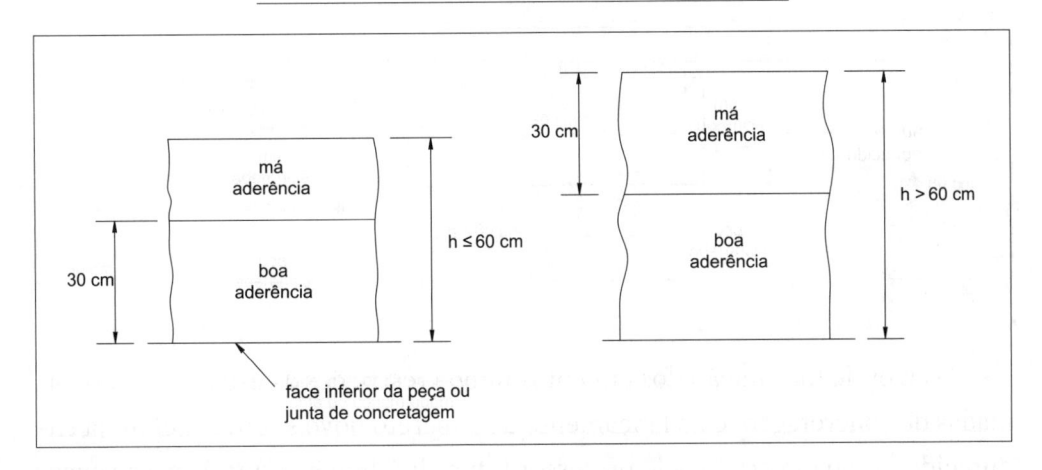

7.7 Calor de hidratação

As reações de hidratação dos compostos do cimento são exotérmicas, o que provoca o aquecimento da massa de concreto durante o seu endurecimento. Esse fato pode trazer graves problemas para a concretagem de grandes massas.

Durante a fase inicial de endurecimento do concreto, particularmente nas primeiras idades, a liberação do calor é mais intensa, expandindo-se a massa em virtude do aquecimento que se dá ao longo de todo seu volume.

Nessa fase a rigidez do concreto é baixa, o que permite a acomodação da massa que se expande termicamente às eventuais heterogeneidades da distribuição de temperaturas. As eventuais fissuras provocadas pelas heterogeneidades são colmatadas pelo prosseguimento das reações de hidratação.

Quando o endurecimento já ocorreu em sua maior parte, a geração de calor praticamente termina e a massa de concreto começa a se resfriar, de fora para dentro, até atingir o equilíbrio térmico com o meio ambiente. Todavia, o concreto já endurecido tem agora grande rigidez.

O encurtamento térmico das camadas externas tende a ser impedido pelo núcleo interno ainda quente. Esse estado de coação pode provocar fissuração generalizada e rupturas localizadas por tração das camadas periféricas, agravando-se muito a possibilidade de ataque do meio externo ao concreto, como mostrado esquematicamente na Figura 7.11.

Figura 7.11

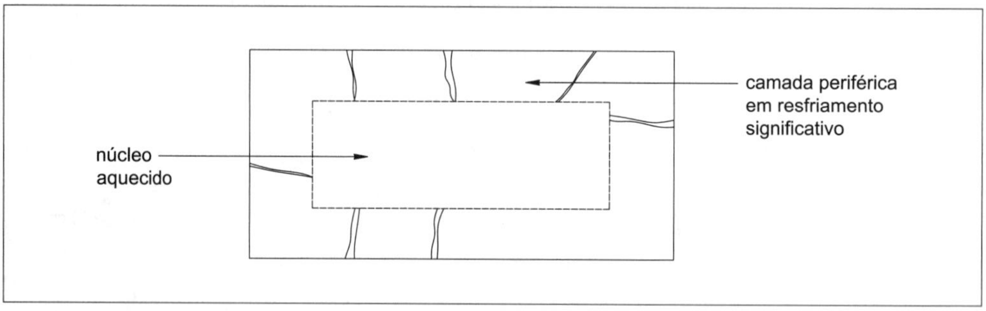

O calor de hidratação dos cimentos impõe restrições às espessuras das camadas de concretagem e ao lançamento de concreto novo sobre concreto já endurecido, como mostrado pelo professor Eduardo Thomaz (2003) em seu excelente estudo sobre a fissuração do concreto.

Em casos especiais, como nas barragens, empregam-se agregados refrigerados e água na forma de gelo para compensar o calor de hidratação, além de se controlar a composição química do cimento a ser empregado. Com essa finalidade, é oportuno conhecer o calor de hidratação dos diferentes componentes dos cimentos, como mostrado a seguir.

Tabela 7.2

COMPONENTE	CALOR DE HIDRATAÇÃO Cal/grama
Silicato tricálcico	120
Silicato dicálcico	62
Aluminato tricálcico	207
Ferro-aluminato tetracálcico	100

A necessidade de redução do calor de hidratação leva, então, ao emprego de cimentos com baixo C_3A e com aumento de C_2S em relação ao C_3S.

Exercícios

1) Quais são os componentes do concreto simples?
2) Qual é a faixa de resistências à compressão dos concretos correntes?
3) Qual a ordem de grandeza da relação entre as resistências à tração e à compressão do concreto simples?
4) O que é o concreto estrutural? O que é concreto armado e concreto protendido?
5) O que significa o comportamento solidário do concreto e suas armaduras?
6) O que são armaduras passivas?
7) Quais são os três tipos básicos de armaduras passivas?
8) Como é medida a resistência de um cimento?
9) O que se entende por "diâmetro máximo do agregado"?
10) O que é módulo de finura da areia?
11) Definir areia grossa, média e fina.
12) O que são "brita 0", "brita 1" e "brita 2"?

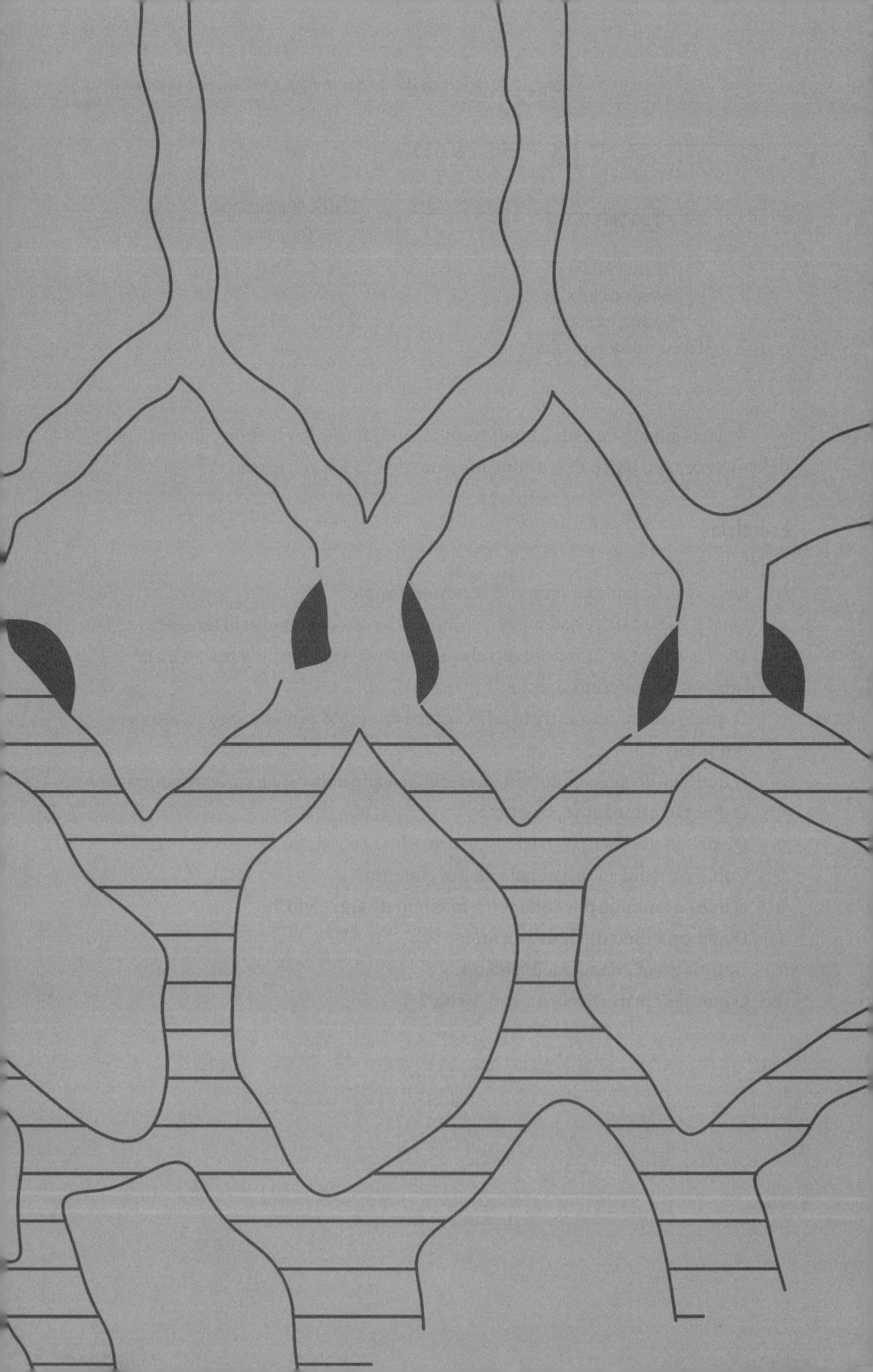

CAPÍTULO 8

AGRESSÕES AO CONCRETO ESTRUTURAL[1]

Observe-se que os conceitos aqui abordados são da máxima importância para o entendimento da durabilidade das estruturas de concreto armado, que depende da sua capacidade de resistir às agressões ao concreto e a suas armaduras.

8.1 Tipos de agressão ao concreto

A boa durabilidade do concreto das estruturas depende da sua fabricação com materiais não expansivos e da sua capacidade de resistir às agressões provenientes do meio externo.

Os mecanismos de agressão são de diversos tipos, alguns de natureza física e outros de natureza química.

A quase totalidade dos mecanismos de agressão ao concreto depende da presença de mecanismos de transporte dos elementos externos de agressão através dos poros e fissuras do concreto e da existência de dois fatores essenciais:

- disponibilidade de água no interior da massa de concreto;
- disponibilidade de oxigênio do ar.

---

1. Este capítulo é baseado essencialmente em FUSCO, P. B. *Tecnologia do concreto estrutural*. São Paulo: Pini, 2008.

De modo geral, as agressões usuais perigosas para a integridade do concreto estão associadas a fenômenos expansivos no interior da massa de concreto já endurecido ou à dissolução dos produtos de hidratação do cimento.

As agressões físico-químicas mais importantes são decorrentes dos seguintes fenômenos:

a) erosão por abrasão;
b) erosão por cavitação;
c) fraturamento por congelamento da água.

A erosão por abrasão é consequência do desgaste superficial do concreto causado pelo atrito com corpos sólidos deslizando sobre sua superfície, particularmente pela passagem de pessoas, animais ou veículos.

A erosão por cavitação é provocada pela implosão de bolhas de vapor d'água na superfície da estrutura. Esse fenômeno pode ocorrer nos escoamentos líquidos com zonas de alta e de baixa pressão, em que, nessas últimas, se formam bolhas, as quais, arrastadas para outras zonas onde a pressão líquida seja maior que a pressão de vapor, implodem, com efeito erosivo muito intenso.

Quando as pequenas bolhas de vapor implodem, embora a energia de deformação acumulada como tensão superficial das bolhas seja muito pequena, quando o volume da bolha tende a zero, a tensão tangencial de contato do líquido com uma superfície sólida tende ao infinito. Não há material que resista: nem o concreto, nem o aço, nem o bronze das hélices dos navios. O material rompe-se como se estivesse sendo perfurado por uma broca mecânica.

O fraturamento por congelamento da água decorre do aumento de volume, de cerca de 9%, que ocorre na transformação da água em gelo. Se a porosidade do concreto não for capaz de acomodar esse aumento de volume, haverá o consequente fraturamento do material.

As agressões químicas mais importantes são decorrentes dos seguintes fenômenos:

a) solubilização dos elementos do concreto por águas ácidas;
b) ação de águas sulfatadas;
c) reatividade dos agregados com os álcalis do cimento.

Além disso, como será visto adiante, a ação do gás carbônico e dos íons cloreto tem papel importante na agressão às armaduras mergulhadas no concreto.

Em qualquer caso, a durabilidade das estruturas depende do adequado adensamento do concreto, garantindo-se uma satisfatória compacidade que dificulte os mecanismos de transporte no seu interior.

8.2 Agressões químicas ao concreto

I – Agressão por águas ácidas

A agressão do concreto por águas ácidas decorre da transformação dos compostos de cálcio existentes no concreto endurecido, $CA(OH)_2$, C_3S, C_2S, C_3A, em sais de cálcio do ácido agressor.

Os ácidos particularmente agressivos são os que formam sais solúveis em água, os quais permitem a renovação do ataque até a destruição total do concreto. Se os sais formados forem insolúveis, após o primeiro ataque interrompe-se a reação agressiva pela impermeabilização propiciada pelos sais que já se formaram.

Quando a estrutura de concreto está mergulhada em águas ácidas paradas, a solubilização dos compostos de cálcio presentes no cimento somente pode ocorrer se o concreto tiver uma porosidade exagerada em consequência de uma execução defeituosa.

Em uma investigação feita na cidade de São Paulo a respeito da agressividade das águas subterrâneas, por ocasião da construção das obras da primeira linha do Metrô, não foi encontrado sequer um exemplo de agressão a estruturas enterradas, embora fossem encontradas águas subterrâneas poluídas com os mais diferentes tipos de agentes teoricamente agressivos.

A agressão efetiva somente se manifesta quando há percolação de água por meio da massa de concreto, como pode acontecer em revestimentos de túneis, reservatórios enterrados, muros de arrimo e outras obras de contenção de valas e encostas. Nesses casos, a impermeabilidade da massa de concreto é essencial.

Os mesmos agentes agressivos, que pouca preocupação causam quando estão nas águas subterrâneas, têm um efeito particularmente destruidor quando estão presentes no ar atmosférico. Esses elementos da poluição atmosférica, associados à umidade ambiente, acompanhados de chuvas que lavam a superfície das estruturas, constituem-se mecanismos eficientes de destruição do concreto, particularmente em estruturas de concreto aparente.

O uso de estruturas de concreto aparente deve levar em conta essa realidade ambiental, sendo necessário ajustar convenientemente as espessuras das camadas de cobrimento das armaduras.

As principais reações de agressão ácida são as seguintes:

a) Ataque por CO_2 agressivo
O gás carbônico produz duas reações de carbonatação do concreto:

b) Carbonatação do hidróxido de cálcio:

$$CO_2 + Ca(OH)_2 \rightarrow CaCO_3 + H_2O.$$

c) Carbonatação do silicato de cálcio hidratado:

$$3CO_2 + 3CaO \times 2SiO_2 \times 3H_2O \rightarrow 3CaCO_3 + 2SiO_2 + 3H_2O.$$

Com a presença de CO_2, a carbonatação do concreto, isto é, a formação de carbonato de cálcio, evolui para a hidrólise do $CaCO_3$, formando-se o bicarbonato (carbonato ácido), que é solúvel em água, em virtude da reação:

$$CaCO_3 + CO_2 + H_2O \rightarrow Ca(HCO_3)_2.$$

Se houver percolação de água por meio do concreto, produz-se a lixiviação da massa. Um dos sinais típicos desse fenômeno é a eflorescência superficial obtida por evaporação, segundo a reação:

$$Ca(HCO_3)_2 \rightarrow CaCO_3 + CO_2 + H_2O.$$

Quando o bicarbonato encontra uma concentração adequada de hidróxido, dá-se novamente a formação de carbonato, com o efeito impermeabilizante, por meio da reação química:

$$Ca(HCO_3)_2 + Ca(OH)_2 \rightarrow 2CaCO_3 + 2H_2O.$$

Essa reação é protetora do concreto, sendo particularmente importante nas barragens para a estanqueidade da estrutura.

Outros ácidos agressivos, tais como o clorídrico, o sulfúrico, o nítrico, o lático, o acético etc., provocam processos de agressão da mesma natureza, não existindo a possibilidade de formação de sais insolúveis. Eles formam sais solúveis que podem ser levados por água em movimento.

Um efeito equivalente ao das águas ácidas é produzido pelas águas puras de chuva. A pureza da água lhe confere grande capacidade de dissolver os compostos de cálcio, com o consequente efeito destruidor do concreto.

II – Agressões por sulfatos

Em contraste com o ataque de águas ácidas, que destroem todos os componentes do cimento, o ataque por sulfatos age apenas sobre o C_3A. O ataque por sulfato de cálcio se dá por meio da reação:

$$3CaO \times Al_2O_3 + 3CaSO_4 + 31H_2O \rightarrow 3CaO \times Al_2O_3 \times 3CaSO_4 \times 31H_2O.$$

As 31 moléculas de H_2O de cristalização do sulfoaluminato de cálcio produzem um enorme efeito expansivo, destruidor da estrutura interna do concreto. O sulfato de magnésio tem efeito semelhante.

A defesa contra o ataque de sulfatos consiste na diminuição do conteúdo de C_3A do cimento pela adição de óxido férrico, produzindo-se então o C_4AF, que é muito resistente ao ataque químico. Essa é a essência dos chamados cimentos resistentes a sulfatos, como os que são regulados pela NBR 5737.

Os cimentos resistentes a sulfatos não devem, porém, eliminar totalmente o C_3A, pois o aluminato tricálcico tem efeito amortecedor sobre o ataque de íons cloreto às armaduras de aço embutidas no concreto.

Nas obras marítimas, a zona de borrifos é a que mais sofre com o ataque combinado dos sulfatos ao concreto e dos cloretos à armadura. Nas partes permanentemente mergulhadas, com pelo menos um metro e meio de pressão positiva de água, por causa da ausência de oxigênio no ar, o ataque de sulfatos é muito reduzido e o de cloretos é eliminado, como será visto adiante.

III – Agressões por agregados reativos

A reação álcali-agregado consiste em reações químicas dos álcalis do cimento com componentes de certos agregados, produzindo-se também uma reação física expansiva.

São de importância os íons alcalinos de sódio e potássio provenientes da hidratação das impurezas do cimento. De modo geral, admite-se que teores de álcalis abaixo de 0,6% do peso do cimento, em equivalente de sódio, impedem a reação expansiva, quaisquer que sejam os agregados empregados.

As reações expansivas álcali-agregado são do tipo de embebição de um gel por água proveniente do meio externo.

Embora existam três diferentes reações expansivas, álcali-sílica, álcali-silicato e álcali-carbonato, de interesse prático real somente há preocupação com a reação álcali-sílica.

Essa reação expansiva somente pode ocorrer se os agregados tiverem significativa fração de sílica reativa que possa se solubilizar, e, em contato com os sulfatos de sódio e de potássio, provenientes do cimento e dissolvidos na água capilar, haja a formação de gel de silicatos de sódio e de potássio.

O efeito destruidor da reação álcali-sílica somente existirá quando houver sílica reativa, álcalis e água suficiente para que possa ocorrer uma expansão significativa.

Se o concreto permanecer seco, não pode ocorrer a reação agressiva. Quando a estrutura está em contato permanente ou intermitente com a água, é preciso cuidar para que os álcalis do cimento sejam controlados e que a dosagem de cimento também não seja excessiva, pois ela também controla a quantidade de álcalis. Além disso, é preciso controlar a natureza dos agregados.

Como a reação expansiva álcalis-sílica é muito lenta, levando até muitos anos para se manifestar, o melhor controle é dado pela história das fontes de abastecimento dos agregados. Na dúvida, pode-se fazer o ensaio químico para detectar a eventual reatividade do agregado. Esse ensaio, que é regulado pelas normas NBR 9773 e NBR 9774, não dá segurança sobre a reatividade do agregado.

A pozolana, por provocar a reação álcalis-sílica imediatamente na preparação do concreto, consumindo os álcalis do cimento, é o real elemento inibidor da expansão posterior dentro do concreto já endurecido.

A inibição da eventual reação álcali-sílica é muito importante na realização de estruturas em terras baixas, como nas bacias dos grandes rios, em que não existem rochas disponíveis para a obtenção de agregados graúdos. Essa situação, que é típica em terras baixas da Amazônia, pode provocar danos vultosos, como acontece com a ponte sobre o rio Tocantins em Porto Nacional, no estado de Tocantins. Os seixos rolados dos rios têm resistência mecânica excelente, embora frequentemente possam apresentar reatividade ao frio. O controle do cimento e o emprego de microsílica tornam tais materiais adequados à realização de obras de concreto armado.

Desse modo, nas obras em que existe a possibilidade da presença de agregados reativos, em geral duas medidas de precaução devem ser tomadas: o controle do teor de álcalis presente no cimento e o emprego de pozolanas eficazes na dosagem do concreto, especialmente de microsílica, que pode ser considerada uma superpozolana.

Com a possibilidade de emprego de agregados reativos, os cimentos utilizados não devem levar a uma dosagem de álcalis, dosados em termos de óxido de sódio, de mais de 3 kg/m³ de concreto, o que leva, em média, a que no cimento não haja mais de 0,6%, em peso de álcalis, medidos em termos de óxido de sódio. Para respeitar essas condições, geralmente são utilizados cimentos de alto-forno.

A segunda medida é o emprego de pozolanas, especialmente a microssílica, que pode ser considerada uma superpozolana. De modo geral, as pozolanas e a microssílica em particular, contêm alta dose de sílica muito reativa em virtude de sua finura. Para uma finura Blaine do cimento da ordem de 2.600 cm²/g, as pozolanas apresentam finuras acima de 6.000 cm²/g. Com finuras dessa ordem, a sílica torna-se reativa a frio e, dessa forma, reage com os álcalis do cimento ainda durante a fase fluida do concreto. Desse modo, quando o concreto endurece, embora possa haver agregados reativos, os álcalis do cimento já foram consumidos na forma de silicatos de sódio e potássio, não mais existindo a possibilidade de ocorrência de uma futura reação expansiva, que somente ocorre na presença de sais dissociáveis desses álcalis.

8.3 Agressividade do meio ambiente

Comentários sobre as prescrições da NBR 6118 (2014)

De acordo com a norma brasileira ABNT NBR 6118 (item 6.4),

> a agressividade do meio ambiente está relacionada às ações físicas e químicas que atuam sobre as estruturas de concreto, independentemente das ações mecânicas, das variações volumétricas de origem térmica, da retração hidráulica e outras previstas no dimensionamento das estruturas de concreto.

Segundo essa norma, a avaliação da agressividade do meio ambiente sobre dada estrutura pode ser feita de modo simplificado em função das condições de exposição de suas peças estruturais. Para essa finalidade, a agressividade ambiental pode ser classificada conforme as classes definidas na Tabela 8.1.

Observe-se que a consideração do ambiente urbano como de agressividade moderada, como recomenda a NBR 6118, com pequeno risco de deterioração da estrutura, é altamente discutível para as grandes regiões metropolitanas, nas quais a agressividade da poluição atmosférica é uma realidade que não pode ser ignorada. Dessa forma, a recomendação da NBR 6118 que leva à permissão do uso de concreto parcialmente protendido nos ambientes das grandes cidades não pode ser aceita com tranquilidade para as obras de arte de concreto não revestido, tendo em vista a possibilidade da ocorrência de carregamentos especiais não previstos no projeto.

Tabela 8.1 • Classes de agressividade ambiental

CLASSES DE AGRESSIVIDADE AMBIENTAL	AGRESSIVIDADE	CLASSIFICAÇÃO GERAL DO TIPO DE AMBIENTE PARA EFEITO DE PROJETO	RISCO DE DETERIORAÇÃO DA ESTRUTURA
I	Fraca	Rural	Insignificante
		Submerso	
II	Moderada	Urbano[1, 2]	Pequeno
III	Forte	Marinho[1]	Grande
		Industrial[1, 2]	
IV	Muito forte	Industrial[1, 3]	Elevado
		Respingos de maré	

1. Pode-se admitir um microclima com uma classe de agressividade mais branda (um nível acima) para ambientes internos secos (salas, dormitórios, banheiros, cozinhas e áreas de serviço de apartamentos residenciais e conjuntos comerciais ou ambientes com concreto revestido com argamassa e pintura).
2. Pode-se admitir uma classe de agressividade mais branda (um nível acima) em: obras em regiões de clima seco, com umidade relativa do ar menor ou igual a 65%, partes da estrutura protegidas de chuva em ambientes predominantemente secos ou regiões em que chove raramente.
3. Ambientes quimicamente agressivos, tanques industriais, galvanoplastia, branqueamento em indústrias de celulose e papel, armazéns de fertilizantes, indústrias químicas.

Fonte: NBR 6118.

8.4 Mecanismos de corrosão da armadura

As armaduras de aço dentro da massa de concreto são protegidas contra a corrosão pelo fenômeno da passivação do aço, decorrente da grande alcalinidade do meio ambiente, pois o pH da água existente nos poros atinge valores superiores a 12,5.

Em ambientes com essa alcalinidade forma-se na superfície das barras de aço uma camada microscópica impermeável de óxido de ferro, que se constitui na chamada película passivadora (Figura 8.1). Essa película impede a dissolução dos íons Fe^{++}, tornando impossível a corrosão das armaduras, mesmo que haja umidade e oxigênio no meio ambiente.

Figura 8.1

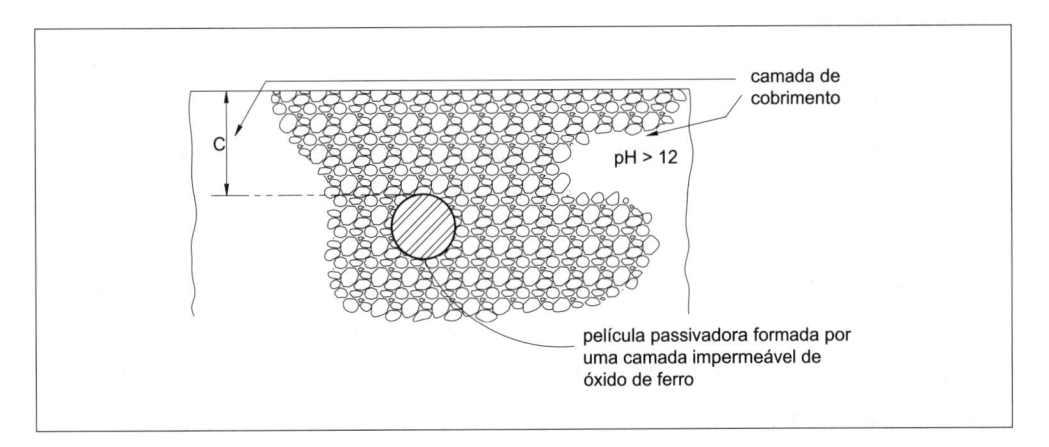

camada de cobrimento
pH > 12
película passivadora formada por uma camada impermeável de óxido de ferro

A corrosão das armaduras dentro do concreto somente poderá ocorrer se for destruída a película passivadora. Essa destruição pode acontecer de modo generalizado, em virtude de três diferentes causas:

- redução do pH abaixo de 9 por efeito de carbonatação da camada de cobrimento da armadura;
- presença de íons cloreto (Cl-) ou de poluição atmosférica acima de um valor crítico;
- lixiviação do concreto na presença de fluxos de água que percolem através de sua massa.

Nas armaduras de protensão podem ainda ocorrer, de forma localizada, duas outras formas de agressão ao aço: corrosão sob tensão e fragilização por hidrogênio. Uma última causa de corrosão das armaduras é o emprego de espessuras inadequadas de cobrimento (Figura 8.1).

É preciso lembrar que os códigos normalizadores especificam espessuras de cobrimento com valores mínimos absolutos. Quaisquer falhas de arranjo das armaduras, no projeto ou na construção podem levar a espessuras reais menores que esses mínimos absolutos, tornando-se causas eficientes de corrosão das armaduras. Por esse motivo, é prudente admitir-se que no projeto sejam especificados cobrimentos nominais com um acréscimo de 0,5 a 1,0 cm acima dos mínimos absolutos regulamentares.

De modo genérico, a corrosão dos metais pode ocorrer por dois diferentes processos, um em meio ácido, na presença de metais diferentes, e outro em meio alcalino ou neutro, por efeito de uma oxigenação diferencial entre partes do mesmo metal.

Em ambos os processos ocorrem duas reações eletrolíticas, uma anódica e outra catódica.

Na reação anódica o ferro fica carregado eletricamente de modo positivo, ocorrendo a sua dissolução pela passagem dos ions Fe++ para a solução. A reação anódica pode ser expressa por: $Fe \rightarrow Fe^{++} + 2e^{-}$.

É sempre na reação anódica que ocorre a destruição do metal. O metal libera elétrons que, pelo circuito metálico, se movem para o cátodo. No ânodo, em solução ácida, o metal ionizado positivamente dissolve-se no líquido e, em solução neutra ou alcalina, no metal ionizado forma-se diretamente a ferrugem.

Na reação catódica o ferro funciona como simples eletrodo, junto ao qual os elétrons liberados pelo ânodo passam à solução, fechando-se assim o circuito elétrico. Não há consumo de ferro do cátodo.

O mecanismo de corrosão em meio ácido está descrito na Figura 8.2. Esse mecanismo, em geral, é estabelecido pelo emprego de dois metais diferentes.

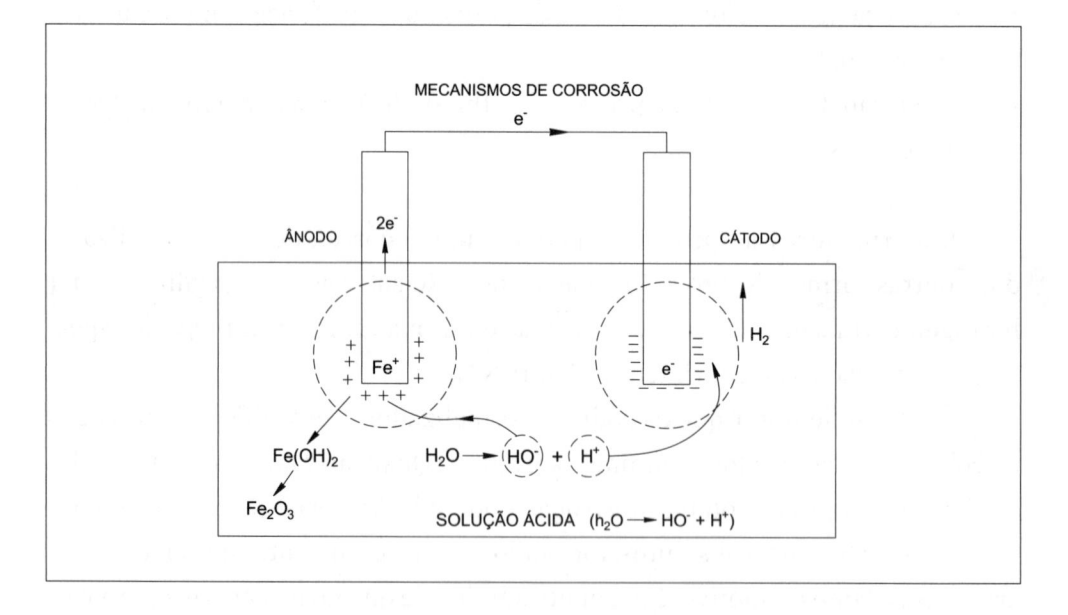

Figura 8.2 • Metais diferentes ou concentrações eletrolíticas diferentes

Em meio ácido ocorre a ionização da água. Os íons H+ dirigem-se ao cátodo, em que são neutralizados, liberando-se então o hidrogênio nascente H que passa, a seguir, à forma molecular H2. Os íons (OH)- dirigem-se ao ânodo, em que reagem com os íons Fe++ solubilizados, formando-se o $Fe(OH)_2$ que, por várias reações intermediárias, acaba formando a ferrugem, basicamente constituída pelo Fe_2O_3.

O mecanismo de corrosão em meio alcalino está mostrado na Figura 8.3.

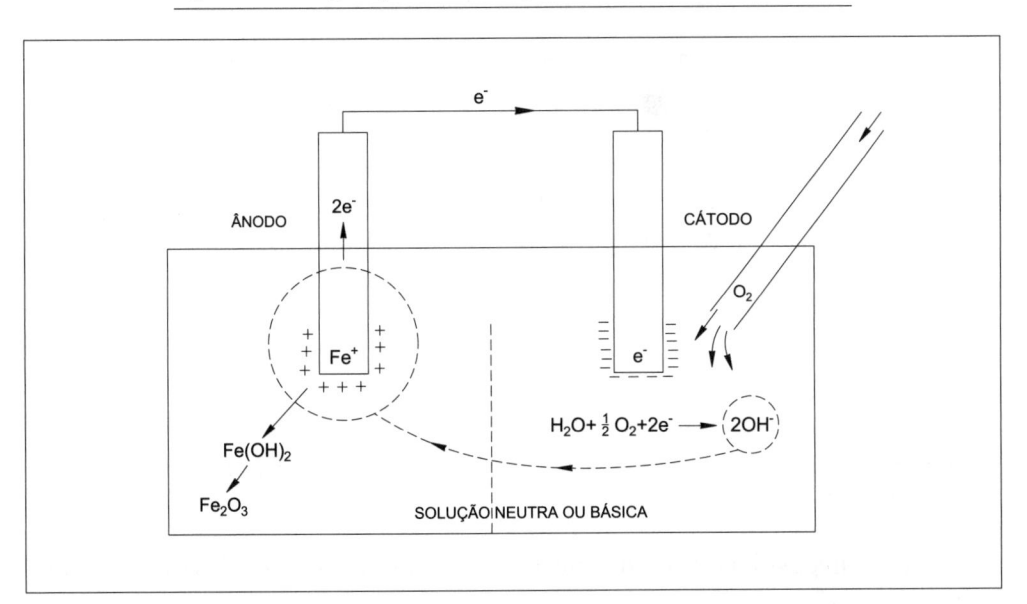

Figura 8.3 • Oxigenação diferente (podem ser os mesmos materiais)

A reação catódica que agora ocorre pode ser expressa por:

$$2e^- + \tfrac{1}{2}(O2) + H2O \rightarrow 2(OH)^-$$

Em meio alcalino não há a formação de íons H+. A formação de íons hidroxila (OH)- ocorre no cátodo, por efeito da oxidação dessa parte do metal. Esses íons (OH)- dirigem-se então ao ânodo, como no caso anterior, produzindo-se finalmente o Fe_2O_3.

8.5 Corrosão das armaduras dentro do concreto

I – Corrosão eletrolítica

Para que as armaduras de aço dentro do concreto sofram corrosão é preciso que junto a elas haja umidade e oxigênio, pois o meio em que estão mergulhadas é alcalino (Figura 8.4).

A penetração do oxigênio proveniente do meio ambiente ocorre por difusão através da camada de cobrimento, chegando até o metal e provocando a corrosão se a película passivadora tiver sido rompida.

Figura 8.4

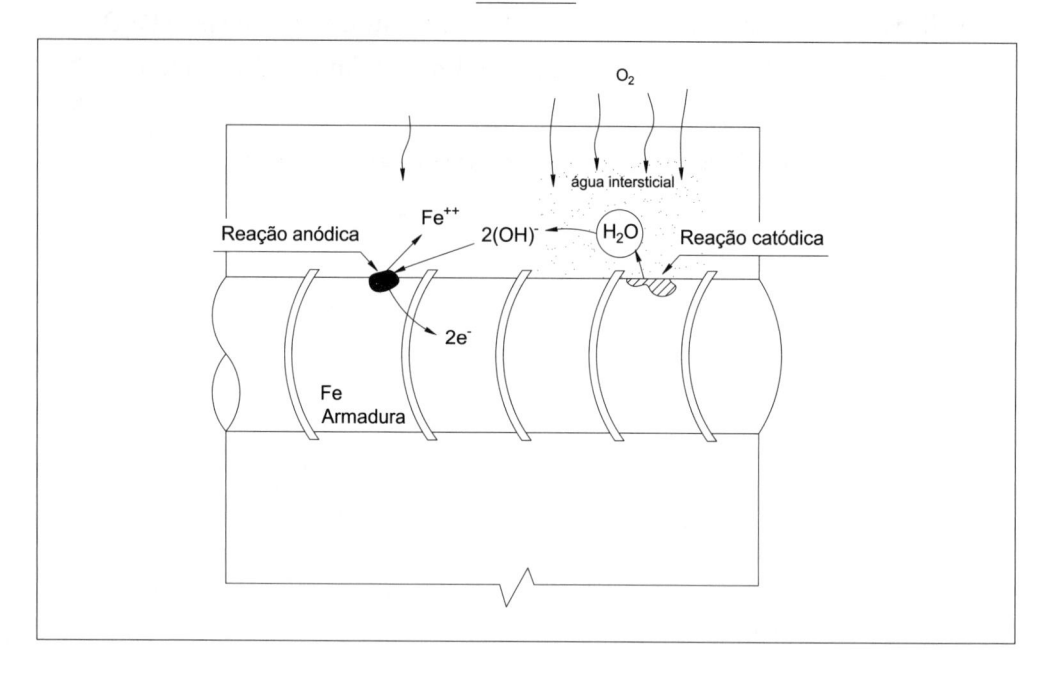

A água necessária à manutenção da reação eletrolítica é fornecida pela umidade existente na rede capilar. A reação de oxidação do ferro não consome a água envolvida no processo, não sendo favorecido, assim, o bloqueio da própria reação.

Enquanto o oxigênio puder chegar até o metal por difusão, através da camada de cobrimento e da película passivadora rompida, a corrosão prosseguirá.

Desse modo, para que haja corrosão é indispensável a presença simultânea de água e oxigênio.

Não haverá corrosão se o concreto estiver totalmente seco ou totalmente saturado. Na verdade, a condição totalmente saturado somente existe com água exercendo pressão positiva superior à pressão parcial exercida pelo oxigênio na atmosfera. A experiência mostra que não há corrosão com pressão hidrostática positiva correspondente a uma coluna d'água de cerca de 1,5 metro.

Na Figura 8.4 está representada a corrosão decorrente da formação de micropilhas eletrolíticas. Na mesma barra de aço, um trecho tem comportamento anódico, e, outro, comportamento catódico.

Uma situação é mais grave quando pode se formar uma macropilha, como apresentada na Figura 8.5.

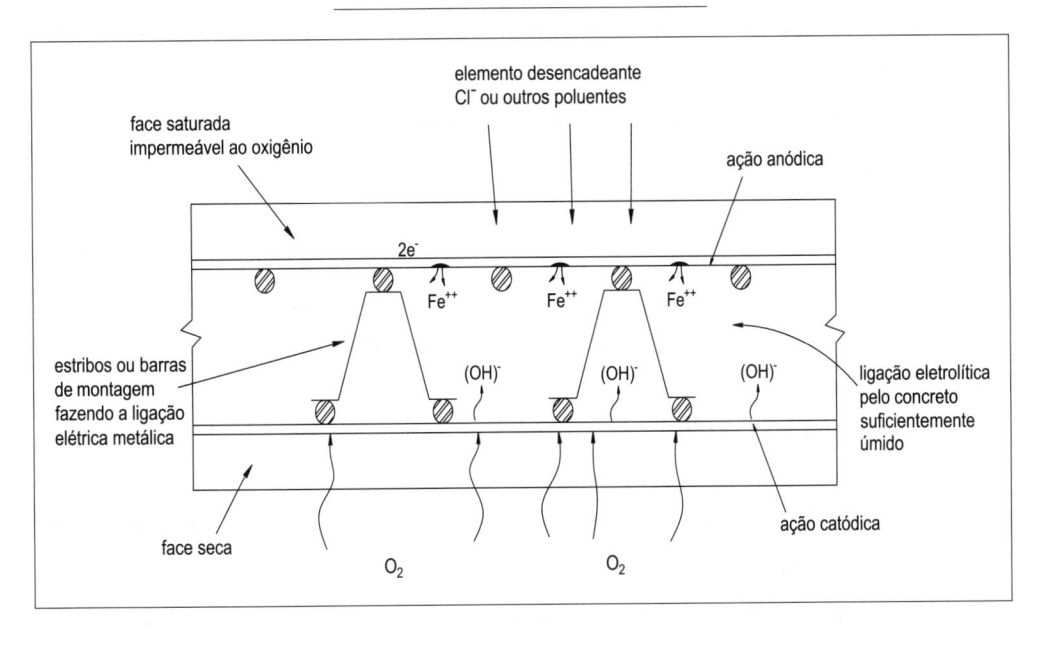

Figura 8.5 • Corrosão por macropilha

Nesse caso, toda armadura de uma das faces da peça tem comportamento anódico e a armadura da outra face tem comportamento catódico.

Situação dessa natureza pode ocorrer quando há partes da estrutura sujeitas ao intemperismo e partes protegidas, em virtude de diferentes particularidades construtivas, como em peças estruturais com uma face em contato com o meio externo e a outra no interior da construção.

Este tipo de corrosão é particularmente importante em estruturas de concreto aparente.

É essencial observar que a formação da ferrugem, basicamente composta pelo Fe_2O_3, constitui-se em uma reação expansiva. O início da corrosão é, portanto, acompanhado pela fissuração do concreto da camada de cobrimento, com agravamento da própria corrosão.

O importante é não deixar que a corrosão se inicie, pois o processo vai se tornando cada vez mais intenso à medida que o tempo passa.

8.6 Corrosão por carbonatação da camada de cobrimento

O conteúdo de cálcio existente nos silicatos anidros constituintes dos cimentos é superior à quantidade que pode ser mantida na forma de silicatos de cálcio hidratados. O excesso de cálcio é liberado na forma de hidróxido $Ca(OH)_2$, o qual, após endurecimento, fica em parte sob a forma de cristais, com dimensões muito maiores que as dos silicatos, e, em parte, dissolvido na água contida nos poros capilares.

O hidróxido dissolvido garante a forte alcalinidade do interior do concreto, com pH $\geq$ 12,5.

Se a peça de concreto não estiver totalmente mergulhada em água, o gás carbônico da atmosfera penetrará por suas superfícies expostas ao ar. Esse CO_2, por difusão através do ar, chegará até os poros úmidos que contêm o hidróxido dissolvido, dando-se então a reação de carbonatação do hidróxido, como se mostra na Figura 8.6.

A transformação do hidróxido em carbonato é acompanhada pelo abaixamento do pH do meio úmido interno.

Se for atingido um pH < 9, torna-se possível a dissolução da película passivadora de óxido de ferro que reveste as barras de aço dentro do concreto. Com isso dar-se-á a solubilização do ferro, pela reação anódica $Fe \rightarrow Fe^{++} + 2e^-$.

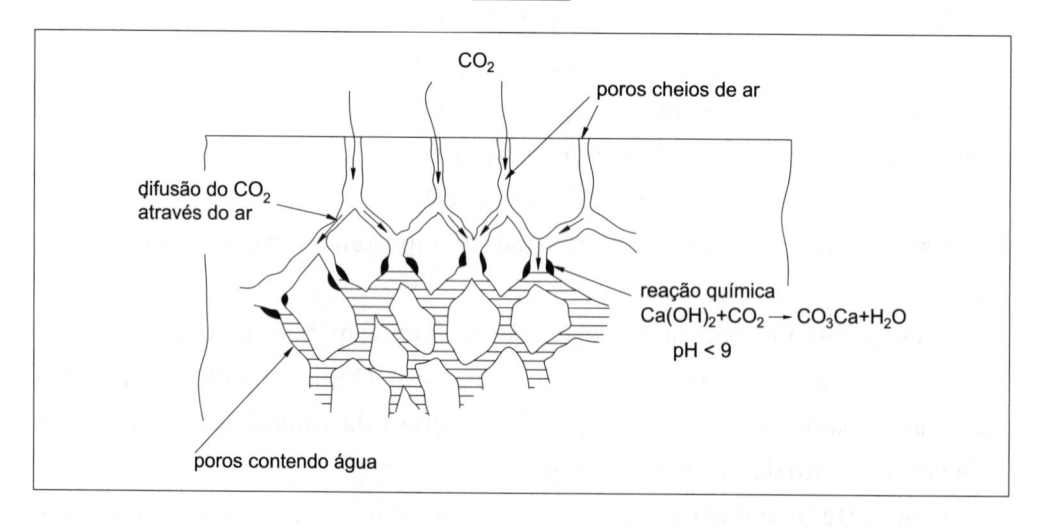

Figura 8.6

De modo aproximado, em igualdade de demais condições ambientais, pode-se admitir que a velocidade de crescimento da espessura da camada carbonatada diminua com o tempo.

Isso é consequência da própria reação química, pois a formação de carbonato de cálcio vai colmatando os poros, dificultando a difusão do CO_2.

De modo aproximado, em condições de perfeita integridade do concreto, pode-se estimar a seguinte velocidade de carbonatação:

Tabela 8.2

PROFUNDIDADE DE CARBONATAÇÃO EM CENTÍMETROS	TEMPO EM ANOS
1	5
1,5	20
2,0	50
2,5	100

Verifica-se então que, em concretos não revestidos, mantidos em ambientes úmidos, para se garantir a durabilidade da estrutura, não é possível aceitar que a camada de cobrimento das armaduras tenha espessura efetiva inferior a 2,5 cm, mesmo com a hipótese de sua perfeita integridade.

Lixiviação do concreto

A lixiviação é o processo de perda de cálcio da massa de concreto em virtude da percolação de água através de seu interior.

A lixiviação produz aumento da porosidade e diminuição do pH no interior do concreto.

Se a massa de concreto ficar permanentemente saturada, não haverá risco de corrosão das armaduras. Todavia, se ocorrerem períodos de secagem, a corrosão poderá ocorrer.

8.7 Corrosão por íons cloreto e por poluentes ambientais

Os íons cloreto, originários da água do mar ou de poluentes ambientais, também podem penetrar no interior da massa de concreto por difusão, por meio da água contida em poros saturados total ou parcialmente.

Esses íons têm a capacidade de dissolver a película protetora de óxido de ferro que reveste as armaduras de aço dentro do concreto, provocando assim o início da reação anódica de solubilização do Fe^{++}.

O cálcio dissolvido na água dos poros tem certa capacidade de fixação de íons como o cloreto. No entanto essa capacidade é parcial, em virtude de um sistema em equilíbrio de íons livres e íons fixados pelo cálcio em solução.

Existe, portanto, uma interação perniciosa entre a penetração dos íons cloreto ou outros íons agressivos e a carbonatação, uma vez que, com a carbonatação, esses íons, que estavam fixados na solução de hidróxido de cálcio, são novamente liberados.

A concentração de íons agressivos diminui à medida que se penetra na massa de concreto. As reações de hidratação do cimento que ocorrem durante o processo de maturação do concreto diminuem a possibilidade de difusão de íons como os cloretos.

Em termos médios, pode-se admitir que a profundidade de penetração de íons cloreto, com concentração superior à concentração crítica que permite a dissolução da película passivadora da superfície das armaduras, tenha a mesma evolução que a da profundidade da carbonatação.

A corrosão da armadura na presença de íons agressivos dentro da massa de concreto é basicamente regida pelas mesmas reações anódica e catódica que ocorrem em meio alcalino na presença de oxigênio e água.

O efeito da presença de íons agressivos é o de baixar o pH em pontos discretos da película passivadora, destruindo-a totalmente. Nesses pontos, formam-se zonas anódicas de pequenas dimensões, e o restante da armadura constitui-se em uma enorme zona catódica, ocorrendo então uma intensa corrosão nesses pontos anódicos (Figura 8.7).

Figura 8.7

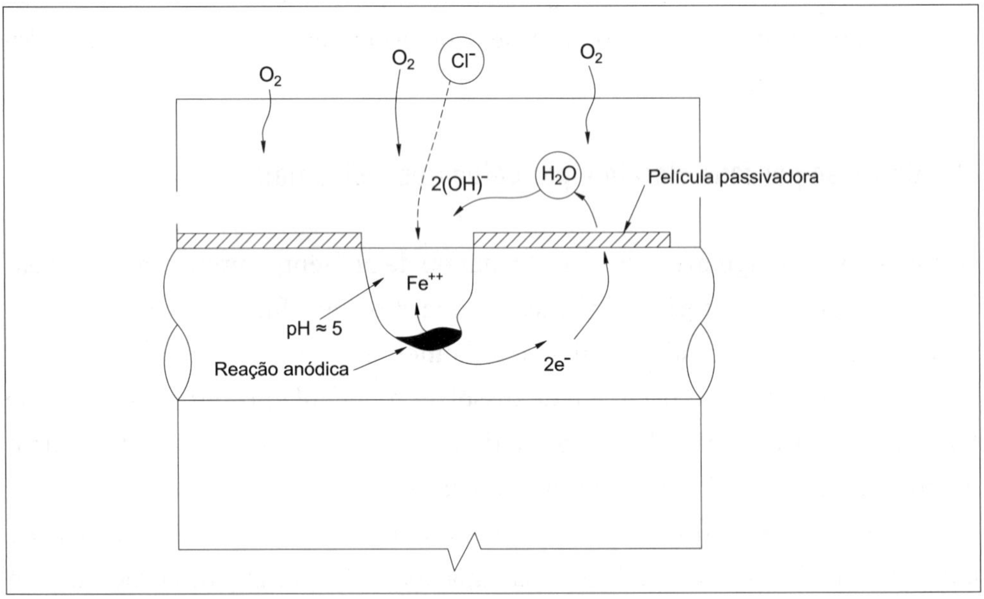

Os íons cloreto funcionam como catalisadores da reação de solubilização dos íons Fe++, mas não são consumidos na reação, agravando-se cada vez mais a intensidade da corrosão.

Outros poluentes atmosféricos, que também contêm íons eletricamente negativos, como o SO_3^- e SO_4^{--}, produzem efeitos análogos aos da presença dos íons cloreto, embora de forma não tão concentrada em pontos isolados quanto esses últimos. Esses outros poluentes são usualmente formados pela queima de combustíveis derivados do petróleo e estão presentes na poluição ambiental urbana.

Um processo altamente deletério é constituído por ciclos alternados de umidificação e de secagem por água com cloretos e demais poluentes eletricamente negativos.

Nos ciclos de umidificação, os cloretos penetram no concreto pela sucção capilar da água depositada na superfície da peça. Nos ciclos de secagem, evapora-se apenas a água. Com isso, em ciclos sucessivos, a concentração de íons agressivos vai aumentando progressivamente, agravando as condições de corrosão. Isso é o que ocorre nas regiões de borrifos da água do mar.

Duas outras situações de risco existem na presença de íons cloreto. Uma delas pode ocorrer quando, inadvertidamente, se procura limpar as fachadas dos edifícios utilizando o chamado ácido muriático, que não passa de ácido clorídrico diluído. Ao lançar o ácido na argamassa de revestimento do concreto ele penetra por capilaridade até a massa de concreto, e somente se percebe sua ação quando as armaduras das peças estruturais da fachada do edifício já entraram em franco processo de corrosão. O único remédio possível é descascar toda a camada de cobrimento das armaduras, expondo o metal, jateando o metal "ao branco" e reconcretando a camada de cobrimento das armaduras. Infelizmente isso ocorre com frequência nas grandes cidades.

A segunda situação ocorre quando o vento sopra sobre águas cloradas, como as das piscinas, e a seguir incide sobre construções de concreto armado. O resultado é o mesmo que o descrito acima.

8.8 Influência da fissuração mecânica do concreto

A baixa resistência à tração do concreto faz que no concreto armado comum, não protendido, seja necessário conviver com a fissuração das zonas tracionadas das peças estruturais (Figura 8.8). No concreto protendido, modernamente também se aceita uma pequena possibilidade dessa convivência em obras expostas a ambientes de baixa agressividade, tendo assim surgido o concreto parcialmente protendido.

Estudando a importância das fissuras transversais às barras de aço, durante muito tempo buscou-se relacionar a intensidade da corrosão das armaduras apenas à abertura superficial das fissuras.

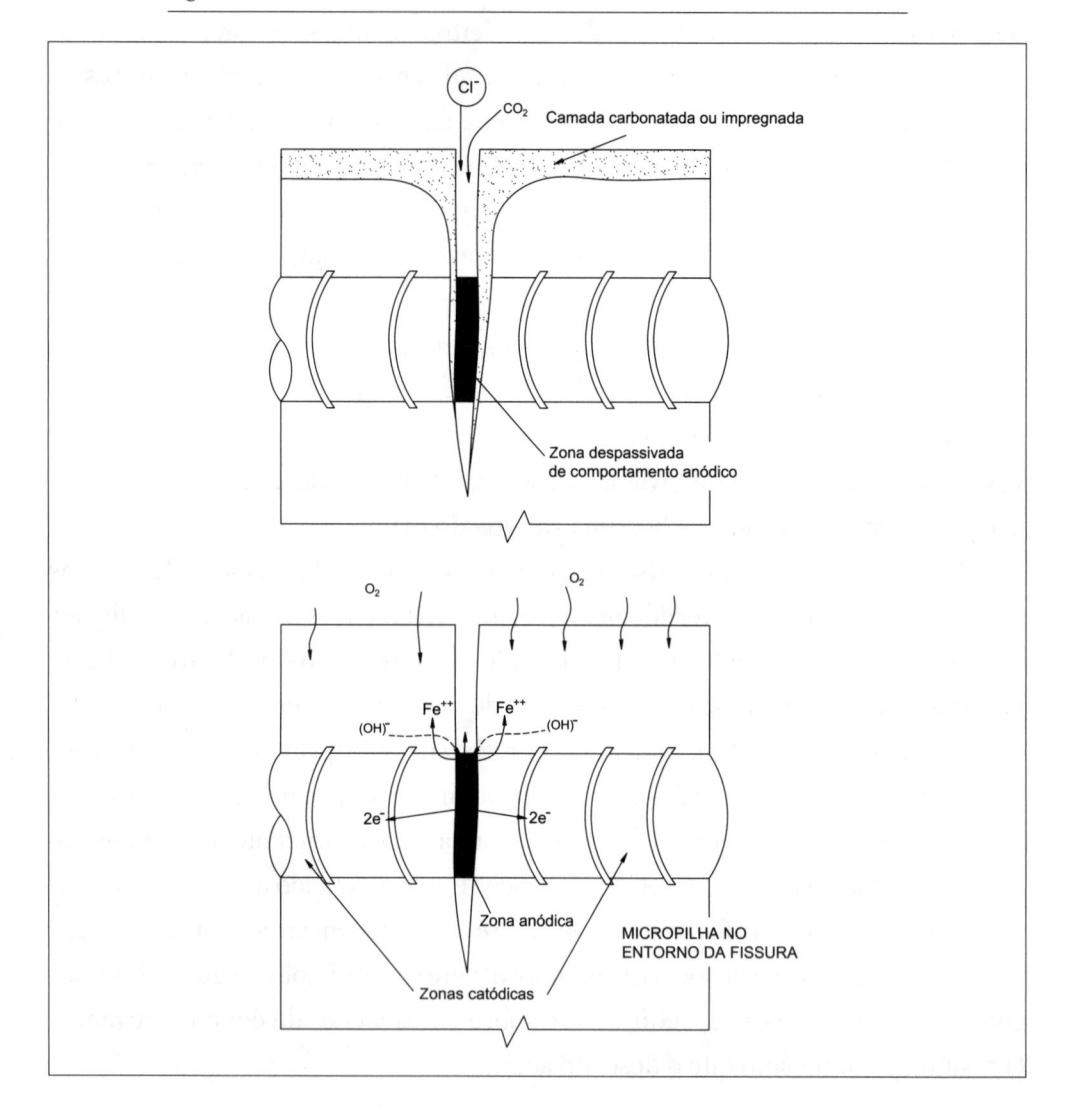

Figura 8.8 • Influência teórica das fissuras sobre a corrosão das armaduras

As investigações realizadas, tanto com concreto armado quanto com concreto protendido, mostraram resultados contraditórios. Elas geralmente consistiam em submeter as peças fissuradas a ciclos alternados de umidificação e secagem usando águas com diferentes teores de agentes agressivos.

Algumas experiências mostraram que as fissuras com aberturas maiores provocavam agravamento da corrosão. Outras mostraram que, pelo contrário, o nível de corrosão não dependia da abertura das fissuras. Outros ainda mostraram maiores corrosões em peças sem fissuração nenhuma.

De modo análogo, a investigação sobre a influência do número de ciclos de abertura e fechamento das fissuras também mostrou resultados contraditórios.

Por vezes, a maior corrosão ocorria com a repetição da abertura das fissuras. Em outros casos, a maior corrosão ocorria quando a fissura se abria uma única vez.

A conclusão que se pode tirar das investigações já realizadas é a de que, com as aberturas de fissuras usualmente permitidas pelos regulamentos normalizadores, é pequena a correlação entre a intensidade da corrosão das armaduras e a abertura superficial das fissuras do concreto. Todavia, fissuras com aberturas muito maiores que o permitido pelos regulamentos normalizadores não devem existir nas estruturas.

É necessário salientar que no concreto armado comum admitem-se fissuras com aberturas superficiais inferiores a 0,4 mm. Com fissuras dessa natureza, é provável que ela tenha aberturas muito menores junto às barras da armadura. Observe-se que fissuras com aberturas superficiais inferiores a 0,4 mm não passam de riscos sobre a superfície de concreto, nos quais apenas se podem identificar os dois lados da fissura. Quando a fissura apresenta abertura superficial significativa, da ordem de 1 mm, isso significa que a armadura debaixo da fissura já pode ter chegado ao escoamento. Finalmente, é oportuno lembrar que a dimensão de 0,2 mm corresponde ao poder separador da visão humana, ou seja, a visualização distinta de dois pontos afastados entre si somente é possível com afastamentos maiores que 0,2 mm. Em uma linha riscada no papel, somente se consegue distinguir um dos lados da linha do outro se ela tiver espessura maior que 0,2 mm.

A abertura da fissura pode levar à despassivação local da armadura, com agravamento das condições de carbonatação e de impregnação do concreto por íons cloreto ou por outros poluentes, facilitando, assim, a formação de micropilhas eletrolíticas se houver oxigenação e umidade suficientes. É importante salientar, particularmente para o concreto protendido, que uma vez abertas as fissuras com aberturas significativas, elas somente poderão ser obturadas por meio de injeções de materiais adequados, pois o desengrenamento dos agregados no ato da fissuração não poderá ser desfeito por forças posteriores de compressão. Esse desengrenamento nunca consegue ser desfeito.

Todavia, se não houver umidade suficiente ou se a porosidade da camada de cobrimento for baixa, não permitindo a formação das zonas catódicas, não haverá corrosão.

De maneira análoga, a ferrugem formada pelo primeiro ataque à armadura e a sujeira que se acumula dentro das fissuras, bem como o reinício da hidratação de grãos de cimento eventualmente ainda não totalmente hidratados, expostos agora pela fratura do concreto, podem eventualmente provocar a colmatação das fissuras.

Investigações mais recentes mostraram que fissuras transversais às armaduras, com aberturas superficiais de até 0,4 mm, têm pequena influência sobre a corrosão das armaduras do concreto armado não protendido quando o meio ambiente não for particularmente favorável a esse ataque.

No concreto protendido, em serviço normal, toleram-se apenas os estados de descompressão e de formação de fissuras, ou eventualmente aberturas de até 0,2 mm apenas em ambientes pouco agressivos. Essa condição pouco agressiva pode ser imaginada como sendo a existente no interior das habitações, onde não se tem a presença de fontes de umidade para o concreto, mas não parece aceitável no ambiente urbano das regiões metropolitanas, em que há a forte presença de agentes poluidores do ar.

Os estudos mostraram que os parâmetros que condicionam efetivamente a corrosão das armaduras são a espessura da camada de cobrimento e a permeabilidade dessa camada. Essa permeabilidade é condicionada essencialmente pelo fator água/cimento, pelas condições de adensamento do concreto e pela cura realizada após a concretagem. Deve-se ainda assinalar que as fissuras longitudinais, que acompanham o andamento das barras da armadura, são um sério indício de estruturas defeituosamente armadas. As fissuras longitudinais não devem aparecer nas estruturas de concreto, pois elas expõem as armaduras ao risco de corrosão progressiva muito intensa.

8.9 Corrosão sob tensão e fragilização por hidrogênio

A corrosão sob tensão é um fenômeno particular que pode ocorrer em certos aços de protensão submetidos permanentemente a tensões elevadas.

Em aços sensíveis a esse fenômeno, na presença de pequenas fissuras *nos cristais do metal* da superfície da armadura, forma-se uma zona anódica muito localizada na raiz das fissuras. Esse fato leva à ruptura progressiva da armadura caso tenha havido despassivação da superfície do metal.

A fragilização por hidrogênio é uma ruptura mecânica do aço por efeito da reação catódica que libera hidrogênio nascente quando ocorre despassivação da superfície do metal e fica estabelecida a reação eletrolítica.

O hidrogênio atômico penetra livremente na estrutura do aço. A recombinação molecular do hidrogênio no interior do metal provoca o aparecimento de elevadas tensões internas que levam à ruptura do aço.

O risco de fragilização por hidrogênio surge sempre que existe uma reação catódica com liberação de hidrogênio. Exemplos de fragilização por hidrogênio têm ocorrido na presença de enxofre e pela reação eletroquímica do aço de protensão em contato com o zinco das bainhas galvanizadas antes que elas sejam injetadas.

Exercícios

I – Agressões ao concreto

1) Quais as duas condições necessárias à agressão do concreto por elementos do meio externo?
2) Quais os tipos de agressões físicas usuais?
3) Como se dá a agressão do concreto por águas ácidas?
4) Qual a diferença de agressividade das águas paradas e das águas correntes?
5) Quando as águas poluídas subterrâneas devem ser temidas?
6) Como agem sobre o concreto os poluentes do ar?
7) Qual o efeito agressivo das águas de chuva?
8) Como se dá o ataque por CO_2 agressivo?
9) Como se dá a agressão ao concreto por águas sulfatadas?
10) Como se combate a agressão do concreto pela água do mar?
11) Quais são os principais agregados expansivos?
12) Como se dá a reação álcali-agregado?
13) Qual o efeito físico das pozolanas na inibição da reação álcali-agregado?
14) Qual o efeito químico das pozolanas na inibição da reação álcali-agregado?
15) Por que se adiciona gesso ao cimento?

II – Agressões à armadura

1) Quais as causas usuais da corrosão das armaduras dentro do concreto?
2) Quais as duas condições ambientais necessárias para que haja corrosão das armaduras?
3) Qual o mecanismo básico de corrosão em meio ácido?
4) Qual o mecanismo básico de corrosão em meio alcalino?
5) Onde se dá o consumo do ferro por efeito eletrolítico?
6) O que significa fragilização por hidrogênio?

7) Quais os mecanismos básicos de corrosão das armaduras dentro do concreto?
8) Por que não há corrosão significativa das armaduras das peças estruturais permanentemente mergulhadas?
9) Qual a influência das fissuras mecânicas do concreto sobre a possível corrosão das armaduras?
10) Como se dá a carbonatação do concreto e qual a sua importância para a corrosão das armaduras?
11) Qual a profundidade esperada para a carbonatação do concreto durante a vida útil usual das estruturas?
12) Como se dá a agressão das armaduras pelos íons cloreto?
13) Qual a interação existente entre a carbonatação do concreto e a agressividade dos íons cloreto?
14) Como se dá a agressão às armaduras pelos poluentes atmosféricos?
15) O que é corrosão sob tensão?

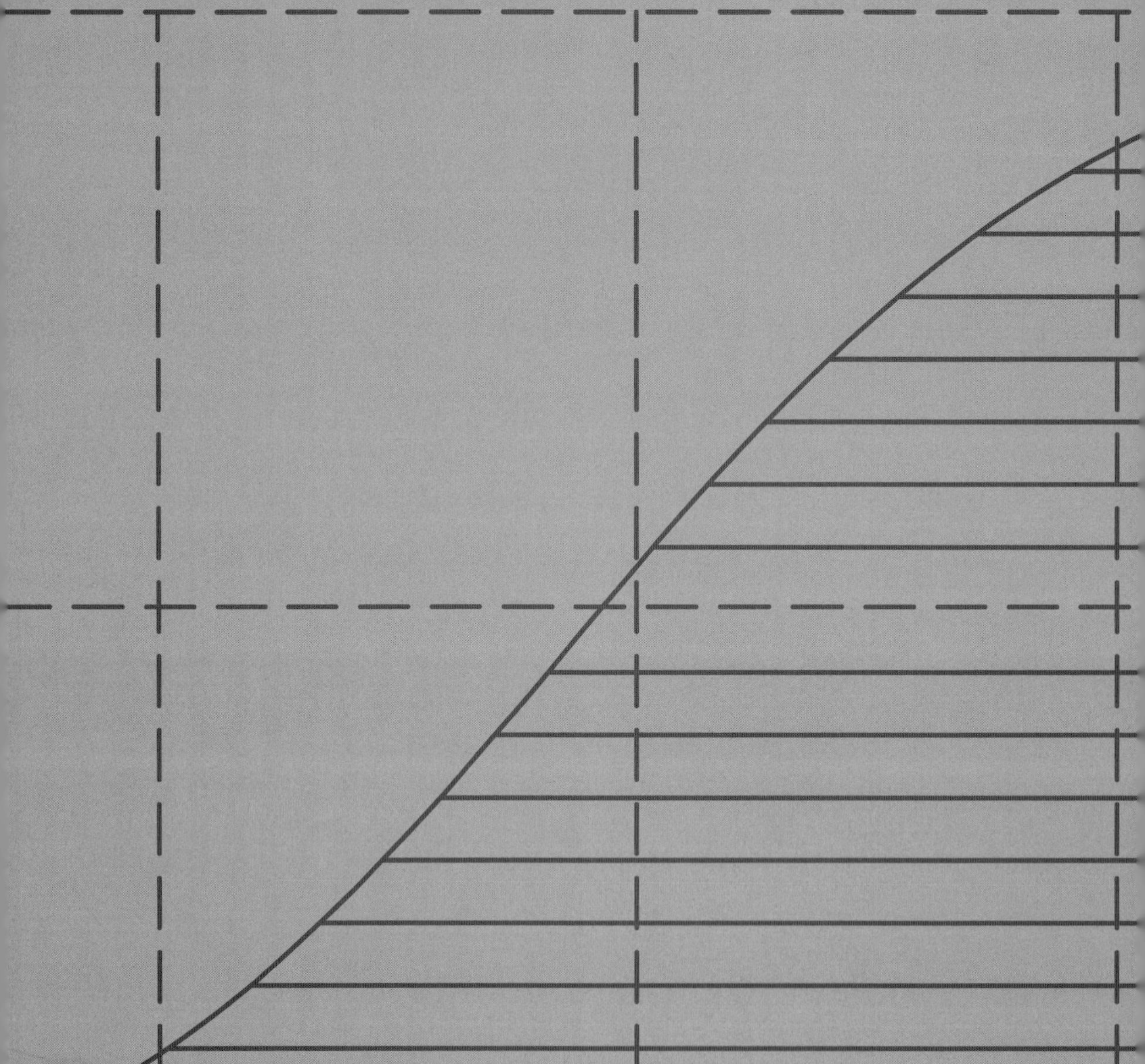

CAPÍTULO 9

CONTROLE DA RESISTÊNCIA DO CONCRETO

9.1 Critérios iniciais de avaliação da resistência do concreto estrutural

No início das aplicações do concreto armado, a resistência do concreto era controlada apenas pela receita empregada em sua fabricação. Com o decorrer do tempo, a resistência do concreto passou a ser determinada experimentalmente, adotando-se como referência o valor médio obtido com o ensaio de 3 corpos de prova, empregando-se os coeficientes de segurança 3 para o próprio concreto, e 2 para o aço das armaduras.

No Brasil, a normalização começou na década de 1940, com a elaboração da NB-1. Para o concreto, na compressão simples, a tensão admissível adotada foi de 40 kgf/cm² (4 MPa) e, na flexão simples ou composta, de 60 kgf/cm² (6 MPa). No cisalhamento, o valor admissível era de 6 kgf/cm² (0,6 MPa) para as vigas, e de 8 kgf/cm² (0,8 MPa) para as lajes.

Na década de 1950, quando se introduziu o cálculo de concreto armado em regime de ruptura, surgiu o conceito de resistência mínima do concreto, adotando-se para isso o valor de 3/4 da resistência média. Mais tarde, introduziu-se a ideia de que a distribuição de resistências do concreto seria normal (gaussiana) e que a resistência característica, definida como o valor com apenas 5% de probabilidade de ser ultrapassado no sentido desfavorável, deveria ser adotada como o valor representativo da resistência mecânica do concreto e também dos outros materiais estruturais.

Desde o início do controle experimental da resistência do concreto, o conjunto de corpos de prova correspondentes a algumas das betonadas que tivessem sido controladas era considerado como representativo do concreto da parte da estrutura realizada com todo esse concreto.

O concreto podia ser preparado na própria obra, empregando-se betoneiras de pequeno porte, colhendo-se amostras aleatoriamente ao longo dos trabalhos de construção.

Quando se admitia que o concreto de toda a estrutura tinha sido controlado desse modo, por meio de corpos de prova extraídos aleatoriamente de algumas betonadas ao longo de toda a construção, aceitava-se que poderia ser obtida uma estimativa da resistência característica do concreto de toda a estrutura.

Observe-se que não existe um valor que possa representar o concreto de toda a obra, uma vez que durante sua execução são empregados lotes de populações com diferentes características de resistência, como se mostra na Figura 9.1. A mistura desses resultados levaria à determinação de uma resistência característica aparente, que não informa nada sobre a segurança da estrutura como um todo.

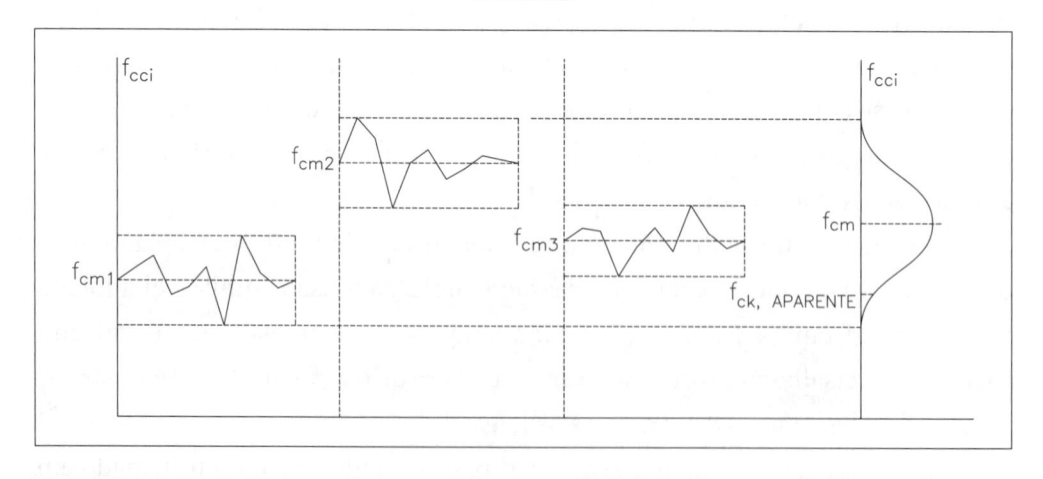

Figura 9.1

A impossibilidade de se avaliar o quantil de 5% de uma distribuição de valores a partir de uma amostra muito pequena provocava muitas controvérsias.

As próprias normas aceitavam critérios simplistas, julgando satisfatória uma amostra com 32 exemplares para a determinação do valor característico de uma população de exemplares, simplesmente aplicando a definição $f_{ck} = f_{cm} - 1{,}65 s_x$.

Com essa hipótese, o erro médio obtido na estimativa do desvio-padrão da população pode chegar a $(\sigma_x - s_x)/\sigma_x = 25\%$, com 95% de probabilidade, tornando esse tipo de critério absolutamente inadequado para a finalidade que se tinha em vista. Alguns regulamentos até permitiam amostras de apenas 20 exemplares sem qualquer justificativa lógica para isso.

Uma análise mais cuidadosa desse problema mostra que, com amostras pequenas, não é possível estimar-se o quantil de 5% a partir das estimativas separadas da média e do desvio-padrão. Desse modo, o caminho possível era estimar-se o quantil característico diretamente, sem passar pela estimativa direta do desvio-padrão.

Por essa razão, na elaboração NB-1/78, adotou-se o critério, então julgado de natureza empírica, de se estimar a resistência característica pelas expressões até hoje vigentes na NBR 6118.

Esse entendimento vigorou até bem pouco tempo. Todavia, como se expõe adiante, pode-se provar que esse estimador é efetivamente centrado no valor característico da população de onde a amostra foi retirada.

9.2 Critério atual de avaliação da resistência do concreto

Dada uma população de valores X com distribuição normal, de média μ_X e desvio-padrão σ_X, a Figura 9.2 mostra os parâmetros probabilísticos dessa população e da população correspondente formada pela variável reduzida, definida por $u = \dfrac{x - \mu_X}{\sigma_X}$, cujos parâmetros são $\mu_u = 0$ e $\sigma_u = 1$. Nessa figura, $f(x)$ é a função de densidade de frequência e $F(x)$ a função de frequência. O mesmo vale para a funções $f(u)$ e $F(u)$.

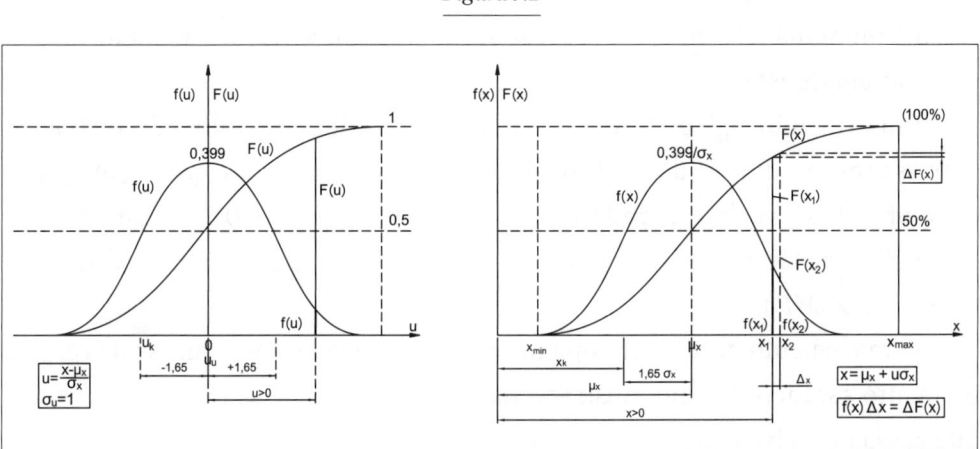

Figura 9.2

Dada uma amostra de N elementos retirados de um universo normal de média μ_X e desvio-padrão σ_X, sendo N um número par, ordenam-se os valores em ordem crescente

$$x_1 \leq x_2 \leq ... \leq x_{M-1} \leq x_M \leq ... \leq x_{N-1} \leq x_N$$

onde $M = N/2$.

Se N for ímpar, despreza-se o maior valor.

É importante assinalar que esse critério é essencialmente aplicado quando a avaliação da resistência característica é feita de modo global com o concreto produzido em diferentes betonadas. A situação usual desse emprego ocorre quando a amostragem do concreto não foi feita com todas as betonadas empregadas no lote em avaliação. Em princípio, esse critério também pode ser aplicado em critério de contraprova, como será mostrado posteriormente.

A função de estimação do valor característico x_k, correspondente ao quantil $x_{0,05}$, cuja probabilidade de ser ultrapassado no sentido de valores ainda menores é apenas de 5%, é definida por

$$X_{k,est} = 2\left[(x_1 + x_2 + ... + x_{M-1})/(M-1)\right] - x_M$$

Conforme se mostra na Figura 9.3, o valor de $\bar{x}_{M-1}$, que é a média dos $(M-1)$ menores valores contidos na amostra, é uma estimativa da abscissa do centro de gravidade da área delimitada pela função $f(x)$, de 0 até a abscissa de x_{M-1}, sendo

$$\bar{x}_{M-1} = \frac{x_1 + x_2 + ... + x_{M-1}}{M-1}$$

De forma análoga, o valor de x_M, que divide a amostra total em duas partes com números iguais de elementos, representa uma estimativa da mediana da distribuição. Com distribuições normais, que são simétricas em relação à mediana, ela também representa uma estimativa da média μ_X da população em questão.

Em princípio, $\bar{x}_{M-1}$ poderia ser calculada considerando a área desde 0 até a abscissa representativa de μ_X. Todavia, evitando a hipótese de que sejam iguais os valores de x_{M-1} e de x_M, sendo $x_M \cong \mu_X$, adota-se $\bar{x}_{M-1} = \mu_X - 0,05\sigma_X$, que no caso da resistência de concretos com $f_{ck} \leq 50 MPa$, corresponde a uma diferença $0,05\sigma_X \leq 0,25 MPa$.

Para o cálculo de $\bar{x}_{M-1}$ em uma distribuição normal, calculam-se a área A e momento estático S como mostrado na Figura 9.3 em relação ao eixo vertical que passa pela abscissa x_{M-1}.

9 • Controle da resistência do concreto

Figura 9.3

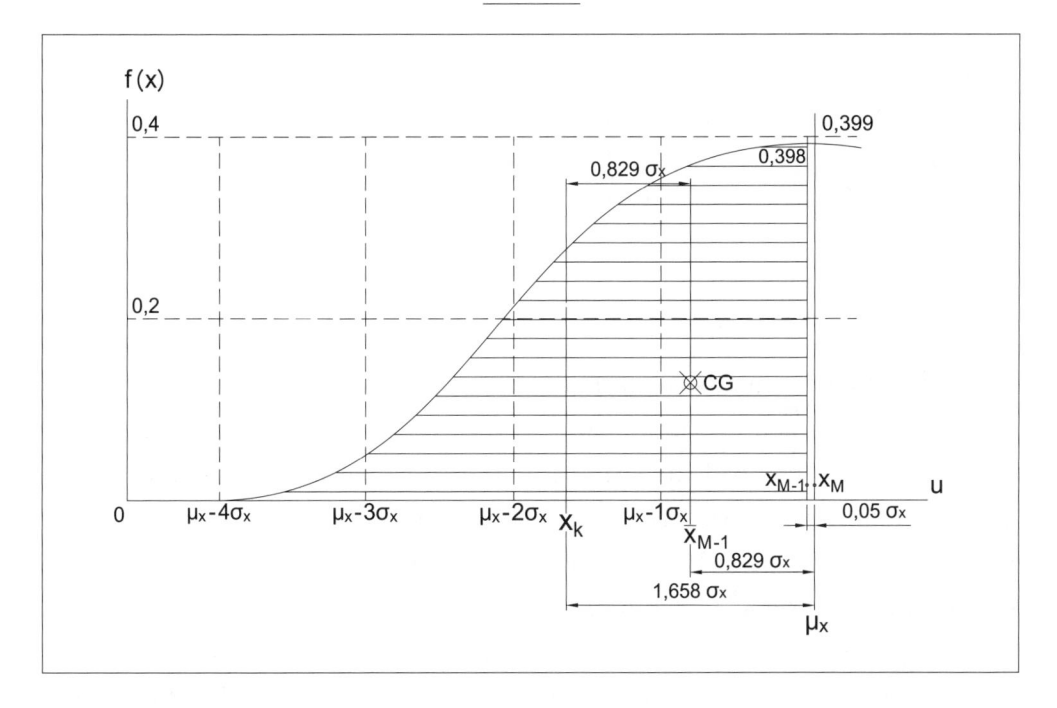

[Figure 9.3: Normal distribution curve showing $f(x)$ with markers at $\mu_x-4\sigma_x$, $\mu_x-3\sigma_x$, $\mu_x-2\sigma_x$, x_k, $\mu_x-1\sigma_x$, $\bar{x}_{M-1}$, x_{M-1}, x_M, with values 0,399, 0,398, 0,829 σ_x, 0,05 σ_x, 1,658 σ_x, and centroid CG marked]

Considerando a função $f(u)$ da variável normal reduzida $u = \dfrac{x - \mu}{\sigma}$, sendo

$$f(u) = \frac{1}{2\pi} e^{-\frac{u^2}{2}}$$

obtêm-se, respectivamente,

$$A = \int_{-4}^{-0,05} f(u)du = 0{,}48$$

e

$$S = \int_{-4}^{-0,05} f(u) \cdot u\, du = 0{,}398$$

logo

$$X_{CG} = -\frac{0{,}398}{0{,}48} = -0{,}829$$

Na passagem da distribuição normal reduzida $f(u)$ para a distribuição normal dos valores iniciais $f(x)$, é preciso multiplicar os coeficientes por σ_x. Desse modo, como o termo entre colchetes $[(x_1 + x_2 + ... + x_{M-1})/(M - 1)]$ é uma estimativa da média $\bar{x}_{M-1}$ dos $(M - 1)$ menores valores da população integral, pode-se escrever a expressão de $X_{k,est}$ sob a forma

$$X_{k,est} = 2[\bar{x}_{M-1}] - x_M$$

e, sendo

$$\bar{x}_{M-1} = \mu_X - 0{,}829\sigma_X$$

resulta

$$X_{k,est} = 2[\mu_X - 0{,}829\sigma_X] - \mu_X = \mu_X - 1{,}658\sigma_X$$

ou seja

$$X_{k,est} \cong X_{k,ef}$$

A função de estimativa aqui estudada, vigente na NBR 6118, é, portanto, um estimador efetivamente centrado no valor característico da população analisada.

Além disso, como ele decorre de duas estimativas de médias, uma da média do conjunto de valores da metade menos resistente da amostra, e outra da média do conjunto de todos os valores da amostra, por meio da mediana desse conjunto, a sua variância é significativamente menor que a variância de estimadores que também levam em conta diretamente a variância da população.

Observe-se, finalmente, que, ao contrário do que já foi considerado anteriormente, esse estimador não pode ser aplicado imaginando-se que os M valores conhecidos sejam apenas a metade menos resistente de uma amostra ideal de $2M$ valores.

Como está mostrado na Figura 9.4, se isso fosse admitido, o valor da média $\bar{x}_{M-1}$ seria de fato uma estimativa da média μ_X da população, e x_M seria o valor x_{max} da amostra.

Figura 9.4

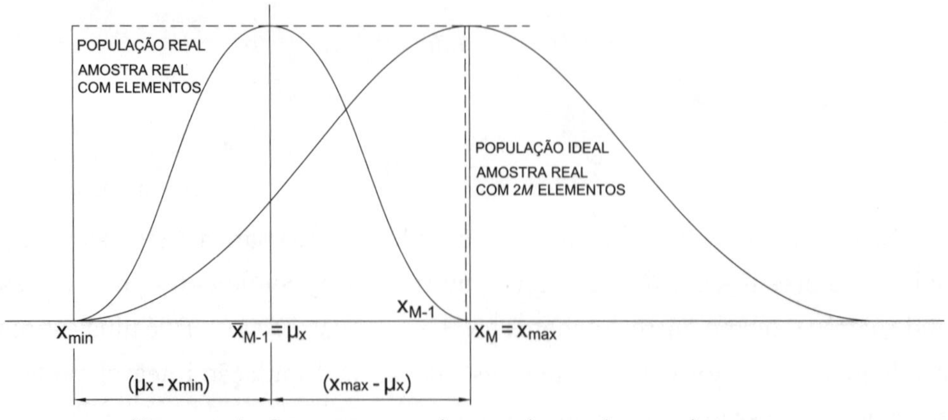

POPULAÇÃO REAL
AMOSTRA REAL
COM ELEMENTOS

POPULAÇÃO IDEAL
AMOSTRA REAL
COM 2M ELEMENTOS

x_{min} $\bar{x}_{M-1} = \mu_x$ x_{M-1} $x_M = x_{max}$

$(\mu_x - x_{min})$ $(x_{max} - \mu_x)$

$x_{k,est} = [2\bar{x}_{M-1} - x_M] = 2\mu_x - x_{max} = \mu_x - (x_{max} - \mu_x) = \mu_x - (\mu_x - x_{min}) = x_{min}$

$\bar{x}_{M-1} = (x_1 + x_2 + \ldots + x_{M-2} + x_{M-1})/(M-1)$

Nessas condições, o estimador estaria centrado no valor $[2\mu_x - x_{max}]$. Com uma distribuição simétrica da variável X em torno de sua média, o estimador forneceria valores

$$x_{k,est} = 2\mu_x - x_{max} = \mu_x - (x_{max} - \mu_x) = \mu_x - (\mu_x - x_{min}) = x_{min}.$$

que seriam estimativas exageradamente baixas do valor característico.

9.3 Resistência característica do concreto de uma betonada

De acordo com os procedimentos normalizados de colheita do material para moldagem dos 2 corpos de prova, que formam a amostra para o controle da resistência do concreto fornecido por um único caminhão-betoneira, exige-se que o material seja retirado do terço médio da descarga. Com isso, espera-se que os resultados assim obtidos estejam isentos do efeito de uma eventual sedimentação do cimento ao longo da altura do equipamento. Dos 2 corpos de prova ensaiados, considera-se apenas o resultado X_0 mais alto.

Para controlar a variabilidade da resistência do concreto existente ao longo do material fornecido por determinada betoneira, devem ser colhidas mais duas porções de material, uma ao se atingir 15% da descarga e outra nos 85% da operação, com as quais podem ser obtidos mais dois valores da resistência desse concreto.

De acordo com o item 6.3 da NBR 11562, para aceitar que uma betoneira esteja em condições satisfatórias de funcionamento, das 3 resistências obtidas para seu controle, exige-se que seja $X_{max} - X_{min} \leq 0{,}15\, X_0$.

Desse modo, a tolerância admitida para a variabilidade da resistência do concreto fornecido por uma única betonada é dada por:

$$X_{max} - X_0 = 7{,}5\%(X_0) \text{ e}$$
$$X_0 - X_{min} = 7{,}5\%(X_0),$$

admitindo-se a hipótese de que a distribuição de resistências ao longo da betonada seja simétrica e que o valor médio X_0 seja uma boa estimativa da média dessa distribuição.

Por outro lado, empiricamente sabe-se que, na amostragem de populações com distribuição normal, muito raramente as amostras apresentam valores individuais X_i fora do intervalo:

$$\mu_X - 3\sigma_X \leq X_i \leq \mu_X + 3\sigma_X,$$

em que μ_X é a média e σ_X o desvio-padrão dessa população.

A título de ilustração dessa regra empírica, no caso do concreto produzido por um único caminhão-betoneira, com o qual poderia ser construída uma população de cerca de 1.600 corpos de prova, a probabilidade de serem obtidos valores individuais abaixo de determinados limites está indicada na Tabela 9.1.

Tabela 9.1 • Número de valores N_x inferiores ao valor X, com P% de probabilidade

CAMINHÃO-BETONEIRA: 1.600 corpos de prova 15x30		
P = 50%	$X_{0,5} = \mu_X$	$(N_X < \mu_X = X_{0,5}) = 1600/2 = 800$
P = 5%	$X_{0,05} = X_k = \mu_X - 1{,}645\sigma_X$	$(N_X < X_{0,05}) = 1600 \times 0{,}05 = 80$
P = 6,21 × 10⁻³	$X_{0,00621} = \mu_X - 2{,}5\sigma_X$	$(N_X < X_{0,00621}) = 1600 \times 0{,}00621 = 10$
P = 5 × 10⁻³	$X_{0,005} = X_d = \mu_X - 2{,}58\sigma_X$	$(N_X < X_{0,005}) = 1600 \times 0{,}005 = 8$
P = 1,35 × 10⁻³	$X_{0,00135} = \mu_X - 3\sigma_X$	$(N_X < X_{0,00135}) = 1600 \times 0{,}00135 = 2$
P = 5,77 × 10⁻⁴	$X_{0,000577} = \mu_X - 3{,}25\sigma_X$	$(N_X < X_{0,000577}) = 1600 \times 0{,}000577 = 1$

Desse modo, da condição

$$(X_0 - 0{,}075X_0 \leq X_0 \leq X_0 + 0{,}075X_0),$$

conclui-se que a média da população pode ser avaliada como $\mu_X = X_0$ e o desvio padrão da população pode ser avaliado como

$$\sigma_X \leq \frac{0{,}075X_0}{3} = 0{,}025X_0,$$

logo, a resistência característica efetiva do concreto fornecido por um único caminhão-betoneira vale

$$f_{ck} \geq X_k = X_0 - 1{,}645 \times 0{,}025X_0 = 0{,}96X_0.$$

9.4 O processo de controle do concreto

O controle da resistência do concreto tem por finalidade verificar a conformidade da resistência dos diferentes lotes de concreto empregados em uma estrutura com o valor da resistência característica especificada em seu projeto.

O controle básico da resistência do concreto é feito por meio de ensaios de corpos de prova moldados na obra por ocasião do lançamento do concreto.

A partir dos resultados desses ensaios é feita a estimativa do valor da resistência característica inferior do concreto, que corresponde à probabilidade de 5% de existirem frações do concreto com resistência ainda menor.

Em princípio, quando existir essa conformidade, não haverá motivos que impeçam a aceitação automática desses lotes de concreto por parte dos responsáveis pela segurança da estrutura.

Todavia, quando de acordo com o controle inicial não existir essa conformidade, a aceitação desses lotes de concreto pelos responsáveis pela segurança da estrutura sem a necessidade de realizar obras de reforço da estrutura somente poderá ser dada após procedimentos de controle de contraprova. Para isso, é preciso que os controles de contraprova contradigam os resultados do controle inicial e assegurem a efetiva conformidade do concreto ou então, se o lote de concreto em exame tiver sido empregado em peças estruturais que, a critério do responsável pelo projeto da estrutura, tenham sua segurança garantida de modo satisfatório mesmo com o emprego desse concreto cuja resistência foi avaliada com um valor menor que o especificado originalmente no projeto.

Nas decisões sobre o que se deve considerar a respeito da resistência do concreto da estrutura, tomadas em função das resistências determinadas nos ensaios de corpos de prova moldados por ocasião do seu lançamento, é preciso levar em conta que os resultados dos ensaios de controle também podem ser afetados pelas condições de moldagem, de cura na obra e do transporte dos corpos de prova desde a obra até o laboratório de ensaio, podendo também ser afetados pelas condições de cura até o ensaio e pelos próprios procedimentos de ensaio.

Finalmente, para o controle da resistência do concreto é necessário distinguir dois procedimentos distintos, o controle total e o controle parcial, como adiante especificados, lembrando que os valores experimentais obtidos são simples estimativas da efetiva resistência do concreto.

9.5 Controle total

Para que o controle seja total, deve ser feita a amostragem total, isto é, o concreto de cada amassada (caminhão betoneira) é controlado individualmente, e, também, deve ser realizado o mapeamento do lançamento do concreto ao longo da estrutura.

Como o resultado do ensaio do exemplar de controle do concreto de cada caminhão-betoneira somente é obtido cerca de um mês depois do seu lançamento na obra, ele só fica conhecido após a utilização dessa betonada.

Desse modo, se a resistência obtida for inferior ao valor especificado no projeto estrutural, isto é, se $f_{ck,est} < f_{ck,esp}$, qualquer providência posterior a respeito dessa betonada particular somente poderá ser tomada se sua localização puder ser rastreada ao longo da estrutura. Esse rastreamento poderá ser feito apenas se também houver sido realizado o mapeamento do lançamento do concreto ao longo da estrutura.

Critério de controle C1

No caso de controle total, a resistência do concreto de cada caminhão-betoneira é avaliada individualmente. Tendo em vista eliminar a aleatoriedade decorrente da manipulação dos corpos de prova e levar em conta a aleatoriedade própria do processo de fabricação do concreto dos 2 corpos de prova ensaiados, considera-se apenas o resultado X_0 mais alto.

Como visto, a resistência característica estimada deve ser adotada com o valor $f_{ck,est} = 0,96 X_0$.

Se o resultado obtido for $f_{ck,est} \geq f_{ck,esp}$, a resistência dessa betonada será considerada automaticamente como conforme.

Se resultar $f_{ck,est} < f_{ck,esp}$, o material será considerado como não conforme em relação ao valor especificado no projeto da estrutura.

No caso de ter havido controle total, como existe o correspondente mapeamento dos locais de lançamento das diferentes frações do concreto empregado, a critério do projetista da estrutura esse concreto poderá ser considerado como se fosse conforme em função da avaliação da segurança das peças estruturais em que esse concreto foi empregado.

Possível critério alternativo C1'

Existe a possibilidade de adoção de um eventual critério alternativo que, por simplicidade, admite a conformidade da resistência quando $f_{ck,est} = X_0$. Esse critério poderá exigir uma revisão dos valores numéricos apresentados nos critérios de conformidade e de aceitação adiante analisados.

A título de esclarecimento, a tabela a seguir mostra a influência da adoção do critério $f_{ck,est} = X_0$ sobre a resistência de cálculo $f_{1,cd}$, admitindo a relação básica $f_{1,cd} = 0,85 \dfrac{f_{ck}}{1,4} = 0,607 f_{ck}$, sendo:

$$f_{1,cd\,ef}/f_{1,cd\,esp} \geq 0,96.$$

Tabela 9.2

RESISTÊNCIA ESPECIFICADA $f_{ck,\,esp}$	VALOR ESPECIFIC. $f_{1,cd\,esp}$	VALOR EFETIVO $f_{1,cd\,ef} \geq$	DIFERENÇA $f_{1,cd\,esp} - f_{1,cd\,ef} \leq$
20	12,1	11,7	0,4
30	18,2	17,5	0,7
40	24,3	23,3	1,0
50	30,3	29,1	1,2

Valores em Mpa.

9.6 Controle parcial

O controle parcial ocorre quando não é feito o controle de cada um dos caminhões-betoneira empregados, ou quando não é feito o mapeamento do lançamento do concreto ao longo da estrutura, embora possa ter sido feita a amostragem total, isto é, a amostragem do material de todos os caminhões-betoneira.

Na ausência de mapeamento do lançamento do concreto, não se sabe localizar a posição de cada betonada empregada na estrutura.

Critério de controle C2

No caso de controle parcial, o concreto deverá ser julgado pelo conjunto dos resultados experimentais obtidos com todas as betonadas empregadas em um certo trecho da estrutura.

Dos resultados dos ensaios de N testemunhos, sendo N um número par, com resistências individuais $f_1 \leq f_2 \leq \ldots \leq f_{m-1} \leq f_M \leq \ldots \leq f_{N-1} \leq f_N$, sendo $M = N/2$, considera-se apenas a metade menos resistente, obtendo-se a estimativa

$$f_{ck,est} = 2\left[(f_1 + f_2 + \ldots + f_{M-1})/(M-1)\right] - f_M.$$

O significado probabilista dessa expressão foi apresentado no tópico 9.2.

O emprego desse estimador admite que todos os exemplares sejam extraídos de uma única população homogênea. Desse modo, se a amostra foi extraída de uma mistura de populações diferentes, a resistência característica calculada é apenas uma resistência característica aparente.

Critério de controle C3

No caso de controle parcial, havendo amostragem total, mas não tendo sido feito o mapeamento dos locais de lançamento, se o resultado obtido com todas as betoneiras for $f_{ck,est} \geq f_{ck,esp}$, o concreto será automaticamente considerado conforme. Todavia, se resultar um único valor $f_{ck,est} < f_{ck,esp}$, todo o concreto será considerado não conforme, pois não se saberá onde esse concreto foi lançado.

9.7 Controle de contraprova

Caso o concreto tenha sido considerado não conforme pelo controle exercido com o material colhido por ocasião de seu lançamento, o engenheiro responsável por essa análise deverá recomendar uma avaliação de contraprova da resistência do concreto por meio de ensaios de testemunhos extraídos das peças estruturais que julgar possam ter sido executadas com o concreto não conforme.

Para a contraprova, deverão ser consideradas, separadamente, apenas as partes que possam ser julgadas como construídas com lotes de concreto razoavelmente homogêneos. No exame dessa homogeneidade, as análises esclerométrica e de ultrassom poderão ser elementos auxiliares.

Em qualquer caso, com a necessária anuência do projetista da estrutura, a eventual aceitação do concreto poderá ser feita se for verificada a condição $f_{ck,est} \geq 0,9 f_{ck,esp}$, que equivale a adotar $\gamma_{c2} = 1,0$, por se admitir que as causas que justificam a presença desse coeficiente parcial de minoração da resistência do concreto, para corpos de prova moldados por ocasião da concretagem, não poderão agir com os testemunhos extraídos da estrutura já existente.

Critério de controle C4

No caso de inicialmente ter sido verificada a não conformidade do concreto, para o controle de contraprova de cada lote em exame deverão ser cuidadosamente especificados o número N e os locais de extração dos testemunhos, mantendo-se uma razoável distância entre eles, para que fique considerado todo o volume do concreto a ser examinado. O número N de testemunhos deve ser coerente com o tamanho de cada trecho em exame.

Para o ensaio de testemunhos extraídos do concreto da estrutura não há necessidade da extração de pares de corpos de prova gêmeos, pois não há risco de que o processo empregado na concretagem de um deles tenha sido diferente do empregado na do outro. Além disso, os eventuais defeitos dos testemunhos extraídos serão visíveis e, quando houver dúvidas, sempre poderá ser extraído um novo testemunho nas imediações daquele que possa estar sob suspeição.

De maneira análoga, como nessa amostragem todos os testemunhos representam partes reais da estrutura em exame, não há razão de natureza física para desprezar-se a metade dos resultados mais altos obtidos nessa investigação.

Por outro lado, como foi mostrado no tópico 9.4, não é correto fazer a estimativa da resistência característica com o estimador especificado pelo Critério C2, admitindo que a amostra conhecida de N elementos seja a metade menos resistente de uma amostra ideal de $2N$ corpos de prova.

Desse modo, como não se conhece a variabilidade da resistência ao longo de todo o concreto em exame, é preferível subdividir o lote total a ser examinado em lotes locais independentes e julgá-los individualmente. Para isso, de cada lote local pode ser extraído um número reduzido de corpos de prova, determinando, assim, o valor da resistência média de cada trecho. A resistência característica de cada trecho pode então ser estimada a partir desse valor médio experimental, admitindo-se um critério análogo ao critério C1, adotando um valor da ordem de

$$f_{ck,est} = \frac{f_{cm,exp}}{1,1} \cong 0,9 f_{cm,experimental}$$

Nessa investigação não poderão ser aceitos resultados muito discrepantes entre si. Caso isso ocorra, a critério do responsável pela investigação, deverão ser ensaiados testemunhos suplementares.

Dessa forma, na contraprova, o menor número aceitável de testemunhos, em função do volume estimado de cada lote local em verificação, será de 2 a 3 corpos de prova, que devem ser extraídos ao longo desse lote.

No caso de o lote em exame ser constituído pelo concreto de uma simples peça estrutural de pequeno porte, admitindo-se que ela tenha sido concretada com o material de uma única betonada, a critério do engenheiro responsável pelo projeto estrutural o julgamento poderá ser feito, excepcionalmente, a partir de um único testemunho.

No caso de elementos estruturais com grande volume de concreto, o material em exame certamente não foi produzido em uma única betonada. Nesse caso, se por motivos de natureza especial, como eventuais razões legais, for necessária uma estimativa global desse concreto, será preciso extrair um número de testemunhos que possam representar o concreto de todo o lote em exame, e sua resistência característica aparente somente poderá ser determinada pelo Critério de Controle C2, considerando-se apenas a metade menos resistente dos resultados experimentais obtidos.

Critério de controle C5

Para a eventual aceitação do emprego de concreto considerado como não conforme pelo controle de contraprova, sem reforço da estrutura, é necessário verificar o efeito dessa hipótese na segurança da estrutura. Nessa verificação, as cargas permanentes constituídas pelos pesos próprios das partes da estrutura e das alvenarias e divisórias que já tenham sido construídas e que possuam dimensões praticamente iguais aos correspondentes valores adotados no projeto da construção, poderão ser consideradas com o coeficiente parcial de majoração das ações permanentes com o valor $\gamma_{fG} = 1,2$. Esse procedimento não poderá ser aplicado a pilares quando houver pavimentos ainda não concretados.

Critério de controle C6

Quer para testemunhos extraídos da estrutura, quer para corpos de prova moldados por ocasião da concretagem, mas ensaiados em idade superior a 28 dias, os resultados, em princípio, deverão ser corrigidos para idade padrão de 28 dias.

Todavia, para ensaios de testemunhos extraídos do concreto com até cerca de 3 meses de idade, a critério do responsável pela investigação, os valores obtidos poderão ser considerados como referências diretamente válidas para a verificação da conformidade do concreto. Essa permissão pode ser em parte justificada pelos efeitos antagônicos do crescimento da resistência com a idade e do ensaio dos testemunhos na direção horizontal da concretagem enquanto o concreto da estrutura é solicitado na direção vertical. Para ensaios realizados em idade do concreto superior a três meses, o $f_{ck,est}$ deverá ser corrigido para 28 dias.

Exercício

1) Justificar isoladamente cada um dos possíveis critérios de controle.

REFERÊNCIAS BIBLIOGRÁFICAS

ARISTÓTELES. *A política*. São Paulo: Martins Fontes, 2002.

ASSOCIAÇÃO BRASILEIRA DE NORMAS TÉCNICAS. *NBR 5735*: Cimento Portland de alto-forno. Rio de Janeiro, 1991.

_____. *NBR 5736*: Cimento Portland pozolânico. Rio de Janeiro, 1991.

_____. *NBR 5737*: Cimentos Portland resistentes a sulfato. Rio de Janeiro, 1992.

_____. *NBR 6118*: Projeto de estruturas de concreto-procedimento. Rio de Janeiro, 2014.

_____. *NBR 8681*: Ações e segurança na estrutura-procedimento. Rio de Janeiro, 2004.

_____. *NBR 9773*: Agregado-reatividade potencial de álcalis em combinações cimento-agregado-método de ensaio. Rio de Janeiro, 1987. [cancelada em 10/11/2008. Substituída pela NBR 15577, 2008].

_____. *NBR 9774*: Agregado-verificação de reatividade potencial pelo método químico – método de ensaio. Rio de Janeiro, 1987. [cancelada em 15/12/2008].

_____. *NBR 11.562*: Fabricação e transporte de concreto para estruturas de centrais nucleoelétricas – procedimento. Rio de Janeiro, 1990. [cancelada em 18/01/2010].

CZERNIN, W. *La química del cemento*. Barcelona: Ediciones Palestra, 1962.

DEPRESBITERES, L. Avaliação da aprendizagem: revendo conceitos e posições. In: SOUSA, C. P. (Org.) *Avaliação do rendimento escolar*. São Paulo: Papirus, 2003.

EINSTEIN, A.; INFELD, L. *A evolução da Física*. Rio de Janeiro: Zahar, 1980.

FUSCO, P. B. *Fundamentos estatísticos da segurança das estruturas*. São Paulo: McGraw-Hill-Edusp, 1975.

_____. *Estruturas de concreto*: Solicitações normais. Rio de Janeiro: Guanabara Dois/Livros Técnicos e Científicos, 1981.

_____. *Estruturas de concreto*: Solicitações tangenciais. São Paulo: Pini, 2008.

_____. *Tecnologia do concreto estrutural*. São Paulo: Pini, 2012.

_____. *Técnica de armar as estruturas de concreto*. São Paulo: Pini, 2013.

HOVGAARD, W. *Structural design of warships*. Annapolis: U.S. Naval Institute, 1940.

JAEGHER, R. F. Influência da altura de corpos de prova cilíndricos de concreto simples sobre a resistência à compressão. *Revista Politécnica*, São Paulo: mar./abril, 1941.

MACHADO, N. J. *Educação:* projetos e valores. São Paulo: Escrituras, 2000.

MAXWELL, J. C. *Matter and motion*. New York: Dover Publ., 1991.

MUMFORD, L. *A cidade na história*. 2. ed. São Paulo: Martins Fontes/Brasília: Ed. Univ. de Brasília, 1982.

PETRUCCI, 1970

PIAGET, J. *Para onde vai a educação*. São Paulo: José Olympio, 2011.

RÜSCH, H. Researches toward a general flexural theory for structural concrete. *Journal of the American Concrete Institute*, jul. 1960.

THOMAZ, Ed. *Fissuração*: 122 casos reais. Rio de Janeiro: Instituto Militar de Engenharia, 2003.

TIMOSHENKO. *History of strength of materials*. New York: McGraw Hill, 1953.

VLASSOV, Z. B. *Pièces longues en voiles minces*. Paris: Eyroles, 1962.